Gerhard Hochreiter

Choreografien von Veränderungsprozessen

Zur Gestaltung von komplexen Organisationsentwicklungen

W0180556

Mit einem Geleitwort von Axel Exner
Zweite, völlig überarbeitete Auflage 2006

Über alle Rechte der deutschen Ausgabe verfügt Carl-Auer-Systeme
Verlag und Verlagsbuchhandlung GmbH Heidelberg
Fotomechanische Wiedergabe nur mit Genehmigung des Verlages
Satz u. Grafik: Drißner-Design u. DTP, Meßstetten
Umschlaggestaltung: Goebel/Riemer
Printed in Germany
Druck und Bindung: Freiburger Graphische Betriebe, www.fgb.de

ISBN 13: 978-3-89670-361-3
ISBN 10: 3-89670-361-7

© 2006 Carl-Auer-Systeme, Heidelberg
2., völlig überarbeitete Auflage 2006

Bibliografische Information Der Deutschen Nationalbibliothek
Die Deutsche Nationalbibliothek verzeichnet diese Publikation in der
Deutschen Nationalbibliografie; detaillierte bibliografische Daten
sind im Internet über http://dnb.ddb.de abrufbar.

Informationen zu unserem gesamten Programm, unseren Autoren
und zum Verlag finden sie unter: **www.carl-auer.de.**

Wenn Sie unseren Newsletter zu aktuellen Neuerscheinungen
und anderen Neuigkeiten abonnieren möchten, schicken Sie
einfach eine leere E-Mail an: **carl-auer-info-on@carl-auer.de.**

Carl-Auer Verlag
Häusserstraße 14
69115 Heidelberg
Tel. 0 62 21-64 38 0
Fax 0 62 21-64 38 22
E-Mail: info@carl-auer.de

Inhalt

Geleitwort

Gerne komme ich der Einladung nach, für dieses bemerkenswerte Buch ein Vorwort zu schreiben. Ich beschäftige mich seit langer Zeit mit Veränderungsprozessen, beobachte sie und versuche in meinen verschiedenen Rollen als Berater, Manager und Theoretiker, sie besser zu begreifen, zu beschreiben und nach bestem Wissen und Gewissen der Vorstellung Folge zu leisten, sie mitgestalten zu können.

Unternehmen sind heute mehr denn je einer turbulenten Veränderungsdynamik ausgesetzt. Diese wird ihnen durch massive, in immer schnellerer Folge hereinbrechende Veränderungen ihrer Umwelten einfach aufgezwungen. Um ihre Lebensfähigkeit und die dafür unerlässlichen Relationen zu ihren Umwelten aufrechterhalten zu können, müssen sie sich also immer schneller anpassen und somit auch sich selbst verändern.

Gleichzeitig gilt es aber auch, die Identität des Unternehmens zu bewahren – das bedeutet, spezifische Eigenheiten beizubehalten und sich zugleich den dramatisch verändernden Umweltbedingungen anzupassen. Dadurch wird der Spannungsbogen zwischen Verändern und Bewahren immer größer. Wird diese Spannung zu stark, tritt Überforderung, bisweilen sogar Lähmung – oft in Form heftigen Oszillierens – auf.

Immer mehr Unternehmen bewegen sich am Rande einer Identitätskrise, weil traumatische Ereignisse, wie Merger, Zu- bzw. Verkauf wesentlicher Unternehmensteile, Standortwechsel, über sie hereinbrechen.

Zumindest in abgeschwächter Form erleben fast alle Unternehmen permanente Irritationen, auf die sie schnell und flexibel reagieren müssen, um ihr kurz- und langfristiges Überleben abzusichern. Infolgedessen ergeben sich spezifische neue Anforderungen hinsichtlich geplanter Veränderungsprozesse.

Denn wenn man darunter »geplanten Wandel« versteht (soweit ein solcher überhaupt von außen zu erreichen ist), so ist zu bedenken, dass sich auch die Situation, auf die dieser aufsetzt, gewandelt hat: Ging man früher eher von der Vorstellung aus, dass »geplanter Wandel« eine statisch erscheinende Unternehmung in eine gewünschte Bewegung versetzen solle, geht es jetzt eher darum, auf eine sich ohnehin bereits sehr dynamisch verändernde bzw. oszillierende (viel Dynamik, jedoch keine Weiterentwicklung) Unternehmung noch einen zusätzlichen Veränderungsprozess aufzusetzen.

Von dieser Beschreibung ausgehend, erscheinen viele Phänomene, die immer häufiger und ausgeprägter in Veränderungsprozessen auftreten, in einem anderen Licht. Ärgernisse, wie sich ständig ändernde Kontrakte zwischen Klienten- und Beratersystem, personelle Fluktuation in Arbeitsgruppen, das Nichteinhalten von Terminen, Multitasking von Teilnehmern in Besprechungen, sind vor diesem Hintergrund eher verständliche Verhaltensweisen von Unternehmungen, um dieser Dynamik irgendwie Herr zu werden.

Das Gestalten von Veränderungsprozessen in diesem neuen Kontext erscheint mir als ein sehr herausforderndes Unterfangen und verlangt neue zusätzliche theoretische Herangehens- und praktische Vorgehensweisen.

Ich finde die in diesem Zusammenhang von Gerhard Hochreiter benutzte Metapher, nämlich den Jazz, sehr treffend. Auf die Grundmelodie und den Grundrhythmus eines Unternehmens setzt die Improvisation des »geplanten Veränderungsprozesses« auf, respektiert die Grundformen dieser Musik und versucht – scheinbar paradoxerweise –, diese durch Variation nachhaltig zu verändern, dabei aber das Gesamtkunstwerk nicht zu zerstören, sondern vielmehr ein neues, in sich stimmiges Ganzes zu entwickeln. Wenn ich den derzeit vorherrschenden Klängen lausche, würde ich meinen, dass die Grundrhythmen immer wilder und die Grundmelodien immer aggressiver werden.

Mir gefällt auch der Titel dieses Buches, der den Begriff der Choreografie den in den 80er Jahren von der Beratergruppe Neuwaldegg geprägten Begriffen Interventionsarchitektur und Interventionsdesign gegenüberstellt und weiterentwickelt. Choreografie und Inszenierung heben die Dynamik dieser additiven Veränderungsprozesse sehr anschaulich hervor und lösen Assoziationen in Richtung Schauspiel, Bühne, Publikum, Künstler, Ausstattung etc. aus.

Sieht man nämlich Unternehmen als soziale Systeme, die ausschließlich auf Kommunikation (bezüglich Wirtschaftsunternehmen präziser ausgedrückt: auf Entscheidungen) aufgebaut sind, so nimmt der Mensch für das Unternehmen als äußerst relevante Umwelt eine wichtige Rolle ein. Durch die Einführung der Begriffe Choreografie und Inszenierung als Metapher wird der Versuch der Einflussnahme und Mitgestaltung in seiner Kreativität sehr anschaulich abgebildet.

Gerhard Hochreiter hat das für die Praxis sehr nützliche 7-F-Modell entwickelt – ein Metamodell für Change Management, anhand dessen verschiedenste Theorien, Beratungsmodelle und Tools gut einzuordnen sind und sich auf ihre Funktionalität für die jeweilige spezifische Situation überprüfen lassen. Die Zuordnung verschiedener unterschiedlicher Formen der Veränderungsprozessgestaltung anhand von Beispielen aus der Praxis ergibt eine sehr brauchbare Checkliste für den Praktiker. Wie bei jeder Checkliste besteht natürlich auch hier die Gefahr, dass sie gewissermaßen mechanisch, aus dem Kontext herausgelöst, genützt wird. Gerhard Hochreiter weist wichtigerweise auf diese Gefahr hin und zeigt Kriterien auf, anhand deren die Funktionalität der einzelnen Gestaltungselemente geprüft werden kann.

Wichtig erscheint mir auch der Hinweis auf das Wechselspiel zwischen der Organisationsdynamik und der Psychodynamik der einzelnen handelnden Personen. Geht es doch bei der Gestaltung von komplexen Organisationsentwicklungen immer um das Aufeinandertreffen der Organisation als Ganzes, die ihrer Eigenlogik und ihrem Eigensinn folgt, mit individuellen Menschen, die mit ihren spezifischen Psychostrukturen versuchen, im Spiel der Beeinflussung dieser Organisation Wirkung zu erzielen. Es gilt, beide Dynamiken (Organisation und Person) zu respektieren und ihnen die entsprechende wertschätzende Aufmerksamkeit zu widmen.

Ich denke, dass diese Lektüre viele theoretische und praktische Anregungen bietet, und wünsche somit dem Buch und seinen Lesern viel Erfolg!

Axel Exner
Geschäftsführender Gesellschafter der Beratergruppe Neuwaldegg
Aufsichtsratsvorsitzender der Palfinger AG

Vorwort

»Im Management wird es weiter gären,
bis wir Organisationen geschaffen haben,
die nicht nur die elementaren Bedürfnisse nach
Nahrung, Schutz und Zugehörigkeit erfüllen, sondern auch
den höheren Zielen des Menschen besser gerecht werden.«
Peter Senge

Dieses Buch ist Resultat einer intensiven Überarbeitung und Neugestaltung der Erstauflage von 2004. Seit dem Abschluss meiner Dissertation (2001) und dem Start ihrer praxisorientierten Überarbeitung für die Veröffentlichung im Carl-Auer-Verlag sind nunmehr knapp drei Jahre vergangen. Dies bedeutet für mich auch, dass neue Qualitäten in mein Leben gekommen sind: Ich habe viele tief gehende und emotionale Begegnungen mit unterschiedlichsten Menschen gehabt; bin um unzählige Erfahrungen als Berater reicher und an vielen Diskussionen und gemeinsamen Arbeiten mit Meistern und Meisterinnen des Faches gewachsen; habe viele neue Facetten des Lebens – wie Vater zu sein – kennen gelernt. Ich habe mich verändert, und doch ist vieles gleich geblieben. Dies spiegelt sich auch in diesem Buch wider: Vieles ist im Ansatz, in den Grundannahmen gleich geblieben. Doch die Darstellungsform, die Ausrichtung, manche Aufmerksamkeitsfokussierungen und die Schwerpunkte haben sich verändert.

Seit 1999 bin ich im »unmöglichen Geschäft« der Organisationsberatung tätig. Seit 2000 bin ich Senior Consultant und Gesellschafter der Delta Consulting Linz. Viele Diskussionen in unterschiedlichsten Teams und mannigfaltige praktische Projekterfahrungen haben mir geholfen, dieses Buch und die Grundmodelle von Veränderungsprozessen aus der Praxis zu gebären und in der Praxis zu verwurzeln. Ich bin und war kontinuierlich auf der Suche nach Gelegenheiten, meine beraterische Tätigkeit zu beobachten und theoriebasiert zu reflektieren. Meine Arbeit als Berater zu optimieren und jede Gelegenheit zum Weiterlernen zu nutzen ist mir immer eine Freude und auch ein Anliegen. In Gesprächen mit Freunden und Beraterkollegen bemerkte ich, dass immer wieder viele Tools der Beratung unhinterfragt in unser praktisches Handeln einfließen, ohne dass wir sie auf ihren Nutzen bzw. ihre Kosten hin reflektiert hätten. Es war mir ein Anliegen und machte mir ebenso Spaß, das praktische Handeln von Organisation-sentwicklungs-Beratern zu reflektieren.

In der Beobachtung von Organisationen und der Organisation-sentwicklung tritt das Chaotische, das Unsteuerbare in den Vorder-grund, und dementsprechend sind aus meiner Sicht Konzepte der Or-ganisationsentwicklung gefragt, die einen Beitrag zur professionellen Begleitung von Veränderungsprozessen leisten können – gerade dort, wo Zufälle das Geschäft (zumindest meines) prägen.

Ich habe vielfachen Dank auszusprechen:

An erster Stelle gebührt meiner Ehefrau und Lebenspartnerin Heidi Dank, da sie mich immer unterstützte und an mich glaubte. Und vor allem Geduld und Verständnis bewies auch hinsichtlich meines Vaterseins und Vaterwerdens (Fabian, voraussichtlich Juli 2006). Mei-nem zweijährigen Sohn Benjamin möchte ich danken, dass er mir das Staunen über die vielen Dinge in dieser Welt wieder beibringt.

Bedanken möchte ich mich auch bei den vielen Interviewpart-nern und Organisationsberatern, die mich unterstützt haben und mich ihre Praxis erleben und mit ihnen reflektieren ließen: wWie die Beratergruppe Neuwaldegg; Train Consulting Wien (Erich Kolenaty, Dr. Ruh Seliger), Complex Change (Dr. Ralph Höfliger). Danke an meine Partner bei der Delta Consulting (Dr. Heinz Schöppl, Hilde Zeitlhofer, Karl Födinger). Insbesondere danken möchte ich Dr. Ralph Grossmann, IFF, meinem Dissertationsbetreuer und Doktorvater. Besonders erwähnen möchte ich Dr. Heinrich Ahlemeyer (sistema Consulting), mein Doktorvater, Mentor und in manchen Fällen auch Teampartner.

Ohne meinen Freund und Denkpartner Thomas Böhm wie auch ohne Fritz Zehetner, einem Teampartner und Freund, die mich mit vielen Hinweisen und Dialogen unterstützten, wären meine Ideen nie auf den Punkt gekommen.

Dr. Alexander Exner gebührt spezieller Dank, da er durch sein Ge-leitwort und die vielen Diskussionen im Vorfeld dazu beigetragen hat, dass dieses Buch das Spannungsfeld Praxis und Theorie gut abdecken kann. Axel hat mich durch seine Persönlichkeit, durch die Leichtigkeit bei gleichzeitigem enormem Tiefgang sehr beeindruckt. Darüber hinaus gebührt besonderer Dank Dr. Roswitha Königswieser, die ich im Rahmen meiner Diplomarbeit (1998) nicht nur über eineinhalb Jahre »live« als Beraterin erleben durfte, sondern auch die Arbeit mit ihr und ihren Teampartnern reflektieren konnte. Dadurch habe ich für das »unmögliche Geschäft« der Beratung mehr gelernt, als ich zu dieser Zeit vermutet und aktiv wahrgenommen hatte. Danke für diese wundervolle Begegnung!

Ohne diese Menschen und Persönlichkeiten wäre dieses Buch ein anderes – und ziemlich sicher ein viel schlechteres – geworden.

Gerhard Hochreiter
Linz, Juli 2006

I. Einleitung und thematische Fokussierungen

Das ausgehende Jahrhundert ist durch radikale Veränderungen des Umfeldes, in dem sich Organisationen bewegen, und durch radikale Umgestaltungen von Organisationen selbst gekennzeichnet. Dem Management von Organisationen kommt die Hauptaufgabe zu, in diesen turbulenten Umwelten Unsicherheit in einer solchen Weise zu reduzieren, dass die Tätigkeit als Unternehmen überhaupt möglich wird. Es geht darum, in einem turbulenten Umfeld sich rasch an sich verändernde Umweltbedingungen anzupassen und die Identität als Unternehmen zu bewahren. Die Veränderungsfähigkeit von Organisationen wird zur Notwendigkeit des Weiterbestands der Organisation.

Zur Risikominimierung von Entscheidungen hoffen Manager auf Hilfe von außerhalb der Organisation. Unternehmensberatung ist ein Geschäft auf der Basis von Problemlösungen. Beraterische Problemlösungsangebote für Organisationen gibt es unzählige – die Differenzierung über Dienstleistungen und unterschiedliche Beratungsansätze ist für Kunden (als auch für Kundige) nur sehr schwer nachvollziehbar. Die meisten Unternehmen versuchen, um den vielen Anforderungen und externen Zumutungen gerecht zu werden, Mechanismen für den erfolgreichen Wandel zu entwickeln.

Viele empirische Studien zeigen, dass der Erfolgsoptimismus, mit dem viele Change-Projekte durchgeführt werden, in den wenigsten Fällen berechtigt ist. Der Glaube an die einfache Transformierbarkeit von hochkomplexen sozialen Systemen ist trotz des Scheiterns vieler Veränderungsprojekte weit verbreitet. Die Suggestion der Machbarkeit wird auch über die publizierten Heldenstorys mancher Berater und Manager genährt. Die Eigenkomplexität von Organisationen und die Kontingenz von möglichen Veränderungsmöglichkeiten werden weitgehend negiert.

Trotz der vielen Veränderungsprojekte und der wissenschaftlichen Beschäftigung mit dem Thema "Transformation von Organisationen" verfügen wir noch immer über relativ wenig gesichertes Wissen und wenige reflektierte Tools, auf die das Management bzw. die Beratung in der Praxis rekurrieren könnte. Die Bedingungen der Möglichkeit, unter denen Transformationsprozesse ablaufen, bzw. unter welchen Bedingungen Veränderungsprojekte als erfolgreich beschreibbar werden, blieb meines Erachtens in der Forschung und Beschreibung der Praxis bisher in großen Teilen ungeklärt. Was wissen wir überhaupt darüber, wie Organisationen ticken, was sie ausmacht? Was wissen wir darüber, wie man Organisationen und die darin tätigen Menschen zur Selbständerung – zum Wandel – bewegen kann? Wir gehen hier davon aus, dass Veränderung von Organisationen weiterhin und zukünftig ein aktuelles Thema bleiben wird. So gibt es für mich nur eine einzige rationale Lösung: Wir müssen mehr über erfolgreiche Veränderung lernen. Und dann dieses Wissen an eine ständig wachsende Gruppe von Menschen weitergeben (Kotter 1997, S. 10).

1. Erfolgreiches Verändern: Psychodynamik und Organisationsdynamik im Wechselspiel

Wieso machen einige Organisationen ebenso konstante wie rasante Fortschritte, während andere trotz zeitweiliger Erfolge auf der Stelle zu treten scheinen? Oder anders ausgedrückt: Wieso bewegen sich einige wie Ferraris – schnell vorwärts – und andere wie Schaukelstühle – hin und her, ohne voranzukommen? Nach Robert Fritz (2000) werden Veränderungsbemühungen in Unternehmen immer wieder fehlschlagen, solange ein Prinzip missachtet wird: Die Energie folgt grundsätzlich dem Weg des geringsten Widerstandes. Veränderung wird nur dann möglich, wenn das Neue mehr Kraft, mehr Energie hat als das Bestehende. Was kann der Energie entgegenstehen? Wir vertreten die These, dass das Neue im Wechselspiel von Organisationsdynamik und Psychodynamik entsteht und sich dort auch bewähren muss.

Die Organisationsdynamik

Lassen Sie mich eine musikalische Metapher zur Erklärung der Organisationsdynamik nutzen. Die ultimative Leistung von Jazz ist es, ein Zusammenspiel eigenständiger Persönlichkeiten in einer musikalischen Form zu ermöglichen. Die Gruppe stellt in ihrem Zusammenspiel ihre Identität her – während sie swingt. Dasselbe gilt für Organisationen: Im Zusammenspiel von unterschiedlichsten Kommunikationen und Handlungen formt die Organisation ihre Identität, ihren Eigensinn aus. Diese Identität schafft aus potenziellem Chaos etwas Zusammenhängendes: die Grundmelodie, bestimmte

Harmoniefolgen, den Groove, die Taktung des Unternehmens. Was Pat Metheny (Marsalis a. Stewart 1995) über Jazz sagt, gilt auch für Organisationen:»To me, if jazz is anything, it's a process, and maybe a verb, but it's not a thing.« Organisationen sind eigensinnige lebendige Systeme, die ihren historisch entwickelten Erfolgsmustern folgen. Das grundlegende Kennzeichen einer Organisation, eines Unternehmens ist im Anschluss an den Soziologen Niklas Luhmann das kontinuierliche Treffen von Entscheidungen. Jegliche Entscheidung trifft auf konkurrierende Entscheidungen oder auch auf Artefakte vergangener Entscheidungen wie z. B. Strategien oder auch Strukturen. Alle Aufbau- und Ablaufstrukturen, Spielregeln, Entscheidungsregeln als auch Normen und Werte sind Auswirkungen, Artefakte von Entscheidungen.

Organisieren ist aber immer auch gekennzeichnet durch Prozesse von ineinander greifenden Kommunikationen[1] und damit verwobenen Verhaltensweisen, die letztlich immer auch Entscheidungen beeinflussen. Mit Karl Weick verweisen wir auf das Unfassbare im Prozess des Organisierens. Darauf, dass gerade Emotionalität, Intransparenz, Beweglichkeit und Lebendigkeit im Prozess des Organisierens sichtbar werden und diesen massiv beeinflussen können.

Die Psychodynamik

Eine Organisation ist auch von Menschen und deren Eigenarten geprägt. Personen sind das »Mittel« des Organisierens. Die Organisation nutzt die unternehmerischen Energien von Personen zu ihren Zwecken: Durch ihr Handeln färben die handelnden Organisationsbewohner die Strukturen und Strategien und beleben z. B. die Verkaufsstrategie mit Handlungen oder blockieren durch ihr Nichtstun und Nichthandeln die Veränderungsinitiativen.

Auf der einen Seite werden Organisationsbewohner von der Organisation und ihrer Dynamik geprägt – ihre Handlungen werden durch »heimliche Spielregeln« limitiert. Auf der anderen Seite steht die Psychodynamik der Organisationsbewohner: Frühkindlich geprägte Bedürfnisse, innere Antreiberdynamiken und Persönlichkeitsstile prägen und beeinflussen das Verhalten von Personen auf der Bühne der Organisation maßgeblich. Der Unternehmensberater, Wissenschafter

---

[1] Im Fokus sind hier die Kommunikation von Entscheidungen und die darüber hinausgehende Kommunikation unter Anwesenden.

und Psychoanalytiker Kets de Vries von INSEAD geht sogar so weit, dass er sagt, dass die Psychodynamik von Schlüsselpersonen die Organisation – die besondere Art der Strukturierung, die Form der Strategie bis hin zur Ausprägung der Kultur eines Unternehmens – formen und prägen kann.

Das Wechselspiel von Psycho- und Organisationsdynamik im Veränderungsprozess

Sieht man Organisationen als soziale Systeme an, die ausschließlich auf Kommunikation (von Entscheidungen) aufgebaut sind, so nimmt der Mensch für das Unternehmen als äußerst relevante Umwelt eine wichtige Rolle ein. Das Wechselspiel der sich beeinflussenden Dynamiken von Organisation und Psychostruktur der Personen ist zu respektieren: Personen – deren Know-how, deren Bedürfnisse, deren psychologische Antreiber, deren Verhalten, deren Eigenarten, deren Intuition, deren Erfahrungen – beeinflussen die Interaktionen und Entscheidungen in Organisationen. Change Management in Unternehmen gelingt nur, wenn es sowohl auf die Entscheidungen als auch auf die Interaktionsmuster der Akteure wirkt. In einem Veränderungsprozess ist dem Wechselspiel der Dynamiken die entsprechende wertschätzende Aufmerksamkeit zu widmen.

Wer von Ihnen kennt das nicht: Ein Projekt wird von einem energiegeladenen Projektleiter und einem entscheidungsfreudigen Chef getragen und läuft höchst erfolgreich – ein anderes Projekt wird von einem am Ergebnis mehr oder weniger interessierten Chef beauftragt und von einem korrekten, aber energielosen Projektleiter geführt oder besser »verwaltet«. Und auf der anderen Seite: Im Zuge eines Change-Projekts wird zum dritten Mal innerhalb von drei Jahren der Leiter der Abteilung Marketing ausgewechselt. Aber auch der »neue Besen« kann das Problem nicht lösen. Es werden weiterhin dieselben »paradoxen« Spiele auf der Bühne der Organisation gespielt, die »geheimen Spielregeln« der Organisation bleiben aufrecht.

»Jamming-Organisationsberatung« und das 7-F-Modell

Durch Beratung gestützte Veränderungsprozesse sind vor allem dann wirksam und können zur Selbstveränderung anregen, wenn die Ausgestaltung der Beratungssysteme auf die Spannungsfelder Organisationsdynamik und Psychodynamik, Innensicht und Außensicht, Fachlösungen und emotionale Verankerung Rücksicht nimmt – immer bezogen auf das Ziel des Veränderungsprozesses. Die Art der Choreografie soll bereits während des Prozesses für Transfer bzw. Umsetzung sorgen. Die Gestalt von Veränderungschoreografien soll ein System von Arbeitsräumen zur Verfügung stellen, die sowohl die inhaltliche Erarbeitung (z. B. Rationalisierung oder Umstellung auf Business-Unit-Strukturen) als auch die Bearbeitung der durch Organisations- und Psychodynamik ausgelösten Spannungsfelder ermöglichen. Geleitet von der Frage, was der Veränderungsprozess gerade jetzt braucht, um passende Lösungen zu entwickeln und diese auch in Phasen des »Aufruhrs und Gegenwinds«, d. h. der emotionalen Dynamik von Stabilisieren und Erneuern, umsetzen zu können. Eine Interventionschoreografie sollte sich flexibel auf die wechselnden Bedarfslagen, unterschiedlichen Akteurs- und Organisationsanforderungen im Beratungsprozess ausrichten können. In einer adäquaten Beratungschoreografie versucht man daher Gelegenheiten und Rahmenbedingungen zu schaffen, die dem Zufall eine Chance geben (Peters 1992).

Das 7-F-Modell nennt wesentliche Basisfunktionen und Gestaltungsprinzipien, um die Choreografie – basierend auf Hypothesen – passend dafür auszugestalten.

Die 7 zu gestaltenden Funktionen[2], die sich wechselseitig aufeinander beziehen:

1. Eine **Steuerungsfunktion** (Selbstbeobachtung, Reflexion, Selektion) soll die Paradoxie des Steuerns von OE-Prozessen ernst nehmen und für die Praxis bearbeitbar machen. Hier geht es um die Gesamtsteuerung des Change-Projektes, um die Selektion bestimmter Gefäße, um die kontinuierliche Bilanzierung des Prozesses und Anpassung der Choreografie.

2. Die **Funktion der operativen Gefäße**, um die Er- und Bearbeitung und Umsetzung des Neuen in sozialen Zusammenhängen zu ermöglichen. Die Auswahl und Besetzung der sozialen Gefäße mit passenden Akteuren, das Zusammenspiel und die kontinuierliche Anpassung der Gefäße in einer passenden Choreografie sind hier Thema.

---

2 Diese Funktionen nenne ich das »7-F-Modell der Organisationsentwicklung«, in der (nicht zu ernsthaft gemeinten) Hoffnung, an den Erfolg des »7-S-Modells« von McKinsey anschließen zu können.

3. Die **Entwicklungsfunktion (Variation)** soll das kreative Feld gestalten, in dem neue Varianten erzeugt werden. Diese Funktion deckt die Kreativ- und Entwicklungsarbeit, aber auch die Erprobungs- und Testphase ab.
4. Die **Funktion der Selektion**: Hier soll die aufgebaute Komplexität der Variation bearbeitbar gemacht werden, und Koppelungen des »institutionalisierten Laboratoriums« an die Organisation sollen gestaltet werden. Darüber hinaus geht es um das Treffen von Entscheidungen für bestimmte Varianten.
5. Eine **Kommunikations- und Abstimmungsfunktion** soll gestaltete Dialoge, Feedbackschleifen und Vorabselektion über selektive Einbindung der internen Akteure gewährleisten. Hier ist permanent die Frage zu stellen, wessen Einschätzung bzw. Feedback für das Transformationsvorhaben wichtig ist, welche Multiplikatoren, Driver (und Bremser) der Veränderung auf welche Weise einbezogen werden müssen.
6. Die **Implementierungsfunktion**, um das unternehmerische Verankern des Neuen zu gestalten. Die Verantwortung von Wollen bzw. Nicht-Wollen, das Tun bzw. Unterlassen der Transformation liegt immer im System bzw. seinen Akteuren und ist nicht Job der Beratung. Die beraterbegleitete Implementation kann (und soll) Umsetzung ermöglichen und bestmöglich unterstützen.
7. Die **Qualifizierungsfunktion** umfasst das Lernen des Personals und das Mitlernen der Organisation.

Die Kunst, einen organisatorischen Wandel herbeizuführen, hängt in weiten Teilen davon ab, wie seitens des Beratungssystems und der Organisation mit den paradoxen Herausforderungen umgegangen wird und im Rahmen des 7-F-Modells Antworten gefunden werden. *Sowohl ein differenziertes Verständnis von Organisationen und deren spezifischen Charakteristika als auch das durch die Auftraggeber vorgegebene »global goal« sollen das Interventionsverständnis und die Gestaltung der Choreografie leiten. Wichtig erscheint mir hierbei der Hinweis, dass dies nicht immer mit den üblichen und vertrauten Tools geschehen muss, die übliche systemisch inspirierte Parallelorganisation mit Steuergruppe, Dialoggruppe und Resonanzgruppe (Sounding Board) sein muss!*

Lassen Sie mich die Jazzmetapher nochmals aufgreifen: Die von John Kao, dem Universitätsprofessor für Kreativität in Harvard, entwickelte

Idee von Jamming beschreibt mein Verständnis von gestalteten Veränderungsprozessen:

Jazz »(...) starts with a theme, plays with it, and passes it around. Suddenly the music lifts off, flies. We all fly with it. (...) The music follows an elegant grammar« (Kao 1996, S. 18). Auf die tragende Komposition der Organisation setzt die Improvisation des »gesteuerten Veränderungsprozesses« auf. Sie versucht paradoxerweise diese nachhaltig zu verändern, ohne das Arrangement zu zerstören. Man kann nicht improvisieren, wenn man die Melodie oder die Akkordfolge – die Organisation – nicht respektiert. Durch das Improvisieren (»den gesteuerten Veränderungsprozess«) wird wieder »Ambiguität« – Vielfalt als auch Unklarheit – in die Organisation eingeführt: Es entstehen Lücken, Taktwechsel, neues Zusammenspiel, neue Melodiefolgen, Bedürfnisse, Emotionen, Problemstellungen im bisher »gut« eingespielten Leistungsgefüge der Organisation.

Damit ist »Jamming«-Organisationsberatung in der Lage, überraschende Lösungen anzubieten und gleichzeitig sehr respektvoll mit dem Bestehenden umzugehen.

2.»Drop your tools, or you will die«: Karl Weicks Anregung, die Tools der Organisationsentwicklung zu reflektieren

In der gängigen Management- und Beratungsliteratur findet man zwei unterschiedliche Ansätze, um das Wissen um Veränderungsmanagement weiterzugeben:

- Die eine Richtung – Managementgurus aus der Praxis oder Unternehmensberater – verkündet adäquate Rezepturen: Sie versprechen Handwerkszeug für das Management und das Management of Change. Sie nähren damit die Illusion, dass die komplexen Probleme mit Hilfe eines Werkzeugkoffers adäquat zu lösen sind.
- Die anderen – meist (sozialwissenschaftliche) Theoretiker – analysieren aus einer Außenperspektive, warum wer was gemacht hat und was an Auswirkungen dabei zu beobachten war, und binden dies in einen theoretischen Rahmen ein.

Beide Perspektiven sind hier wichtig und finden ihre Berücksichtigung. Manager und Unternehmensberaterinnen[3] brauchen Handwerkszeug, um komplexe Probleme angehen zu können, Entscheidungen zu treffen, lösende Situationen herbeizuführen. Sie brauchen aber auch eine fundierte Theorie als Landkarte, um beurteilen zu können, wo man sich gerade befindet – und auch um andere Beschreibungsformen der »Wirklichkeit« für die Praxis nutzen zu können. Beides – reflektierte Methoden für die Praxis wie theoretische Konzepte für Veränderungsprozesse – zur Verfügung zu stellen, ist das erklärte Ziel dieses Buches.

Gleichzeitig will ich hier keine allgemein gültigen Rezepte für alle Lebenslagen des Change Management liefern – falls es diese überhaupt geben sollte. Ich will *Gateways* beschreiben, die mögliche Gestaltungsvorschläge und deren Auswirkungen (und auch deren Begrenztheit) aufzeigen, um einen adäquaten Umgang mit den komplexen Problemtypen der Veränderung zu ermöglichen. Gateways benennen nach Mutius (2000) Zugänge und Öffnungen zur Zukunft, können aber noch nicht mit Bestimmtheit angeben, wohin uns diese führen werden. Sie ermöglichen eine Erweiterung unser üblichen Denk- und Handlungsräume.

Mit Mr. Keating, dem Lehrer aus dem »Club der toten Dichter«, meine ich: »Gerade wenn man glaubt, etwas zu wissen, muss man es aus einer anderen Perspektive betrachten«:

- Was sieht man mit diesen Unterscheidungen? Was sieht man nicht?
- Ergeben sich mittels dieser (neuen) Kategorien neue, andere relevante Sichtweisen auf die Steuerung von Veränderungsprozessen, als dies der bisherige Stand der Forschung angeboten hat?
- Lässt sich erkennen, was man gegenüber bisherigen Beschreibungsformen gewinnt bzw. verliert?

Karl Weick nimmt zwei Katastrophen – einen Brand, bei dem zwei Feuerwehrmannschaften ums Leben kamen, ertrinkende Marinesol-

---

3 In dieser Arbeit wird sowohl die männliche als auch weibliche Form abwechselnd genutzt, da Männer und Frauen gleichermaßen im Management arbeiten und Organisationsentwicklung durchführen und begleiten.

daten, die beim Verlassen des sinkenden Schiffes die stahlbeschwerten Arbeitsschuhe anließen – zum Anlass, darüber nachzudenken, welche Werkzeuge die Managementforschung heute behindern. Seine Untersuchung kann auch auf das Feld der Organisationsberatung und deren Tools (und Denkweisen) übertragen werden. »The failure of 27 wildland firefighters to follow orders to drop their heavy tools so they could move faster and outrun an exploding fire led to their death within sight of safe areas. Possible explanations for this puzzling behavior are developed using guidelines proposed by James D. Thompson, the first editor of the Administrative Science Quarterly. These explanations are then used to show that scholars of organizations are in analogous threatened positions, and they too seem to be keeping their heavy tools and falling behind« (Weick 1996, S. 303).

Gewohnte Denkweisen und Verhaltensmuster wirken oft hinderlich, wenn es darum geht, sich veränderten Situationen anzupassen. Instrumente haben die Wirkung, dass sie auf der einen Seite Machbarkeit und Umsetzung ermöglichen, auf die andere Seite weist Weick hin: Instrumente als Werkzeuge sind Symbol der Routine und verkörperte Opposition zur Innovation. »Dropping one's tools is a proxy for unlearning, for adaptation, for flexibility« (Weick 1996, S. 304). Statt die nicht brauchbaren Instrumente und Tools wegzuwerfen, halten wir in veränderten, komplexen Situationen an ihnen fest. Wir setzen auf Gewohntes, auf Vertrautes, ohne darauf zu achten, ob dies auch in anderen Situationen hilfreich ist.

Karl Weick nennt zehn Erklärungen, warum die Feuerwehrleute die Werkzeuge nicht fallen gelassen haben. Zwei davon will ich hier aufgreifen und für Organisationsentwicklung (OE) nutzbar machen:

- Werkzeuge (Tools) stiften Identität und sind daher für die Profession und die Markierung als »professional« wichtig: »Die Leute werden die Werkzeuge nicht wegwerfen, wenn sie meinen, dass sich damit nicht viel ändern wird. (...) Für die Feuerwehrleute waren Werkzeuge und Mensch eine Einheit, nicht verschiedene Dinge, nicht trennbar und nicht von anderer Wesensart. (...) Werkzeuge sind die wesentlichen Merkmale der Feuerwehrleute und entscheidend für ihre Identität.«
- Kleinste Veränderungen im Umfeld werden nicht als Impuls zur Veränderung wahrgenommen: »Der kumulative Effekt

kleinster Veränderungen war nicht evident für die Leute. Kleinste Veränderungen waren angesichts der gewaltigen Bedrohung nur triviale Veränderung, also veränderten sie nichts.«

Folgt man diesen Erklärungen in Bezug auf Organisationsentwicklung, so kann man die Hypothese formulieren, dass die Instrumente der Organisationsentwicklung (und des Change Management) in all ihren Facetten vom jeweiligen Denkstil der Berater geprägt sind und die Identität und das Selbstverständnis der Berater spiegeln. Es sind die sinngebenden Artefakte, die ihre Kultur definieren. Gleichzeitig stehen für OE damit die Fragen im Raum: Was leitet die Auswahl der Instrumente? Gibt es schon Anzeichen für Veränderung im gesellschaftlichen Kontext der Organisationen, die ein Umdenken und auch ein Umrüsten auf andere Werkzeuge der Organisationsentwicklung notwendig machen? Oder brauchen die alten Werkzeuge lediglich einen Feinschliff, um weiterhin gut zu funktionieren? Kann die vorgeschlagene Veränderungsarchitektur mit den noch zu skizzierenden Paradoxien der Organisation umgehen? Ist der Ausgangspunkt der Instrumentenwahl das zu bewältigende Problem? Baut Organisationsentwicklung eine Prozesschoreografie und Veränderungsinszenierungen für den Change-Prozess rund um das skizzierte Ziel oder ist jedes Problem nur Anlassfall, die »üblichen Verdächtigen« aus der Toolbox zu holen? Spielt die Beratungsarchitektur mit dem Modischen oder setzt es selbst nur auf einen saisonalen Höhepunkt? Welches Instrumentenportfolio wurde warum gewählt?

Die Weick'sche Metapher übertragen auf das Feld der Organisationsentwicklung bedeutet wohl, dass es in schwierigen und komplexen Situationen, wie bei denen von Veränderungsprozessen, sowohl bei der Auswahl der Instrumente als auch bei der Nutzung der Tools insbesondere darauf ankommt, den Gesamtkontext, das Problem und die möglichen Auswirkungen im Auge zu halten.

Das Buch orientiert sich vor allem an folgenden Fragen:

- Welche Interventionen sind geeignet, um eine Organisation und ihre Bewohner zur Selbständerung zu bewegen« (über die eigenen Wahrnehmungen und Konstruktion von Realität nachzudenken), und welche unterstützen die Verankerung von Wandel in der Organisation eher als andere?

- Welche Strukturen, Interventionen, Lernräume ... müssen Organisationen von außen (Beratersystem, Beratungssystem) und von innen (Management); als Choreografie angeboten werden, damit sie an ihren Strukturen arbeiten und sich (selbst) ändern?
- Wie finden Veränderungsimpulse, die im Beratungssystem gesetzt werden, Verankerung in der Organisation? Was muss im Beratungssystem inszeniert werden, um Wandel in Organisationen zu ermöglichen und zu verankern? Was müsste seitens der Organisation bereitgestellt und gemacht werden, um Veränderungsprozesse möglichst zu unterstützen? Welche Methoden und Tools haben sich hierbei bewährt?

Die Antworten auf diese Fragen nähren sich aus den vier Fallstudien in Teil VII des Buches[4] *(Auswertung der Interviews, Mitschriften und Unterlagen wie Flip-Protokolle, interne Broschüren)*, eigenen Beratungsprojekten und -erfahrungen, sowie vielfältigen Theorielandkarten.

3. Die mehrdimensionale Darstellungsform des Buches – Text im Text

Um dem systemtheoretischen Credo, dass »die Wirklichkeit« vom Beobachter und dessen Beobachtungskriterien abhängig ist, gerecht zu werden, versuche ich unterschiedliche Sichtweisen im Text beobachtbar zu machen. Dies spiegelt auch meine Idee wider, dass alles, was gesagt wird, unter einem bestimmten Beobachtungsfokus gesagt

---

4   Die Auswertung der Interviews und der Daten der Beobachtung basierte auf der Auswertungsmethode nach der Grounded Theory nach Anselm L. Strauss (1994) und auf einer systemtheoretischen Beobachtungsfolie. Die Ergebnisse dieser dichten Beschreibung wurden mit den Beschreibungen und dem Erleben der einzelnen relevanten Akteure verglichen bzw. mit Theorie und einschlägigen Untersuchungen anderer Veränderungsprozesse in Beziehung gesetzt. Hieraus folgte eine dichte Beschreibung (Geertz 1983) des Veränderungsprojektes, die die unterschiedlichen Sichtweisen im Text sichtbar berücksichtigte.
Die verwendeten qualitativen Forschungsansätze basieren auf der pragmatischen Tradition Kurt Lewins, Chris Argyris und Anselm L. Strauss. Ziel war es, Ergebnisse zu entwickeln, die sich vorwiegend aus der Praxis ableiten. Grundanliegen dieser Ansätze war es, Theorien nicht (nur) abstrakt, sondern in möglichst intensiver Auseinandersetzung mit dem konkreten Gegenstand zu entwickeln. Es handelte sich hier um ein »Entdeckungsverfahren« von gegenstandsnahen Konzepten und ihrer Verknüpfung mit dem Stand der Forschung und theoretischen Konzepten. Meine These dabei ist, dass die Erkenntnisquelle einer gegenstandsnahen Theorie von Organisationsentwicklung nur in der Praxis der Veränderung von Organisationen liegen kann.

wird und alle Aussagen und Sichtweisen auf den Veränderungsprozess bzw. die Organisation gleich richtig bzw. falsch sind. Oder um mit Heinz von Foerster zu sprechen: Die Wahrheit ist die Erfindung eines Lügners.

Im Text werden hierfür unterschiedliche Kästen eingeschoben und mit bestimmten Icons markiert, die die mehrdimensionale Sichtweise auf einen Fokus unterstützen – dies sowohl bei der Beschreibung der Fallstudien als auch im reflektierten Text selbst. Diese Form der Darstellung will ermöglichen, gleichzeitig unterschiedliche Richtungen der Beschreibung, unterschiedliche Sichtweisen, Erklärungen, Annahmen etc. schon im Text sichtbar zu machen. Die Einschübe in der Reflexion sollten es möglich machen, dass unterschiedliche Theorien, unterschiedliche Sichtweisen, offene Fragen sichtbar werden und Erklärungen hinterfragt werden.

Ich versuche mit dieser Art der Darstellung die Möglichkeit zu geben, die Hypothesen der Berater, die unterschiedlichen Sichtweisen der Beteiligten, die Ideen, Aussagen und verschiedenen theoretischen Brillen deutlich zu machen. Damit kann sich der Leser (die Leserin) neben meiner Beschreibung – wenn er/sie es will – selbst ein Bild machen. Ich hoffe, dass diese Verführung gelingt …

 Quer-Denker: versucht, andere mögliche Sichtweisen, andere Theoriebausteine, andere mögliche Erklärungen aufzuzeigen bzw. mit Fragen auf andere mögliche Möglichkeiten hinzuweisen, wobei hierbei kein Anspruch auf Vollständigkeit besteht.

 Sich ein Bild machen – Bilder & Analogien: Hier wird versucht, sich ein Bild zu machen – wörtlich genommen: Skizzen, Bilder, Mindmaps, Grafiken etc. Dadurch soll alles, was ich nicht digital auszudrücken vermag, mithilfe von analogen Mitteln dargestellt werden.

 Chronologie: Beschreibung des zeitlichen Ablaufs der Beratung anhand von Meilensteinen.

 Hypothesen der Berater: Hier sollen die aus den Interviews bzw. aus den Flipcharts genommenen Annahmen, Hypothesen, Fragen etc. der Berater beobachtbar gemacht werden.

Paradoxien und theoretische Brille: Hier werden weitere Theoriebrillen angeboten und es wird auf Paradoxien hingewiesen. »Was kann man durch eine zusätzliche Theoriebrille erkennen?« ist die Leitfrage.

Stories & Artefakte von Geschichten: Hier werden Interviewausschnitte, Kopien bzw. Abschriften von Flipcharts, Abschriften/Scans aus Protokollen, Firmenbroschüren etc. zu bestimmten Sachverhalten zur Verfügung gestellt.

Multiple Insights: Die unterschiedlichen Sichtweisen und Wahrnehmungen der unterschiedlichen relevanten Akteure auf einen bestimmten Sachverhalt (Struktur, Prozess) werden sichtbar gemacht.

Für die Leser, die an einer schnellen Umsetzung in die Praxis interessiert sind, sind folgende Kästchen von besonderer Bedeutung:

Beobachtungen, Thesen und Schlussfolgerungen aus den Fallstudien: Hier wird versucht, den Gang der Erkenntnis darzulegen und sichtbar zu machen. Die Beobachtungen, Thesen und Schlussfolgerungen beziehen sich auf die Datenbasis der Fallstudien. Auf dieser Basis werden dann verallgemeinernde Einsichten und auch generalisierbare Strategien und Taktiken im Text formuliert.

Merk-Würdiges: Hier sollen die wichtigsten Ideen, Aussagen etc. eines Abschnittes zusammengefasst und festgehalten werden.

Gateways & Rezepte für die Praxis: Hier werden Checklisten, Inszenierungen als »Rezepte«, Best Practices und Formulare für die Praxis des Veränderungsmanagements vorgestellt und angeboten.

II. Neue Metaphern für die Gestaltung von Organisationsentwicklungen

Sowohl im Management als auch in der Beratung gibt es eine Unmenge an Leitmetaphern. Sie dienen zur Orientierung und zur konkreteren Beschreibung von Situationen und Zusammenhängen. Denken Sie z. B. an die Metaphern zur Beschreibung einer Organisation: als »Maschine«, als »Kultur«, als »politische Arena« oder als »Pizza«. Metaphern sind paradox: Metaphern stellen manches in den Vordergrund. Sie blenden dabei gleichzeitig anderes aus. Wir wollen hier die etablierte Leitmetapher »Architektur und Design« der neuen Leitmetapher der »Choreografie und Inszenierung« gegenüberstellen und ihre Vorteile herausarbeiten.

Das Umfeld der Organisationsentwicklung hat sich seit seiner Entstehung immens verändert. Die jetzigen Organisationen sind »fluide«, volatil, sind kontinuierlich im Fluss. Projektarbeit ist in den meisten Unternehmen Standard, um neue Herausforderungen zu managen. Der Alltag vieler Unternehmen ist es, viele Projekte gleichzeitig nebeneinander laufen zu haben. Castell (2000) folgend, sind die meisten Organisationen nicht durch zu wenig Veränderung bzw. durch zu wenig Varianz gekennzeichnet. Das Gegenteil ist der Fall. So meint z. B. Doris Kruschnitz, verantwortlich für die Steuerung der Personalentwicklung in der Kapsch AG, in einem Interview[5]: »Ich glaube nicht, dass Wandel der Punkt ist, der Punkt ist Stabilisieren. Veränderung findet ständig statt. (...) Die Frage ist, wie bekomme ich wieder mehr Sicherheit?«

Das jetzige Wirtschaften ist vor allem geprägt von:

- seinen dynamischen Umwelten, die schnelle Reaktionen von Organisationen fordern
- vielen gleichzeitig ablaufenden Change-Prozessen im Unternehmen
- höherer Professionalität der internen Berater und internen Change-Verantwortlichen in Bezug auf die Gestaltung von Organisationsentwicklung

---

5 *Unternehmensentwicklung* August/September 2002, S 7 f.

- vielen Formen der Partizipation von Mitarbeitern
- anderen Mitarbeitenden (Vertretern der »Generation X«)
- neuen Formen von Grenzziehungen und Koordination
- kleingliedrigen, teamförmigen und vielfach vernetzten Organisationen

Das »Flüssigmachen« von Organisationen ist heute selten die zentrale Aufgabe der Organisationsentwicklung. Im Organisationsalltag ist es eher üblich, dass dem einen gesteuerten Wandel weitere Change-Projekte folgen bzw. viele gleichzeitig, parallel und wechselseitig miteinander verzahnt ablaufen. Die Ausgangsbedingungen für die Anwendung von systemisch inspirierten Parallelorganisationen und Veränderungschoreografien haben sich offensichtlich geändert! Sind die Kontextbedingungen vergleichbar? Passen die gängigen Leitmetaphern als Landkarten noch zur Landschaft?

Die Praxis der Organisationsberatung zeigt, dass der kreative Entwurf eines Veränderungsprozesses und die ebenso kreative Umgestaltungsphase ein dauernder Prozess sind, dass sich ein »work on the frame« (Klärung des Arbeitsrahmens) und »work in the frame« (Arbeit im geschaffenen Rahmen)[6] als ständige kommunikative Aufrechterhaltung und Wiedererschaffung des Beratungssystems ausgestalten. Jede Leitmetapher fördert bestimmte Gestaltungsformen und schließt zugleich andere Formen und Gestalten aus.

Welche Strukturen, Gefäße, Interventionen müssen fluiden Organisationen in der Kooperation von Außenperspektive und Innenperspektive angeboten werden, damit die Organisation sich (selbst) ändert? Welche Metapher nimmt am ehesten die veränderten Rahmenbedingungen auf?

1. Die bestehende Metapher von »Architektur und Design« für die Gestaltung der Organisationsentwicklung

Der Ansatz der systemisch inspirierten Projektarchitekturen ist im Rahmen von starren Organisationen (große Industrie- und Dienstleis-

---

6 Diese Hypothese basiert auf meiner 1998 erstellten Diplomarbeit (vgl. Hochreiter 1998).

tungsunternehmen[7]) in weniger dynamischen Märkten entstanden. Die damalige Implikation – soweit es heute nachvollziehbar ist – waren zwei zentrale Punkte: Der eine war, starre Organisationen über den Aufbau einer »Kontrastfolie« fluid zu machen und in Bewegung zu bringen. Der andere war, über selektive Beteiligung mehrere Stakeholder anzusprechen und damit das Commitment zu fördern. Den Praxisbeschreibungen der Literatur und Erzählungen von Beraterkollegen folgend, scheint eine solche Vorgehensweise in vielen Organisationen zu Erfolg geführt zu haben.[8]

Die Parallelorganisation als Gestaltungsbasis von Veränderungsprozessen wurde von der Wiener Schule (insbesondere der Beratergruppe Neuwaldegg) in den 80er-Jahren aufgegriffen und durch andere Ansätze[9] bereichert und firmiert in der Organisationsentwicklung inzwischen als »State of the Art«.

Königswieser, Exner u. Pelikan (1995) beschreiben die Gestaltung eines Veränderungsprozesses analog zur Arbeit eines Architekten bzw. Designers beim Hausbau.

Die Architektur eines Beratungsprojektes meint die »Hardware«, die kommunikativen »Räume«, den Aufbau unterschiedlicher Kommunikations- und Entscheidungseinheiten und deren Bezugnahme aufeinander und auf die Organisation. Architektur meint die Projektstrukturierung auf Makroebene, es werden Strukturen bzw. Rahmen (»frames«) auf zeitlicher und struktureller (Makro-)Ebene festgesetzt – wann findet welcher Workshop, wann ein Outdoor-Training, wann eine Kommunikationsveranstaltung statt. Weiter wird auch die Koppelung der einzelnen »Räume« durch die Architektur angedacht. Die Prozessarchitektur bildet den roten Faden, den Rahmen, in dem das Erzeugen und die Verarbeitung von Veränderungsimpulsen möglich werden. Die Architektur versucht überlappende Kommunikationsgelegenheiten zwischen der Organisation und den geschaffenen

---

7 wie z. B. die Lenzing AG, bei der von 1983 bis 1987 die erste »systemische Beratung« im deutschsprachigen Raum durchgeführt wurde (so Dr. H. Ribnitz, ehem. Personaldirektor der Lenzing AG); oder die voestalpine stahl AG.
8 So zeigen dies die hier vorgestellten Case Studies im Teil VII des Buches, sowie mehrere Beschreibungen von Beratungsfällen durch die Berater selbst (für viele: Königswieser/Exner 1999).
9 systemische Familientherapie, Gruppendynamik, traditionelle OE: sichtbar in der systemischen Schleife (Information-Hypothese-Intervention) als Planungsinstrument, Innenkreis-Außenkreis-Modelle für die Arbeit in Workshops, Kräftefeldanalyse etc.

Kommunikationsgefäßen zu gestalten, um damit Veränderung innerhalb der Organisation anzustoßen.

Vergleicht man ein Beratungsprojekt mit einem Hausbau, so werden mit der Architektur die Grundrisse, die das Haus strukturieren, vorgegeben. So wie ein Architekt den Baugrund und die Bedürfnisse des Bauherrn berücksichtigen muss und die Planung immer wieder überarbeitet, gestaltet der Berater seine Interventionsplanung abhängig von der Organisation des Klientensystems und schafft Strukturen, die die erwünschten Kommunikationsabläufe erleichtern und Blockaden verhindern sollen. So wie der Architekt gemeinsam mit dem Bauherrn die Planung und Realisierung des Hauses gestaltet, muss das Beratersystem den Gesamtablauf eines Beratungsprozesses planen und gemeinsam mit dem Klientensystem gestalten. Wie beim Hausbau geht es beim Design um die Inneneinrichtung in den vorgegebenen Grundrissen, die das Haus strukturieren. Die »Einrichtung« und Ausgestaltung der vorher geplanten und gebauten Räume (Makrostrukturen) mit »frames« in sachlicher, zeitlicher, struktureller Hinsicht – also Workshopdesign, die konkrete Ausgestaltung von Kommunikationsanlässen, welche Fragestellungen wie abgearbeitet werden – sind das Ziel. Durch die Gestaltung des Innovationsprojektes wird entschieden, wer wann beteiligt wird, welche Gefäße (Subprojekte, Arbeitsgruppen, Change-Teams auf Managementebene etc.) wie ausgestaltet werden, wie die Verbindung zur Linie der Organisation gestaltet wird, wann was wem kommuniziert wird, ob es Raum gibt, Emotionen zu bearbeiten, wie die Impulse der Veränderung gestaltet werden.

Jede Metapher hebt einige Aspekte eines Phänomens hervor, hat aber auch Lücken und Tücken. Die aufgegriffene Metapher ermöglicht es, die Differenz zwischen Projektstruktur und Strukturierung der einzelnen Designs zu beschreiben und hervorzuheben. Sie ermöglicht eine praxisorientierte Metapher, mit der man auch bei Unternehmen anschlussfähige Bilder erzeugen kann. Sie erschafft aber mit der Analogie zum Hausbau auch ein relativ fixiertes und unflexibles Bild der Steuerung des Veränderungsprozesses. Es suggeriert, dass es, nachdem ein Entwurf kreiert und mit dem Bauherrn abgestimmt wurde, wenig Veränderungsmöglichkeiten im Entwurf gibt.

Will man sich in der in der Organisationsentwicklung gut eingeführten Metapher der Architektur und des Hausbaus bewegen, so findet man – um im Bild zu bleiben – »erfahrungsgestützte Elemente des Handwerks und Herausforderungen des situationsspezifischen

Entwurfs, in diesem Sinne der ›sozialen Kunst (Laske u. Zauner 2000, S 458)‹«. Will man die Analogie noch weiter nutzbringend verwenden, kann man auch auf die Architektur-Theorie zurückgreifen. In der städtebaulichen Architektur-Theorie werden folgende Kriterien zur Beurteilung von Architektur entsprechend der Nutzungs- und Wahrnehmungsrealität (Fuhrmann 2000, S. 67) beschrieben:

- Idee, konzeptionelle Qualität und Angemessenheit
- Einordnung in das Umfeld, den Kontext
- Funktionierende/organisatorische Qualität
- Räumliche und gestalterische Qualität
- Konstruktive und technische Qualität
- Aufwand/Nutzen-Verhältnis
- Wahrnehmung ist persönlich unterschiedlich (Gefühl, Stimmung etc.)

Diese Kriterien sind, übertragen auf Organisationsentwicklungen, brauchbare Kriterien zur Beurteilung der Angemessenheit von Change-Architekturen.

2. »Inszenierung und Choreografie« als neue Leitmetapher

Die Veränderungen der Organisationen selbst – das immense Tempo, das andauernde »Im-Fluss-Sein«, die vielfältig gleichzeitig und parallel laufenden Veränderungsprozesse – verlangen nach neuen Nuancierungen und anderen Schwerpunktsetzungen für Change-Prozesse. Sie verlangen auch nach einer neuen Leitmetapher.

Die Konzeption eines Veränderungsprozesses ist ein kreativer Akt. Er erfordert soziale Fantasie, Kreativität und die Kenntnis der spezifischen Ziele und der Kultur des Unternehmens. Es benötigt zur professionellen Gestaltung vor allem aber auch Wissen um die Methoden und Instrumente zur inhaltlichen Erarbeitung und zur emotionalen Begleitung von Veränderungen.

Aufgrund der sich immens veränderten Rahmenbedingungen von Organisationen ist es aus meiner Sicht für die Gestaltung von Change-Prozessen auch eine neue Metapher erforderlich, die diese Dynamiken aufgreifen kann: Inszenierung, Dramaturgie und Choreografie von Veränderungsprozessen.

Die Begriffe Inszenierung und Choreografie beschreiben die Auswahl und das In-Beziehung-Setzen einzelner Elemente wie Handlung/Stück, Tänzer, Schauspieler, Bühne, Licht, Musik, Effekte oder Kostüme. Metaphern von Tanz, Theater und Film werden in der akademischen und praxeologischen Diskussion über Change-Prozesse immer öfter sichtbar: z. B. Dance of Change (Peter Senge, Art Kleiner), der meisterhafte Tanz im Ballett der Veränderung (Art Kleiner[10]), Beziehungschoreografien (Gunther Schmidt[11]), Organisationsberater im Zeitalter der Postmoderne – was sie vom Off-Off-Broadway-Theater lernen können (Raymond Sander[12]).

Gestaltete Veränderungsprozesse sind für uns[13] immer ein hypothesengeleitetes Vorgehen. Im Fokus steht die Paradoxie, Einfluss nehmen zu wollen auf prinzipiell nicht vollends durchschaubare und planbare Prozesse. Die gewählte Schrittfolge, die zu bearbeitenden Gesichtspunkte und ihre besondere Inszenierung führen zu einer Choreografie des »Dance of Change«.

Im Folgenden wollen wir den einzelnen Gestaltungsebenen von Veränderungsprozessen als »Scheinwerfer auf das Stück der Veränderung« in Anlehnung an Bernd Schmid (2000) nachspüren.

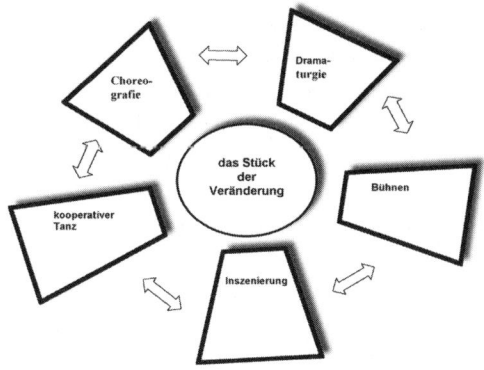

10 Vortrag von Art Kleiner auf dem 1. Weltkongress für systemisches Management, Wien, 1.–6. Mai 2001
11 G. Schmidt: »Hypnosystemische Beziehungschoreografien«, Cassettenserie im Carl-Auer Verlag, 1998.
12 ZOE 4/2000; S 30 ff
13 »Wir« und »uns« im Text beziehen sich darauf, dass sich meine Ideen nicht im luftleeren Raum bewegen, sondern in intensiver Auseinandersetzung und im Dialog mit anderen Berater-KollegInnen (Mag. Thomas Böhm, Fritz Zehetner, DI Thomas Krumpholz, Jürgen Schmücking, Dr. Axel Exner, Dr. H.W. Ahlemeier, Dr. R. Grossmann, Willhelm Geisbauer) ausgebildet wurden und sich teilweise auch in der Zusammenarbeit mit meinen Partnern bei der Delta Consulting (Dr. Heinz Schöppl, Hilde Zeitlhofer, Karl Födinger) geschärft haben.

Das Stück der Veränderung: die Storyline

Das Stück, das Thema der Veränderung, ist z. B. die Neugestaltung des Vertriebs oder die Definition von neuen Geschäftsprozessen oder die Arbeit an der Kultur oder Strategie des Unternehmens. Das Stück selbst einschließlich der Zielvorstellungen der Betroffenen sollte in einem ersten Schritt gemeinsam im Beratungssystem konkretisiert werden. *Was ist das Ziel der Veränderung? Woran erkennen die Auftraggeber, dass sie das Ziel erreicht haben? Was charakterisiert diese spezielle Organisation? Was ist der vorherrschende Denkstil, was die »heimlichen Spielregeln«? Wie würden die Auftraggeber das Ziel beschreiben, wenn es ein Theaterstück oder Film wäre?*

Dramaturgie für Choreografie und Inszenierung

Dramaturgie kommt vom griechischen *dramaturgein*. Dies bedeutet, ein Drama zu verfassen. Heute bezeichnet Dramaturgie einerseits das Kompositionsprinzip eines Theaterstücks und andererseits die Kunst, Spannung zu erzeugen, zu erhalten und zu steigern. Dramaturgie entspricht der Veränderungsstrategie eines Change-Vorhabens. Sie ist nach Titscher (1997) das K Theaterstücks ompositionsprinzip, nach dem das Stück der Veränderung choreografiert wird. Jegliche Choreografie muss sich nach dem spezifischen Veränderungsziel als auch der Logik der Arbeit der Organisation ausrichten. Fragen hierzu: *Welche Gestaltungsideen und heimlichen Spielregeln prägen den bisherigen Zustand? Welches »global goal« treibt und verkörpert den angestrebten Zustand? Wie kann man dieses »global goal« bereits in der Gestaltung des Veränderungsprozesses berücksichtigen und zur zentralen Gestaltungsdimension machen? Welche Basisfunktionen (7-F-Modell) sind im Change-Prozess auszugestalten?*

Wenn das »global goal« z. B. lautet »Wir stärken das Middle Management und machen es präsenter«, dann muss dies auch in der Choreografie und der Besetzung der wichtigen Gefäße (Steuergruppe, Sounding Board, Subprojekte, Entscheidungsteam etc.) sichtbar werden.

Interventionschoreografie

Choreografie (griech. »Tanzschrift«) war ursprünglich die Notation der Bewegungen des Chores im griechischen Drama. Heute bezeichnet der Begriff jegliche Aufzeichnung von Tanzbewegungen. Man versteht unter Choreografie die Komposition und Abfolge von dynamischen Bewegungen und Bewegungsabläufen beim Tanz.

Die Gestaltungsebene Choreografie basiert auf der Architektur-Metapher und beschreibt die Gesamtplanung und -gestaltung eines Veränderungsprozesses. Bei der Choreografie geht es um die Paradoxie, durch eine fixe Gestaltung Freiräume zu ermöglichen. Choreografie beschreibt die Gesamtstruktur des Veränderungsprozesses: wann etwas inszeniert wird; die Ausgestaltung bestimmter Gefäße (wie Projekte, Steuergruppe etc.) wie auch die Entscheidungen über gewählte Schrittfolgen; die zu bearbeitenden Gesichtspunkte und deren besondere Inszenierung. Choreografie meint die Kompetenz, Stücke zu konzipieren, Drehbücher passend zum Stück, aber auch für das Ensemble zu schreiben. Eine Choreografie der Veränderung muss sich im passenden Zusammenspiel der Internen und Externen immer wieder an der Grundmelodie und am Grundrhythmus, ausgelöst von der in Bewegung kommenden Organisation, ausrichten. Sie muss sich dem Rhythmus anpassen, aber auch den Rhythmus verändern können. Mit dieser Analogie wird insbesondere auf die komplexe Dynamik eines Veränderungsprozesses verwiesen und versucht, die Frage nach dem jeweiligen Rhythmus zu beantworten. Die Choreografie eines Tanzes wird auf die zu erzählende Story, die Musik, den Rhythmus bezogen, und die gestalteten Bewegungssequenzen werden darauf ausgerichtet. Tanz ist der Inbegriff der bewussten und unbewussten Verhaltenskoordination zu einem bestimmten Rhythmus. Dabei können die Varianten der kooperativen Koordination von Executive Team Coaching (Vorstands-Coaching) über Steuergruppen mit externer Begleitung bis hin zu Großgruppeninterventionen reichen.

Wichtige Aspekte der Gestaltung der Choreografie dieses interdependenten zieldienlichen Tanzes zum Zwecke der gemeinsamen »Erschaffung und Umsetzung« des Neuen sind[14]:

- **Zielentwicklung**: Meinungs- und Entscheidungsbildung über sinnvolle und passende Ziele: Was ist das gemeinsame Ziel – welche Auswirkungen wollen wir gestalten?
- **Choreografie der nächsten (Tanz-)Schritte und operativen Gefäße**: Auswahl der sozialen Zusammenhänge, in denen die

---

14 auf Basis eines Vortrages und eines Workshops mit G. Schmidt (Führung als kooperativer Tanz; Mitschrift des Vortrages auf dem 1. Weltkongress für systemisches Management, Wien, 1. 6. Mai 2001)

Ziele bearbeitet werden sollen; Auswahl der Zuständigkeiten; Auswahl der Vernetzung und Intensität der Kommunikation, Entwicklung der nächsten kleinen Schritte.

- **Auswahl und Entwicklung zieldienlicher und zielstabilisierender Rückkoppelungsschleifen**: als Informationsloops über Zielerreichung, Modifikation, Auswirkung auf die nächsten Schritte, als Information für neue Steuerungsimpulse.

Inszenierung

Eine Inszenierung ist die szenische Umsetzung eines Theaterstücks, einer Geschichte. Sie findet auf einer Bühne vor Publikum statt und unterliegt der Leitung eines Regisseurs oder Regieteams. In der Kunst versteht man unter Inszenierung, dass der Künstler seine Sichtweise darstellt. Er wählt z.\,B. eine Perspektive, inszeniert Objekte, Orte, Personen oder Situationen. Er lenkt den Blick des Betrachters. *Die Inszenierung nimmt Einfluss darauf, wie etwas wahrgenommen wird.*

Wichtig in der Inszenierung ist – egal ob Film, Theater oder Tanztheater oder auch andere darstellende Künste (Tanz, Gesang) – dass die jeweilige Musik, der jeweilige Text bzw. die jeweilige Handlung, der jeweilige Rhythmus in ihrem Inhalt und ihrer Struktur zusammenhängend gestaltet werden (vgl. Szandi 1999). Jede der Künste ist definiert durch ihre essenzielle Form: »Von der Symphonie bis zum Hip-Hop erzeugt die zugrunde liegende Form von Musik ein Musikstück und nicht Lärm. Ob gegenständlich oder abstrakt, die Kardinalprinzipien visueller Kunst erzeugen ein Kunstwerk, kein Gekritzel (McKee 2001)«. Die essenzielle Form ist nach McKee (ebd., S. 29) endlos variabel, aber in ihrem Wesen unveränderlich. Eine Inszenierung einer Story lebt von Struktur (Ort, Epoche, Ereignis, Szene, Handlungsschritte, Settings, Figuren) und Überraschungen, der Markierung von wichtigen Punkten in der Storyline.

Inszenierung basiert auf der Design-Metapher. Inszenierung meint, eine Story (ein Veränderungsanliegen) in Szene zu setzen, ein Stück (der Organisation) bearbeitbar zu machen und aufzuführen. Die einzelnen Szenen sind im Rahmen der Gesamtchoreografie hypothesengeleitet einzubinden.

- Wann ist welche Szene auf die Bühne zu bringen? In welcher Taktung?
- An welchen Orten wird das Stück inszeniert (im Unternehmen, in Hotels, was ist die beste »Location«)?

- Welche Themen werden aufgegriffen, auf die Bühne gebracht?
- Welche Fokussierungspunkte braucht der Veränderungsprozess (die Psychodynamik, die Organisationsdynamik, deren Wechselspiel, Emotionales, sachliche Themen und Lösungen etc.)?
- Welche Bearbeitungsform ist zu wählen (Einzelarbeit, zu zweit, Kleingruppen, Innenkreis/Außenkreis, Plenum, Großgruppe)?
- Welche Interventionen sind für die Inszenierung und das »global goal« förderlich (Swot-Analyse, Projektumfeldanalyse, Sketch-Diagnose, Dream Team, Fernsehinterview aus der Zukunft etc.)?
- Welche Art von Publikum (Beobachter) braucht die Szene (Beobachter aus der Gruppe; Beobachter, die nicht in den Veränderungsprozess involviert sind, wie viele etc.)?

Die Metapher der Inszenierung (etwas in Szene setzen) bringt die Entstehung und Erzeugung der Fokussierung von Aufmerksamkeit in den Blick. Wie bei einem Film bzw. einem Theaterstück muss auch beim Change-Prozess etwas in Szene gesetzt, Aufmerksamkeit auf bestimmte Punkte gelenkt werden. Bei der Inszenierung geht es im Theater (und auch im Film) um das In-Beziehung-Setzen und Verknüpfen von einzelnen Storylines und Sequenzen zu einem Spannung aufbauenden und erhaltenden Ganzen. Überraschungen und die Gestaltung von Attraktoren sind Elemente der Inszenierung. Durch das Spiel mit den unterschiedlichen Inszenierungsformen kann eine Story unterstützt, die Intensität ihres Erlebens gesteigert werden.

Der kooperative Tanz zwischen Externen und Internen

Mit Tanz (Kooperationstanz) wird die Notwendigkeit eines optimalen Zusammenspiels von Internen und Externen betont. Die Erfahrung zeigt, dass es entscheidend für die Nachhaltigkeit eines Veränderungsprozesses ist, wie dieser ausgestaltet wurde und wie die internen und externen Sichtweisen kooperieren: Wird gekämpft oder kommt es zu einem zieldienlichen Tanz.

Management und externe Berater müssen sich am Rhythmus und am Tempo der Organisation ausrichten und ihre eigene Koordination wie auch die der nächsten Tanzschritte darauf abstellen. Aus unserer Sicht liegt die Stärke der Kooperation von Beratung und Management darin, dass sie erlaubt, bisherige und bestehende Lösungen als problematisch zu beschreiben, ohne die Bearbeitung der Probleme an die bekannten und üblichen Problembearbeitungsgremien der Organisation abzugeben Es können neue Sichtweisen und Beobachtungen im Problemlösungsprozess berücksichtigt werden. Der Vorteil liegt insbesondere auch darin, dass der Veränderungsprozess durch gemeinsame Abstimmungsprozesse gesteuert und gestaltet wird.

Wir beschreiben diese Form der Zusammenarbeit als »Kooperationstanz«, um das komplexe und dynamische »Handling« der Differenz von internen und externen Aufgaben und Funktionen im Veränderungsprozess sichtbar zu machen. Damit wird Veränderung zum kokreativen Dialog zwischen Beraterimpulsen, Organisation, Innovationssystem und komplexen Kontextvariablen und damit zum gemeinsamen »Dance of Change«. Der Rhythmus der Veränderung lenkt die soziale Koordination zwischen Internen und Externen.

Inspiriert ist dieser Begriff von H. v. Foerster u. Pörksen (1998, S. 40f.), die in ihrem Buch »*Die Wahrheit ist die Erfindung eines Lügners*« über gemeinsame Herstellung von Wirklichkeit sagen: »Mir ist das Bild des Tanzes am liebsten. (...) Im Englischen heißt es: ›You can´t tango alone! You need two to tango.‹ Man braucht den anderen und versucht den Tanz mit der Welt, man führt sich gegenseitig, erspürt den gemeinsamen nächsten Schritt und verschmilzt mit den Bewegungen des anderen zu ein und derselben Person, zu einer Wesenheit, die mit vier Augen sieht. Wirklichkeit wird zur Gemeinsamkeit und zur Gemeinschaft.«

Im gemeinsamen Kooperationstanz von Beratung und Organisation geht es um eine zieldienliche Kooperation zum Zweck der Veränderung der Organisation. Ziel ist es, Einladungen zu formulieren, die die Aufmerksamkeit der Organisation so intensiv wie möglich auf das Neue fokussieren. Die gelungene Inszenierung der Differenzen zwischen der Innensicht und der Außensicht und die Gestaltung der Interventionschoreografie von Vorschlägen einbringen und gemeinsamem Reflektieren, von Erarbeitung und Umsetzung entscheiden über gelungene bzw. misslungene Veränderung. Das Management hat im Allgemeinen die Aufgabe der Gestaltung der Organisation. Im Kooperationstanz mit den Beratern sollten neue Gestaltungsräume sichtbar werden, die dann durch Handeln seitens des Managements gefüllt werden können.

Was ist die zusätzliche Dimension, die das Bild Kooperationstanz im Vergleich zu einer anderen begrifflichen Verdeutlichung von Kooperation[15] vermitteln kann? Die Metapher des Kooperationstanzes markiert zwei entscheidende Unterschiede[16]:
1) Die Tanzmetapher betont – anders als die Metapher von Königswieser, Exner u. Pelikan (1995) – die komplexe Dynamik und Kurzfristigkeit der kontinuierlichen Abstimmungen und Koordination von Internen und Externen. Tanz bedient sich der Differenz von bewussten und unbewussten Gesten und Impulsen, um Kooperationsverhalten schnell und dynamisch zu koordinieren. Tanz ist nach Luhmann (1984, S. 336) eine der Möglichkeiten, über Körperlichkeit eine Feinabstimmung und ein Tempo der Verhaltenskoordination zu erreichen, was über bewusste Kontrolle alleine nicht möglich wäre. Tanz ist dynamische Perfektionsform der Körperabstimmungen bezogen auf einen Rhythmus und auf eine Choreografie[17.] Der Rhythmus lenkt die soziale Verhaltenskoordination, die im Tanz über bewusste und auch unbewusste Aufmerksamkeitsfokussierungen geleistet wird. Organisationsberatung und Management müssen sich im gemeinsamen Tanz am Rhythmus der Organisation und der durch das Tanzen ausgelösten Veränderungen orientieren und ihren Tanz darauf abstimmen. Beratung kann nur dann wirksam werden, wenn es zu einem Zusammenspiel (»Interaktionstanz«) von internen Akteuren und externen Beratern kommt. Letztere können nur gemeinsam mit internen Akteuren die Organisation zum Dance of Change bitten. Tanzen die Berater alleine, werden die Tänze und Verrenkungen allenfalls bestaunt, Impulse zur Veränderung können sie aber nicht bringen.
2) Darüber hinaus sind Form der Kooperation und Inhalt des »Dance of Change« aufeinander bezogen, interdependent. Das Spiel wird durch die Spieler erst hervorgebracht und im Spiel selbst kontinuierlich verändert. Dies ist eine klare Differenz zu z. B. Axelrods Kooperationsbegriff, da dieser davon ausgeht, dass kooperatives Verhalten nicht dadurch zu erreichen versucht wird, indem das Spiel selbst verändert wird.

---

15 Die Frage nach der Möglichkeit oder den Bedingungen kooperativen Handelns unter interessierten Akteuren wird z. B. von R. Axelrod (1997) oder R. Schüßler (1997) aufgegriffen.
16 Diese Differenzen haben mich zu dieser Begrifflichkeit angeregt.
17 diese ist in der Kunst entweder vorgegeben oder entsteht (wie z. B. im Modern Dance) während des Tanzens.

3) Yeats' Gedicht (vgl. Finneran 1996; Furchs 2001) mit der Zeile »How can we know the dancer from the dance?« markiert diese für Organisationsentwicklung spannende Unterscheidung: Wie kann man den »Dance of Change« von den Tänzern differenzieren? Und hängt nicht die Kunst des Tanzes vom passenden Zusammenspiel der Tänzer ab? Peter Fuchs (2001) zeigt in seinem Essay, dass die Unterscheidung (von Tanz und Tänzer), die das Gedicht vollzieht und in Frage stellt, niemals zu zwei sauber voneinander getrennten Einheiten (Tanz auf der einen, Tänzer auf der anderen Seite) führt, sondern »keine ohne die andere existieren kann«. Es kann keinen Tanz ohne Tänzer geben – keinen Dance of Change ohne Akteure.

Mögliche Kriterien zur Beurteilung von Change Prozessen in der Analogie des Tanzes und der Choreografie sind u. a.:

- Qualität der Story und der Storyline
- Ästhetik und Sinnlichkeit (die Sinne ansprechend) der Inszenierung
- Rhythmus und Dynamik, Zusammenspiel der Sequenzen und sozialen Zusammenhänge, Bewegung und Stillstand
- Qualität und Können der Schauspieler und Tänzer
- Passende Bühnensprache: Ausstattung, Beleuchtung, Kostüme, Dekoration, Requisiten, technische Effekte
- Beim Tanz sind es u. a. Kriterien wie Bewegung, Körperinszenierung und Bewegungsvokabular.
- Aufwand/Nutzen-Verhältnisse

Einige blinde Flecken und Constraints der Choreografiemetapher

Die Metapher des Tanzes und der choreografierten Veränderungsprozesse hebt wie oben aufgezeigt einige Aspekte hervor, hat aber auch Constraints und blinde Flecken:

- Die Metapher suggeriert auf der einen Seite Bewegung und Dynamik, verschweigt aber die Starrheit von Tanz-Choreografien, die Tänzer dazu zwingen, zu einer bestimmten Zeit im Musikstück vorbestimmte Schritte und Gesten auszuführen. Die Metapher negiert die Kontingenzräume von Musik und möglichen Tanzschritten – also von Change-Prozessen und die Gestaltung des Prozesses selbst.
- Wir vertreten die Hypothese, dass die Metapher entgegen der »Architektur«-Beschreibung bei Unternehmen weniger an-

schlussfähig ist. Die Choreografie-Metapher kann weniger anschlussfähige Bilder erzeugen als die Architektur-Metapher. Viele Unternehmer bzw. Manager haben schon Häuser mitgeplant und gebaut – Tänze choreografiert haben sicherlich viel weniger.

- Organisationen sind nicht-triviale Maschinen, die sich nicht nach dem Willen ihrer Choreographen (Manager, Berater) gestalten lassen – auch wenn diese noch so eindrucksvoll gemeinsam tanzen.

Trotz dieser blinden Flecken und Einschränkungen bietet die Tanz- und Choreografie-Metapher neue und andere nützliche Zugänge zur Gestaltung von Change-Prozessen an. Veränderung ausgelöst durch den Change-Prozess ist nicht linear oder nur auf einen Akteur fokussiert, sondern das Ergebnis von vielen komplexen und dynamischen Wechselwirkungen. Diese Komplexität ist nicht beherrschbar, es gibt keine Regeln, keine Rezepte, nach denen sich der Dance of Change verlässlich choreografieren bzw. tanzen lässt.

»Wer nicht tanzen kann, glaubt, die Schwierigkeit liege darin, die Regeln des Tanzes zu kennen und ihnen die eigenen Bewegungen anzupassen; aber das ist nur das Äußere der Sache; man muss es dazu bringen, dass man ohne Steifheit tanzt, ohne Unruhe und folglich ohne Angst. [...] Die Bewegungen müssen präzise, geschmeidig, ohne Steifheit noch Zittern sein; denn das geringste Zittern überträgt sich. (Alain 1994, S. 54)«.

Nur das mutige Sicheinlassen, das mutige Tun, das Tanzen an sich, kann den »Dance of Change« ermöglichen.

 **Gateways & Rezepte für die Praxis**

Stück der Veränderung
- Was kennzeichnet diese Organisation? Was sind deren Charakteristika?
- Woran zeigt sich das Problem? Seit wann existiert das Problem? Was soll gelöst werden?
- Der Vorhang zu diesem Stück geht auf, was ist auf der Bühne zu sehen?
- Wer würde das Problem anders beschreiben?
- Womit hängt dieses Problem alles zusammen? Was passiert, wenn nichts passiert?

- Was ist daran veränderbar? Was sind Restriktionen (Unveränderbares, Vorgaben)?
- Was ist das »global goal« der Veränderung? Woran erkennt man, dass das Ziel erreicht worden ist? Was ist dann anders? Was wäre eine mögliche Endszene?
- Wenn es ein Theaterstück oder Film wäre: Was wäre der Titel des Stücks?
- Worum wird es in diesem Stück gehen?

Dramaturgie

- Was ist das »global goal« der Veränderung? Was soll durch den Veränderungsprozess erreicht werden?
- Welche Veränderungsstrategie, welches Kompositionsprinzip verfolgt daher die Choreografie? Wie wird dieses Ziel in der Choreografie bereits abgebildet, wie unterstützt?
- Welche Art der Choreografie braucht es jeweilig in den Basisfunktionen (7-F-Modell)?

Choreografie

- Welche Gestaltungselemente kommen vor und wie folgen sie aufeinander?
- Wie werden sie aufeinander bezogen?
- Welchen Rhythmus braucht das Veränderungsprojekt – Taktung der Treffen?
- Was ist intern, was ist extern zu begleiten?
- Welche sozialen Zusammenhänge, welche Projektdesigns zur Bearbeitung des Problems dieser besonderen Organisation braucht es? Wie sind diese Gefäße zu besetzen? Kleine (Workshops, Arbeitsgruppen etc.) oder große Gefäße (Großgruppen)?
- Wann und wie und mit wem erfolgt die weitere Planung, Ausgestaltung der Choreografie?

Inszenierung

- Passen die Inszenierungsstile zueinander bzw. zur Dramaturgie?
- Welche Teile des Stücks werden auf welchen Bühnen gespielt?
- Welche Fokussierungspunkte braucht das Stück der Veränderung (Fachberatung / Prozessberatung; eng an die Linie gekoppelt oder nicht etc.)?
- Welche Bühnen mit welchen Akteuren und Zusehern brauchen die Szenen?

Kooperationstanz

- In welcher Form arbeiten Interne und Externe zusammen?
- Wer ist für die Ausgestaltung der Drehbücher verantwortlich?
- In welchem Maße sollen Interne in der Choreografie mit Regie führen?
- Wie wird der gemeinsame Tanz abgestimmt? Wie erfolgt eine Selbstreflexion der Tanzenden?

III. Creating Paths of Change: Das 7-F-Modell für die Gestaltung von Choreografien und Inszenierungen

Will man sich auf dem Gebiet der Organisationsentwicklung (OE) und deren Tools »orientieren, so trifft man auf unübersichtliches Gelände: Es gibt beeindruckende Prachtstraßen, die aber ins Nichts führen, kleine Schleichwege zu faszinierenden Aussichtspunkten, Nebellöcher und sumpfige Stellen. Auf der Landkarte der ›Organisationsentwicklung‹ finden sich auch eine ganze Reihe Potemkin'scher Dörfer, uneinnehmbarer Festungen oder wild wuchernder Slums« (Neuberger 1995).[18]

Die Suche nach bestimmten »Sozialtechnologien« und Tools, die einen geplanten Wandel anstoßen und dessen Steuerbarkeit ermöglichen sollen, begleitet die Organisationsentwicklung von Beginn an. Die Praxis des »Change Management« zeigt, dass sich alle Technik und alle Tools unter Bedingung von Eigensinn, Komplexität und Kontingenz beweisen müssen. Beratung wird dort zur Kunst, wo sie es schafft, der Komplexität dieser Aufgabe gewachsen zu sein, und die Nicht-Trivialität von Systemen ernst nimmt und die Eigendynamik der Veränderung in ihre Veränderungsarrangements und Tools aufnimmt.

Peter Senge schildert in seinem Bestseller »*The fifth Discipline*« (1992), wie man lernende und lernfähige Organisationen schafft, und er nennt im Untertitel folgende Differenz: »The Art & Practice of the Learning Organization«. Diese Differenz spannt folgenden Rahmen für Beratung auf: das Feld der Kreativität, das künstlerische Erschaffen von Neuem auf der einen Seite und auf der anderen Seite das Beherrschen der Beratungstechniken und -methoden, um überhaupt kreativ arbeiten zu können. Die Kunst der Beratung verweist auf das kreative Gestalten und Entwerfen von Veränderungschoreografien und -inszenierungen, das Spielen mit Möglichkeiten. Sie verweist auch auf die Intuition der Berater, in bestimmten Situationen, die passenden Fragen zu stellen, die wichtigen Dinge anzusprechen, und

---

18 Oswald Neubergers Metapher (eigentlich auf Führung bezogen) hier auf OE und Organisation übertragen, bringt es auf den Punkt.

auch die Instrumente auszuwählen, die ein Verändern eher ermöglichen. Die andere Seite dieser Differenz verweist auf das Handwerk und die Werkzeuge: Das Handwerk unterstützt die Kunst, indem es Handwerkszeug für den Künstler zur Verfügung stellt. Es bedarf praxistauglicher Methoden und praktischer Werkzeuge, um eine Gestaltung von Veränderungsprozessen möglicher zu machen. Jegliche Kunst braucht auch handwerkliches Geschick und Können, die Fertigkeiten, mit dem Werkzeug und den Materialien umgehen zu können. Beim Malen sind es Farben, Pinsel, Papier oder Leinwand, auch die Mischung der Farben. Beim Filmen sind es Kamera, Einstellungen, Wissen um Beleuchtung (Spiel mit Licht und Schatten), Körnigkeit des Films und Schnitt. Erst das Zusammenspiel der kreativen Impulse und der geschickte Umgang mit dem Werkzeug ermöglichen ein Kunstwerk. Das Handwerkszeug der Organisationsentwicklung sind bewährte Vorgehensweisen, soziale »Techniken«, bestimmte Formen der Gestaltung wie z. B. Workshopdesigns, Großgruppenmeetings, bestimmte Frageformen, Moderationstechniken, Projektmärkte, bestimmte Projektarchitekturen, bestimmte Beratungsprodukte (vom Portfolio bis zur Balanced Score Card). C. O. Scharmer (2000) nennt als Tools der Beratung jegliche Infrastrukturen für gestaltetes Lernen: alle Räume, Werkzeuge und Hilfsmittel, die Akteuren einer Organisation helfen, schneller und besser Erfahrungen wahrzunehmen, und die helfen, aus diesen Erfahrungen zu lernen.

Nur die abgestimmte, choreografierte Verknüpfung von Handwerk und Kunst kann aus dieser Sicht die wirksame Selbständerung von Organisationen anstoßen. Das neue Handlungswissen wie auch die Impulse zur Selbständerung entstehen als Ergebnis komplexer Interaktionen verschiedener Akteursgruppen in einem extra dafür geschaffenen Innovationssystem (dem Beratungssystem), bestehend aus unterschiedlichen sozialen Zusammenhängen mit Akteuren der Organisation (Klientensystem) und Vertretern des Beratungsunternehmens (Beratersystem). Wir wollen uns hier folgender »Map« für Organisationsentwicklung bedienen, um die Terrains aufzuzeigen, die Organisationsentwicklung ausmachen:

> Organisationsentwicklung soll hier als zielgerichtetes (die Autonomie des Systems ernst nehmendes) Handlungsarrangement zwischen Internen und Externen verstanden werden. Diese kooperative Beziehungschoreografie soll dazu dienen, eine Organisation zu unterstützen, eingeschliffene Routinen (single loop learning) bzw. die hinter den Routinen

steckenden Grundannahmen zu verändern (double loop learning) oder eventuell sogar »Lernen lernen« anzuregen. Ziel dabei ist es, die Handlungsvariabilität der Organisation zu vergrößern.

Die Kunst dabei ist es, durch gestaltete Reflexion und/oder Input von Fachexpertise widersprüchliche, teilweise auch paradoxe Beobachtungen, Wissensfelder und Erfahrungen zu generieren, die die Organisation zu Entscheidungen verführen, die auf Veränderung in der Organisation (andere Strukturen, andere mind-sets) abzielen. Organisationsentwicklung bietet Impulse und Kontexte an, die die Organisation einladen, sich im Rahmen ihrer Möglichkeiten zur Selbständerung zu bewegen.

Das Feld der Organisationsentwicklung ist und bleibt hyperkomplex, das Gelingen von Organisationsentwicklung bleibt voraussetzungsvoll. Oder um in Bezug auf Gelingen und auf erfolgreiche Organisationsentwicklung wieder auf die Analogie des Jazz zu verweisen und Thelonious Monk (einen der Wegbereiter des Jazz) zu zitieren: »*I don't have a definition of jazz ... You're just supposed to know it when you hear it*« *(Marsalis u. Stewart, 1995).*

Sich ein Bild machen – Bilder & Analogien

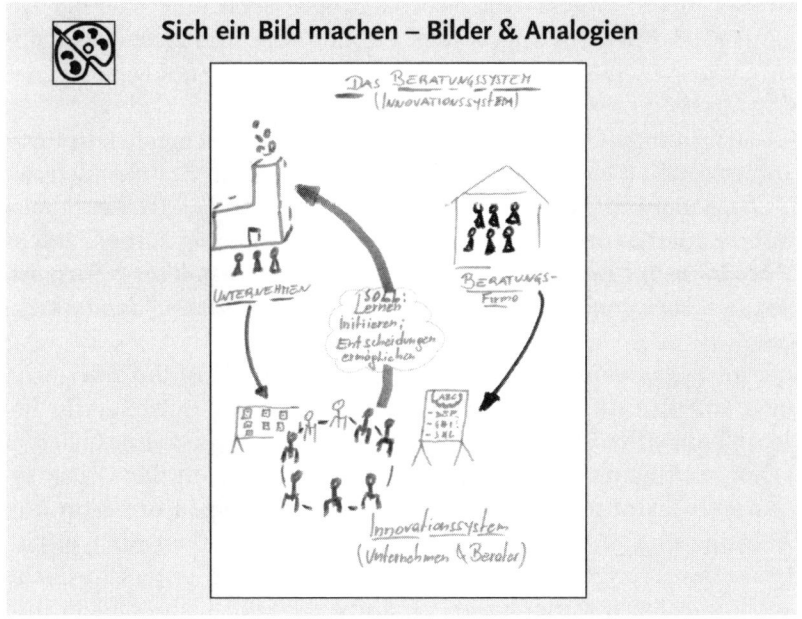

Zwei wichtige Fragen prägten und prägen das Handwerk der Organisationsentwicklung noch heute: Wie nähert man sich der Komplexität der Organisation, mit ihrer Eigendynamik und Eigenlogik? Welche

Werkzeuge helfen, sich dieser Komplexität zu nähern und sie im Sinne des Ziels (Auftrags) bearbeitbar zu machen, welche davon haben sich bewährt?

1. Das 7-F-Modell: Funktionen, Gateways und Tools

»Creating Paths of Change« (McWinney 1997; McWinney et a. 1999) meint, den Gestaltungsspielraum der Inszenierung und der Choreografie der Veränderung zu reflektieren und gleichzeitig die Nicht-Steuerbarkeit von Veränderung ernst zu nehmen. Karl Weick (1985) folgend wollen wir keine einfachen »Wenn-dann-Anweisungen« geben, sondern eher zum Nachdenken über das Organisieren und die Gestaltung von Organisationsentwicklung anregen. Ich will keine Kochrezepte für Change Management beschreiben, da ein »Man nehme Tool A und mische es mit Instrument X« der komplexen Herausforderung der Organisationsveränderung niemals gerecht werden kann.

Beratungsprozesse sind aus unserer Sicht dann Erfolg versprechend, wenn im Anschluss an die extern inszenierten Workshops, Großgruppen, Projekt- und Arbeitsgruppen auch innerhalb der Organisation Prozesse angestoßen werden, die nach der (externen) Initiierung auch Implementierung und Umsetzung des Neuen in der Organisation ermöglichen.

»Jamming«-Organisationsberatung soll überraschende Lösungen anbieten und gleichzeitig sehr respektvoll mit dem Bestehenden der Organisation umgehen. Die Art der Choreografie soll (sollte) bereits während des Prozesses für Transfer und Umsetzung sorgen. *Das 7-F-Modell nennt wesentliche Basisfunktionen und Gestaltungsprinzipien, um die Choreografie – basierend auf Hypothesen – passend dafür auszugestalten.*

Im Folgenden werden etablierte Tools – »state of the art« – und neue Impulse aufgegriffen und dekonstruiert[19]. Ich nutze hierfür Beschreibungen von Gateways, um eine Erweiterung unserer üblichen Denk- und Handlungsräume (von Mutius 2000) in der Organisationsentwicklung zu ermöglichen. Gateways zeigen unbestimmte Zugänge und Öffnungen zur Zukunft auf. Sie sollen für typische Herausforderungen der Organisationsentwicklung unterschiedliche Tools und Lösungsmöglichkeiten aufzeigen und insbesondere ihre jeweiligen Gewinne und Kosten beleuchten. Die Sufi-Geschichte über die Nützlichkeit eines 18. Kamels (Segal 1986), beschreibt sehr schön,

---

19 ohne Anspruch auf Vollständigkeit und mit dem Ziel kreative Varianten anzuregen

wie Gateways Lösungswege aufzeigen können. Das 18. Kamel steht als Analogie für ein reduziertes und unaufgeregtes Beraten, das Komplexität nicht trivialisiert und die passenden Ressourcen zur Verfügung stellt, die das Arbeiten an Veränderung erleichtern.

Ein Mullah ritt auf seinem Kamel nach Medina; unterwegs sah er drei Männer neben einer Herde von Kamelen stehen. Die drei Männer wirkten sehr bedrückt und niedergeschlagen. »Was ist euch geschehen, Freunde?«, fragte er, und der Älteste antwortete: »Unser Vater ist gestorben.« »Allah möge ihn segnen. Das tut mir leid für euch. Aber er hat doch sicherlich etwas hinterlassen?« »Ja«, antwortete der junge Mann, »diese siebzehn Kamele.« »Dann seid doch fröhlich! Was bedrückt euch denn noch?« »Ja, es ist nämlich so«, fuhr der mittlere Bruder fort, »sein letzter Wille war, dass der älteste Sohn die Hälfte der Kamele bekommen sollte, ich ein Drittel und mein jüngerer Bruder jedes Neunte. Wir haben schon alles versucht, um die Kamele aufzuteilen, aber es will uns nicht gelingen.« »Ist das alles, was euch bekümmert, meine Freunde?«, fragte der Mullah. »Dann nehmt doch für einen Augenblick mein Kamel, und lasst uns sehen, was dann passiert.« Von den nun achtzehn Kamelen bekam der älteste Bruder die Hälfte, also neun Kamele, der mittlere ein Drittel, also sechs, und der jüngste Bruder ein Neuntel, also zwei Kamele. Es blieb ein Kamel übrig. Es war das Kamel des Mullahs. Dieser stieg wieder auf und ritt weiter, und die glücklichen Brüder winkten ihm nach.

Die Genese des 7-F-Modells

Richtet man den Blick auf das »WIE« von beraterbegleiteter Gestaltung von Veränderungsprozessen (sei es Fach-, oder Prozessberatung), dann sieht man sich enorm vielen Methoden, Ideen, Instrumenten, Tools gegenüber. Mit Heinz von Foerster[20] möchte ich darauf verweisen, dass wir nur die Fragen, die prinzipiell unentscheidbar sind, entscheiden müssen. Damit macht er darauf aufmerksam, dass jede Alternative ihre Vor- und Nachteile hat. *Bei jeder Entscheidung für eine bestimmte Choreografie bzw. ein bestimmtes Tool wählt man gewisse Kosten und Gewinne mit.*

Was kann man von der reflektierten Praxis der knapp 70-jährigen Geschichte der Organisationsentwicklung lernen, ableiten? Wie kann man auf der Basis der Wurzeln, der Tradition Neues entstehen lassen? Wie neue Anforderungen berücksichtigen? Die OE-Praxis unterscheidet unterschiedlichste

---

20 H. v. Foerster ist am 2. Oktober 2002 verstorben.

Phasenmodelle und Grundinstrumentarien, um Veränderungsprozesse zu gestalten. Die zentrale Paradoxie von Change Management – Einfluss zu nehmen auf prinzipiell nicht vollends durchschaubare und planbare Prozesse – stand für mich bei der Analyse im Vordergrund. Mich interessierte zur Ableitung von Basisfunktionen von Change-Prozessen insbesondere:

Was ist die Essenz dieser Beschreibungen und Erfahrungen? Worauf lassen sie sich verdichten? Welche Basisfunktionen müssen ausgestaltet werden, um einen Veränderungsprozess gestalten zu können? Was brauchen Inszenierung und Choreografie daher?

 **Quer-Denker:**

Nimmt man diese Landkarte und folgt den Spuren von einigen relevanten Vertretern des Change Management bzw. der OE, so erhält man in Bezug auf die praktische Ausgestaltung der OE folgende Vorschläge und Anregungen:

Kurt Lewin schlägt vor, den Prozess der Veränderung als Dreiphasenprozess von Auftauen – Wandel – Stabilisieren (Unfreezing – Change – Freezing) zu gestalten (Einige Tools für die Praxis der OE wie z. B. die Kraftfeldanalyse werden dafür aufgezeigt.)

Nach **Noel M. Tichy** ist ein Veränderungsprozess ein Drama in drei Akten:
1) Aufrütteln und Einbinden – 2) Visionieren – 3) Umgestalten und neue Anfänge ermöglichen. Für die Umsetzung schlägt Tichy drei Transformationsinstrumente vor:
Schulen/Trainingskonzepte zur Entwicklung einer passenden Geisteshaltung und der erforderlichen Skills und Tools für Treiber und Multiplikatoren des Wandels.
Medien und Kommunikation zur Verbreitung der Intention und zum Herstellen einer Öffentlichkeit für Prozessfortschritte, gemeinsame Reflexion.
Polizei/Prozesscontrolling und Prozesskontrolle zur Verfolgung der Umsetzung von Interventionen, der Einhaltung neuer Regeln und des erwünschten Tempos.

Doppler und Lauterburg (1997) beschreiben in ihrem Bestseller Change Management in den Kapiteln »Schlüsselfaktoren erfolgreichen Vorgehens« und »Phasen des Prozesses und ihre Tücken« sehr pragmatisch Herangehensweisen und mögliche Tools:

- Gezielte Sondierung (als die erste Diagnose),
- Schaffung der Projektgrundlagen (was allen Beteiligten als Orientierungsrahmen dienen kann),
- Kommunikationskonzept (um über das Projekt sorgfältig zu informieren), Datenerhebung (um aussagefähige und verlässliche Daten zu erhalten),

- Diagnose und Kraftfeldanalyse (um die Ist-Situation aus Sicht der Betroffenen und Interessierten bewerten zu lassen),
- daran anschließend die Konzeptentwicklung und Maßnahmenplanung (um zu neuen Lösungen zu kommen. Wichtig ist hier, das Denken in Alternativen und das sorgfältige Planen möglicher Wege der Realisierung zu berücksichtigen),
- dann folgen Pilotprojekte und Praxistests (um die neuen Lösungen auszutesten und zu bewerten),
- dann die Entscheidung für ein bestimmtes Konzept,
- und zuletzt die Umsetzungsbegleitung (um sicherzustellen, dass die neuen Konzeptionen in der Praxis mit Leben gefüllt werden).

Janes, Prammer u. Schulte-Derne (2001) beschreiben in ihrem Buch Transformations-Management folgende Phasen und Maßnahmen für eine »Transformation von innen«:

- Den Transformationsbedarf benennen (Probleme identifizieren, die es aus Sicht der relevanten Umwelten zu lösen gilt, den »Case for Action« formulieren, Energie für den Prozess lokalisieren)
- Transformationsziele festmachen, das Commitment zu den Inhalten der Transformation und zum Prozessdesign herstellen (Vision und Soll-Kriterien formulieren, Erfolgskriterien für Zielerreichung festlegen, Veränderungsorganisation konzipieren und festlegen)
- Die Transformation konzipieren und realisieren (die Veränderungsorganisation einrichten und laufend anpassen, die einzelnen Konzeptphasen durchführen und abschließen, den Prozess laufend bilanzieren und die Ergebnisse verankern)
- Die Transformation insgesamt auswerten (Reviews und Feedback-Schleifen durchführen, Prozess abschließen und Know-how sichern)

Aus den Beschreibungen dieser und anderer ausgewählten Pioniere und Praktiker und auch aus meinen eigenen Erfahrungen aus der OE-Praxis lassen sich 7 Basisfunktionen als Kompositionsprinzip jedes Veränderungsprozesses herauskristallisieren.

Das 7-F-Modell verweist auf das Kompositionsprinzip, die Dramaturgie der Choreografie. Die relevante Frage des Arrangements von Choreografien ist: Wie müssen die operativen Gefäße gestaltet und wie das Zusammenspiel sein, um schon im Prozess der Erarbeitung Transfer bzw. Umsetzung zu ermöglichen?

Das Entwerfen, kreative Gestalten, Abstimmen und Lenken dieser 7 Basisprozesse ist immer wieder die Herausforderung in der Praxis. Je nach Ziel der Beratung und Ausprägung von entweder mehr Fach- oder mehr Prozessberatung ist die Choreografie im »Dance of Change« unterschiedlich gestaltet und werden Beratungs-Tools unterschiedlich zueinander in Beziehung gesetzt.

Ein Cultural-Change-Projekt braucht eine andere Choreografie als eine Restrukturierung bzw. ein Strategie-Projekt. Darüber hinaus möchten wir hier betonen, dass sich die Trennung von Fachberatung und prozessorientierter Beratung in der Praxis immer mehr aufhebt und beides für erfolgreiches Beraten relevant ist.

Die Gestaltung der Choreografie für die Organisationsentwicklung auf der Basis des 7-F-Modells gleicht der Gestaltung eines improvisierten Jazzstücks:

> Die Grundmelodie und auch den Groove gibt die Organisation vor. Auf dieser Basis spielt dann jeweils ein Instrument das Thema, die anderen Stimmen folgen und improvisieren über das Thema.»Like jazz, creativity has its vocabulary and conventions. As in jazz, too, its paradoxes create tensions. (Kao 1996, S. 19)« Zuerst nimmt die Gitarre die Lead-Funktion ein, später übernimmt die Trompete die Lead-Funktion, während die anderen Instrumente in den Hintergrund treten. Anschließend liegt dann die Führung beim Klavier, dann beim Bass – die übrigen Instrumente unterstützen dabei die Lead-Funktionen. Auf der Basis der Themenvariationen und abwechselnden Lead-Funktion entwickelt sich eine neue Qualität der Grundmelodie und entstehen neue Nuancierungen der Melodie, Taktwechsel, Pausen und auch Lücken.

Jede neue selektive Verknüpfung der Funktionen in Form der Choreografie zwingt zu neuen Verknüpfungen und Veränderungen von Elementen und Beziehungen, und es gibt immer gute Gründe, den Veränderungsprozess genau anders zu organisieren. Jegliche Entscheidung für etwas bedeutet, dass auf die Alternativen verzichtet wird und diese dann im Weiteren ausgeblendet bleiben. Es gibt aber immer unterschiedliche Wege zum Ziel, und sobald die Entscheidung getroffen ist, beginnen Immunisierungstendenzen gegen die anderen, nicht gewählten Alternativen.

Die Art der Gestaltung wird vor allem auch dadurch mitbestimmt, welchen Spuren Management und Beratung im kooperativen Tanz der Veränderung nachgehen wollen und methodisch auch können: betriebswirtschaftlichen Spuren (mit Blick auf Zahlen, Fakten, Daten); sozialen, gruppendynamischen, soziologischen Spuren (mit Blick auf die Gesellschaft und andere relevante Umwelten); Spuren, die auf die Verknüpfung von Psycho- und Organisationsdynamik verweisen; Spuren in Richtung anderer Formen von Strukturierung usw.

»Jazz is a language, a musical language and like any language, it reflects its speakers and grows with them« (Marsalis a. Stewart 1995).

Das 7-F-Modell zur Gestaltung von Choreografien

		Leitfragen	Ziel
1	**Steuerungs-funktion**	Wie kann der Gesamtprozess gesteuert werden?	Die Paradoxie des Steuerns von OE-Prozessen ernst nehmen und für die Praxis bearbeitbar machen
2	**Funktion der Ausgestaltung operativer Gefäße**	Welche sozialen Zusammen-hänge zur Bearbeitung des Problems dieser besonderen Organisation braucht es?	Zum Gesamtziel des Changepro-zesses passende soziale Zusam-menhänge, Projekt-designs zur Bearbeitung auswählen und mit Akteuren besetzen
3	**Entwicklungs-funktion (Variation)**	Wie kommt man zu neuen Ideen, Lösungen, Gestaltun-gen?	Das kreative Feld gestalten, in dem dann neue Varianten er-zeugt werden können (durch Re-flexion, durch Fach-Know-how, durch neue Differenzsetzung)
4	**Funktion der Selektion**	Wie wird aus den Vorschlä-gen ausgewählt? Wie ent-schieden?	Kopplungen des »institutiona-lisierten Laboratoriums« an die Organisation und Treffen von Entscheidungen für bestimmte Varianten
5	**Kommunika-tions- und Ab-stimmungs-funktion**	Wie wird über den Change-Prozess informiert und kom-muniziert?	Adäquate Einbeziehung von für das Transformationsvorhaben wichtigen Multiplikatoren, Dri-ver (und Bremser) der Verände-rung
6	**Implemen-tierungsfunk-tion**	Wie kann das Neue in der Organisation nachhaltig ver-ankert werden?	Das unternehmerische Veran-kern des Neuen gestalten; das Wechselspiel der Psychodyna-mik und der Organisationsdyna-mik berücksichtigen, aufgreifen
7	**Qualifizie-rungsfunk-tion**	Welche Qualifikationen, Skills braucht man? Wie den Umgang mit der Psychodyna-mik gestalten?	Lernen des Personals wie auch das Mitlernen der Organisation zweckmäßig arrangieren; die Psychodynamik im Rahmen der Choreografie bearbeitbar machen

 **Merk-Würdiges:**
Zusammenfassung der Aussagen und Thesen

- Es gibt 7 Basisfunktionen, die in einem Veränderungsprozess die Dramaturgie, das Kompositionsprinzip Choreografie ausbilden. Die 7 Funktionen sind nicht linear aufeinander zu beziehen, sondern sind wie die Instrumente bei einem Jazzstück jeweils aufeinander abzustimmen. Sie entwickeln das Thema durch abwechselnde Stimmführung, Intonation und Improvisation.

CHECK Points für Jamming

Jamming als etwas, das »kreative Zerstörung« als Basis für Neues ermöglicht. Jamming ist das, was Jazzmusiker tun, wenn sie zusammenkommen und mit ihren Instrumenten musikalische Stücke improvisieren. Dabei entsteht etwas Neues, noch nie Dagewesenes
...

- Was ist das »global goal« des Veränderungsprozesses? Was soll durch die Veränderung in die Welt gesetzt werden? Welches konkrete Businessthema ist davon betroffen?
- Um welche Organisation handelt es sich? Was ist typisch für das Business, was für diese Organisation?
- Welche Arten von Spielen werden in dieser Organisation gespielt (»Gaming«)?
- Was ist die Dramaturgie, die Strategie des Veränderungsprozesses?
- Was soll sich in der Choreografie bereits spiegeln, was durch den Veränderungsprozess zukünftig in die Welt kommen soll?
- Welche Hypothesen habe ich zur Organisation, zur Organisationsdynamik, zur Psychodynamik, zu den »Spielen«, die die Organisation beeinflussen? Welche Annahmen habe ich daher zu einer passenden Gestaltung des Veränderungsprozesses?
- Wie werden die 7 Basisfunktionen in der Ausgestaltung der Choreografie aufeinander bezogen? Was ist aufgrund der Grundmelodie und Groove der Organisation das passende »Lead-Instrument«?
- Welche Sachlogik und welche »Logik der Gefühle« sind jeweilig in der Choreografie zu berücksichtigen?

2. Die Steuerungsfunktion – Selbstbeobachtung, Reflexion, Selektion

Die zentrale Paradoxie von Change Management – Einfluss zu nehmen auf prinzipiell nicht vollends durchschaubare und planbare Prozesse – steht hier im Vordergrund. Die zentrale Herausforderung liegt in dem Umstand, dass man in der Anfangsphase eines Veränderungsprozesses auf viele wichtigen Fragen noch keine endgültigen

Antworten geben kann. Darüber hinaus müssen die Fragen im Laufe des Prozesses neu gestellt werden, da sich vieles verändert hat. Man muss handeln, obwohl sich vieles erst im Zuge des Prozesses klären wird können und deshalb erst zu einem späteren Zeitpunkt entschieden werden kann. Dies verlangt Sicherheit im Umgang mit großer Unsicherheit (Balance zwischen Unsicherheit und Sicherheit) von den Beratern wie auch von den Managern. Diese Sicherheit ist eher aus der professionellen Gestaltung des Prozesses selbst zu gewinnen, als aus gegenwärtigen inhaltlichen Festlegungen für die Zukunft. Das Verändern von Organisationen und die Gestaltung von Veränderungsprozessen sind ein prozesshaftes, hypothesengeleitetes Experimentieren – eine Form von Jamming.

Folgende Fragen sind für die Steuerungsfunktion leitend:
- *Wie können dynamische Veränderungsprozesse produktiv und effektiv gestaltet werden?*
- *Wie muss eine Steuerung von Transformationsprozessen angelegt sein, dass sie sowohl die Nicht-Trivialität (H. v. Foerster) und die Komplexität des Change-Prozesses selbst als auch die der Organisation angemessen berücksichtigt?*
- *Wie sind Veränderungsprozesse in sich lernfähig zu halten? Wie werden beobachtbare Auswirkungen immer wieder als Steuerungsimpulse nutzbar?*
- *Wie können Brückenfunktionen hin zur Organisation gestaltet werden?*

Steuerung wird in Form von reflexiver Planung wahrgenommen, die die am Weg der Veränderung entstehenden Informationen und ausgelösten Irritationen an bestimmten Punkten in der Choreografie (»Milestones«) aufnimmt, beobachtbar macht und für den weiteren Weg auswertet. Der Steuermann (gr. *kybernetes*) der Transformation surft auf den Wellen, die er selbst erzeugt hat. Die Kunst des Steuerns (Kybernetik) komplexer Systeme in einem turbulenten Umfeld zeigt sich darin, dass das Schiff trotz widriger Verhältnisse sicher in den Zielhafen kommt.

Mittels der Differenz von Intuition und Logik erfindet die Beratung aus einem Pool von möglichen Möglichkeiten das für diesen Moment oder diesen Prozess Passende, um das Beratungssystem oder die Organisation zu beeindrucken. Das Nicht-Wissen über die Druckpunkte und -stellen, die das System möglicherweise beeindrucken können, das Nicht-Wissen um die Auswirkungen der angewandten Stellhebel und die komplexen vernetzten Muster, auf die die Impulse treffen, kennzeichnen Beratung.

Die *optimale Balance von Steuerung und »Letting Go«* ist im Veränderungsprozess immer wieder neu zu gestalten – zu viel Ausprägung auf je eine der Seiten kann zu Unter- bzw. Übersteuerung führen:

- Erfolgreiches Nicht-Intervenieren im Sinne von »Letting Go« führt dann in die Sackgasse, wenn Organisationsentwicklung die Akteure zu sehr im eigenen Saft schmoren lässt, zu wenig andere Differenzen und Sichtweisen zur Bearbeitung anbietet. Dies führt dazu, dass sich die Akteure im Beratungssystem im Kreis drehen und dass die Energie spürbar verpufft.
- Auch das Gegenteil – zu viel Vorgabe, immer ein ganz dichter durchgestylter Tag mit Übungen, Designs – engt ein. Die relevanten Themen können sich nicht zur Sprache bringen und sind daher auch nicht bearbeitbar.

Die Funktionen und Aufgaben von Management und Beratung im Veränderungsprozess sind unterschiedlich. Berater können nicht Entscheidungen für die Organisation treffen und nicht die Organisation von außen ändern. Manager können sich gegenüber der Organisation und des Veränderungsprozesses nicht »neutral« verhalten – so als ob sie nichts zu entscheiden hätten, nichts entscheiden müssten. Das passende Zusammenspiel von Managementaufgaben und externen beraterischen Impulsen ist zu einem relevanten Erfolgsfaktor in der Entwicklung von Organisationen geworden. Die Ausgestaltung des zieldienlichen Kooperationstanzes zwischen Internen und Externen orientiert sich an den Fragen: Welche Strukturen, Interventionen, Lernräume müssen Organisationen von außen (Berater, Innovationssystem (Beratungssystem)) und welche von innen (Management, Mitarbeiter) angeboten werden, damit die Organisation an ihren Strukturen arbeitet und sich (selbst) ändert?

Nicht Berater verändern Organisationen, sondern nur die internen Akteure – die Manager, internen Berater und Mitarbeiter als »Change Agents«. Die **Steuerungsimpulse von Beraterseite** aus umfassen ausschließlich den operationalen Ablauf des Change-Prozesses, abgestimmt im zieldienlichen Kooperationstanz mit den Führungskräften. Dies sind Steuerungsimpulse, die die Gestaltung des Innovationssystems, die Besetzung der einzelnen operativen Gefäße, das Zusammenspiel der Organisation mit dem Innovationssystem als auch den Kooperationstanz selbst betreffen.

Organisationsberatung kann Rahmen (»frames«) zur Verfügung stellen, in denen sich das zu steuernde System an seinen eigenen Selektionen orientiert, neue Verknüpfungen, neue Differenzen ausprobieren kann. Steuerung bedeutet damit, Differenzen als Informationen wirksam werden zu lassen: Innensicht/Außensicht, Fachwissen/Feldwissen, Ist/Soll.

Es lassen sich drei Ebenen der Steuerung unterscheiden:

1. Die Steuerung des Innovationssystems selbst

Die gängige Antwort professioneller Beratung auf die Frage der Steuerung des Beratungssystems ist Projektmanagement. Ein Projekt kann für die Dauer der Beratung ein stabiles soziales System zur Verfügung stellen, das bestimmte soziale und zeitliche Fixpunkte garantiert. Von hier aus werden die Veränderungsimpulse in Szene gesetzt, werden die Tools der Veränderung ausgewählt und gesteuert. Wie weit bzw. wie eng die Koppelung des Projekts mit der Stammorganisation ausfällt, ist je Beratung aufs Neue zu entscheiden: Beschreibt man es als Differenz, ist die engst mögliche Form einer Koppelung die Erarbeitung des Neuen in einem bestehenden organisationsinternen Gefäß (z. B. in einem Managementteam). Auch Phasenmodelle zur Handhabung der Paradoxie der Steuerung sind in der OE-Beratung weit verbreitet (vgl. z. B. Tichy 1995). Phasenmodelle dienen zur Reduktion der Komplexität – ob die Phasen stimmen, ist zweitrangig, sie geben Beratern und Kunden über die definierten Abschnitte Sicherheit und schaffen Commitment. Durch Masterpläne können in sich abgegrenzte »Paketlösungen« produziert werden, die gerade für das Management angstreduzierend wirken können.

Projektmanagement bietet elaborierte Methoden des Bearbeitens von nicht alltäglichen Problemen an: u. a. Projekt-Umfeld-Analyse, Milestone-Plan, Arbeitspakete, Ressourcenzuteilung und -kontrolle, Aktivitätenbilanz und Projekt-Reviews. »Keep changing the plan« ermöglicht im Projektmanagement eine prozessorientierte Ausrichtung der Steuerung. Die Steuerung des Zueinander von Organisation und

Beratungssystem erfolgt im Veränderungsprozess über eine adäquate Gestaltung von Feedback-Loops, z. B.: Was haben unsere vorgeschlagenen Ideen bezüglich eines neuen Führungsrhythmus im Führungsteam ausgelöst? Was sagen uns diese Informationen? Welche Informationen davon müssen wir aufgreifen und für die Weiterarbeit berücksichtigen? Was können wir bei dieser Variante beibehalten? Wo hatten wir blinde Flecken? etc.

Ein wesentliches kulturbestimmtes Kriterium ist dabei die Form der Ausübung von Kontrolle und der damit einhergehenden Sanktionen: Wie offen bzw. wie klar wird dies gehandhabt? Wie strukturiert bzw. wie offen sind die Messpunkte? Was passiert bei Nichterreichung? Gleichzeitig stellt jede Form der unterstellten Steuerbarkeit von Zielen, Daten, Terminen eine Immunisierungsstrategie der Beratung gegen die Prämissen der Unsteuerbarkeit dar.

2. Die Steuerung des Zueinander von Organisation und Innovationssystem

Wie ist ein Zueinander, wie ein Austausch von einem beraterbegleiteten Interaktionssystem zur entscheidungsorientierten Organisation zu gestalten? Die Antwort darauf ist: über die Gestaltung von engen oder losen Koppelungen und auch über Feedback-Prozesse, Kommunikation und Information – meist über eine Projektorganisation ausgestaltet.

Diese Koppelungen sind einerseits über die Gestaltung des Innovationssystems selbst (Funktion der Ausgestaltung der operativen Gefäße: enge oder lose Koppelungen von Linie und Innovationssystem), andererseits über den Vertrag mit den Externen, Zielvereinbarungen und Mentorensysteme zu gewährleisten. Gleichzeitig muss das Management die Impulse aus dem Innovationssystem in der Organisation aufgreifen und ihre Gestaltungsaufgaben wahrnehmen, um Veränderung möglich zu machen.

3. Die Etablierung von Selbstbeobachtungsgelegenheiten, um prozessorientierte Steuerung zu ermöglichen (die analytische Funktion)

Steuerung braucht Ist/Soll-Vergleiche, um Unterschiede zu erkennen und Impulse hin zum Soll setzen zu können. Selbstbeobachtung, also sich selbst und die eigenen Kommunikationsmöglichkeiten zum Thema machen, ist eine wesentliche Steuerungsdimension. Dies kann

Anstöße dafür geben, dass neue Sichtweisen auf sich selbst als Organisation und eigenes Organisationshandeln möglicher werden. Vielfältige Beobachtungsgelegenheiten während des Veränderungsprozesses ermöglichen es, Steuerungsimpulse zu setzen bzw. zu reflektieren: z. B. am Ende jedes Meetings über Zwischenauswertungen und Reviews des laufenden Veränderungsprozesses.

Quer-Denker:
Funktionen klassischer Beratung nach Stefan Kühl
(2000)

* Berater bieten »Paketlösungen« und wirken dadurch für das Top-Management angstreduzierend. Es wird den Beteiligten suggeriert, dass es operationalisierbare Lösungen gibt, mit denen sie den externen Herausforderungen begegnen können.

* Eine zweite Funktion ist, dass Masterpläne handlungsmotivierend wirken, einen Handlungsdruck erzeugen – darauf hat auch schon D. Baecker (1999) aufmerksam gemacht: Transformation ist das Markieren von Handlungsoptionen in einer Organisation, in der allemal schon entschieden und gehandelt wird. Detaillierte Zeitpläne vermitteln, dass die entwickelten Pläne erreicht werden können.

* Eine dritte Funktion ist, dass entwickelte Strategiepapiere dem Management als Legitimation dienen können. Über Beratungsfirmen haben Manager die Möglichkeit, Konzepte entwickeln zu lassen, die den Anschein von »Distanziertheit«, »Objektivität« und »Rationalität« erfüllen und nicht sofort als Trumpfkarte in einem neuen Machtspiel zu erkennen sind.

Kann das Management ohne weiteres auf die versteckten Funktionen der »klassischen Organisationsberatung« nach dem »Archetypus der Industrie« verzichten?
Kann eine OE des Archetyps der »Profession« funktionale Äquivalente anbieten?

Mit Stefan Kühl möchte ich kritisch zur Funktion der Steuerung und der Ausgestaltung von operativen Gefäßen anmerken, dass Überschätzung bei diesen Beratungsansätzen dort auftritt, wo erstens »die Berater anfangen, selbst an die von ihnen produzierten ästhetischen Modelle für eine noch zweckrationalere Organisation zu glauben«, und zweitens, wenn Beratung die Unmöglichkeit der intentionalen Steuerung verkündet, »die konkrete Vorgehensweise in Beratungsprojekten sich aber nach wie vor an Steuerungsvorstellungen und Planungsillusionen orientiert« (Kühl 2002, S. 9).

Gateways & Rezepte für die Praxis	Steuerungsfunktion 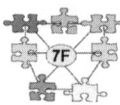
Steuerung durch Abgrenzung a) der Auftrag b) die Diagnose	a) Der Vertrag zwischen Auftraggeber und Berater begrenzt die sachlichen Ziele und den zeitlichen Rahmen des Veränderungsprojektes. Im Zuge des Contracting wird einerseits die Beziehung, die Form des Kooperationstanzes, zwischen Kunde und Berater gestaltet, andererseits soll ein tragfähiger Arbeitsrahmen festgelegt werden. Dieser Hebel der Steuerung entscheidet schon viel über Erfolg bzw. Misserfolg des Projektes. b) Die Diagnose hat u. a. die Funktion der Bewusstseinsbildung. Grundlegend für die Choreografie ist die Entscheidung, ob Diagnose als Selbstdiagnose, als Expertendiagnose oder als Mischform gestaltet wird. Auch die Form der Diagnose mehr als quantitative Forschung (über Fragebögen, Bilanzanalysen etc.) oder mehr über qualitative Ansätze (Interviews, Storytelling, etc.) ist hier relevant. Die relevante Frage hier ist: Wie kann ein iterativer Prozess (Erhebung, Auswertung, Schlussfolgerung, Erhebung, Auswertung usw.) gestaltet werden? Auch die Frage nach rein »rationalen« oder die Ergänzung mithilfe von »analogen« Methoden – kreative, imaginative und künstlerische – ist relevant: kreatives Erzählen, szenische Darstellungen, Bilder malen, rhythmische oder musische Interventionen.
Gestaltung der Koppelungen zwischen Organisation und Innovationssystem	Um den Zugriff der Organisation auf die in Interaktion erarbeiteten Varianten wahrscheinlicher zu machen, braucht es unterschiedliche Formen gestalteter Koppelungen (Brückenfunktionen) zwischen dem auf Interaktionen basierenden Innovationssystem und der Organisation. Diese Formen der Koppelungen bewirken als Kontextbedingungen, dass bestimmte Handlungen wahrscheinlicher, andere unwahrscheinlicher werden: • Aufträge an das Interaktionssystem • Verschriftlichung der Aufträge • Vergegenwärtigung und Bündelung der Interaktionen in Meetings und Workshops • Koppelungen der Interaktionen an den Auftrag über Zielvorgaben, Zielkontrolle; Reviews und Termine • Ein klar definierter Auftraggeber, der über Go/No Go im Prozess entscheidet und Zwischenberichte und Endergebnisse abnimmt • Ein Entscheiderkreis, der über die Zwischenergebnisse aus der Steuergruppe entscheidet
Gestaltung der Choreografie und des Kooperationstanzes zwischen Internen und Externen	Dies entspricht der Funktion der Ausgestaltung operativer Gefäße zur Er- und Bearbeitung: • die Gefäße, die ausgewählt werden • der Grad der Beteiligung der Akteure • die Variationsbreite zu Beginn des Veränderungsprozesses • die Auswahl der sich reflexiv steuernden operativen Gefäße (Projekte mittels Steuerteam oder enge Anbindung an das Management; Beteiligung vieler gleich zu Beginn oder erst in der Phase des »Rollout« etc.) • die Form der Kommunikation • der Umgang mit Zeit (gezielte Be- und Entschleunigung im Prozess), enge oder lose Koppelung des Innovationsprojektes an das Management

OE-Beratung plant und steuert sich selbst über »rollende« Planung.	Dies meint, dass Ziele und Zielerreichung immer wieder über Rückkoppelungsschleifen überprüft werden. Ein Projekt braucht einen Ablaufplan, um sich in zeitlichen Markierungen orientieren zu können. Mit der Metapher »Wanderung« kann man dies so beschreiben: Am Anfang einer Wanderung erfolgt eine Wegplanung. Anhand einer Landkarte wird der Weg (Projektplan, Projektarchitektur) festgelegt. Während der Wanderung bemerkt man andere (evtl. schönere) Wege als den festgelegten und beschließt an Weggabelungen (»Milestones«), ob man den festgelegten Weg weitergehen will oder nicht. Das Ziel kann (relativ) feststehend bleiben, vielleicht erreicht man ein anderes (oder ein ähnliches) Ziel früher, oder man genießt nur den Weg und orientiert sich nicht mehr am Ziel. Für Projektmanagement bedeutet dies, dass man immer wieder Richtungsbestimmungen durchführen muss. Die Projektstrukturierung muss immer wieder überprüft und konkretisiert werden.

3. Funktion der operativen Gefäße zur Er- und Bearbeitung und Umsetzung des Neuen

Überraschende Vernetzungen von Personen, Austausch von Erfahrungen und Kenntnissen zu ermöglichen und neue Formen von Zusammenarbeit herzustellen, sind nach R. Wimmer (1992a, S. 60) ein wichtiges Instrument von Organisationsentwicklung. Die Leistungserbringung von Organisationen ist unter anderem durch die Arten von Selektivität bestimmt, die vorgeben, welche Mitarbeiter, welche Stellen und welche Einheiten im Arbeitsprozess miteinander verknüpft sind (Wimmer 1992a, S. 60 ff.). Damit wird im Alltag auch entschieden, wer mit wem zusammenarbeitet, sich austauscht, welche Art von Informationen auf welche Art bearbeitet wird – dies ermöglicht der Organisation Stabilität und routinisierte Ablaufkoordination. Beratung kann der Organisation überraschende Vernetzungen von Akteuren und auch Organisationseinheiten (z. B. Technik und Verkauf) zur Problembearbeitung anbieten und diese etablieren. Dies kann bedeuten, dass andere Akteure als sonst miteinander reden, auch dass der Vorstandsvorsitzende in einer Arbeitsgruppe mit dem Portier ins Gespräch kommt, dies kann aber auch heißen, dass in Projektteams gearbeitet wird.

Es geht um die Entscheidung, wie viele Gefäße im Rahmen der Choreografie geschaffen werden, die neue Vernetzung leisten sollen. Insbesondere geht es auch darum, wie viele der bestehenden Gefäße benutzt werden können; ob enge oder weite Koppelung an die formale Organisation, die Linienorganisation, ausgestaltet wird. *Allgemeine Rezepte für die Gestaltung gibt es nicht.* Die primäre Frage hier ist: »Welcher soziale Zusammenhang nimmt sich welcher Thematik an (Krainz 1995, S. 5)?« Welche Entscheidungskriterien zur Besetzung sind beobachtbar, welche haben sich in der Praxis bewährt? Ziel ist es, mit den relevanten Spielern des Feldes einen passenden Kooperationstanz zu starten. Beratung versucht, mit selektiver Besetzung der operativen Gefäße die Entscheidungs- und Ideenressourcen der Organisation einzubinden, die für den Problemlösungsprozess mobilisiert werden sollen.

Gateways & Rezepte für die Praxis	Funktion der Ausgestaltung operativer Gefäße zur Er- und Bearbeitung und Umsetzung des Neuen
Welche Spieler braucht das Innovationssystem momentan?	
Ausgewählte Repräsentanten der formalen Organisation	Modell »Hierarchie«: Hier wird ausschließlich mit Linienverantwortlichen bzw. Expertenstäben an der Lösung des Problems gearbeitet.
»Microcosm« bzw. »Fraktal«	Es wird versucht, ein Abbild der Organisation im Kleinen zu ermöglichen: quer zur Linie (Top-Management neben »einfachen« Mitarbeitenden, quer über alle Professionen, Männer und Frauen, Jung und Alt etc.). Die Hypothese dahinter ist, dass ein Gefäß, das wie ein Fraktal der Organisation besetzt ist, über die Probleme, Muster, Lösungsressourcen etc. wie die Organisation selbst verfügt, dass der »Microcosm« die Organisation im Kleinen widerspiegeln kann. Interventionen in diesem »Fraktal« bewirken, dass sich die Impulse auch im Großen niederschlagen werden.
»Kapitalmodell« (vgl. Janes, Prammer u. Schulte-Derne 2001)	In jeder Organisation gibt es unterschiedliche Kapitalformen, die in der Besetzung berücksichtigt werden sollten. Folgende Kapitalformen lassen sich unterscheiden: • *Wissenskapital:* bezieht sich auf Personen mit spezifischem Wissen • *Betroffenheit als Kapital (besondere Form des Wissenskapitals):* konkretes Wissen um das Problem als »Problem Owner« • *Beziehungskapital:* Personen mit guten Kontakten zu und Einfluss auf die unterschiedlichen »tribes« der Organisation (z. B. Opinionleader) • *Ökonomisches Kapital:* Personen, die Verfügungsgewalt über Ressourcen besitzen • *Entscheidungskapital (Entscheidungsmacht):* Personen, die tragfähige und klare Entscheidungen treffen können Aus allen Gruppen sollten Akteure beteiligt werden, die Grundsatzfrage dabei ist: Wen darf ich ungestraft weglassen?
»Problem Owner«	Derjenige, der am meisten Bezug zum Problem oder zur gewünschten Lösung hat, wird Manager des Problems. Er entscheidet im weiteren Projektverlauf – unter Einbeziehung der Sichtweisen der anderen Mitarbeitenden – wie mit dem Problem umgegangen wird.

»Energie-Träger«	diejenigen, die die meiste Energie für das Projekt, die Problemlösung mitbringen, werden Owner des Lösungsprozesses. Akteure werden z. B. über einen Open Space rekrutiert.
»Alle in einen Raum«	Dieses Konzept basiert auf der Grundphilosophie der »Large Group Intervention« und stellt den Versuch dar, alle Akteure zu beteiligen. Ist dies nicht möglich, greift dieses Konzept auf das Konzept des »Microcosm« bzw. »Fraktals« zurück. Das »Future-Search-Konzept« stellt die Auswahl der relevanten Stakeholder an prominente Stelle in der Vorbereitungsphase.

Alle diese Konzepte bieten die Möglichkeit, Selektionen zu treffen. Alle haben ihre Gewinne und Kosten. Entscheidet man sich für die Modelle, bei denen Einflusskapital bzw. ökonomisches Kapital weniger tangiert wird, muss man im Beratungsprozess dafür Sorge tragen, dass Koppelungen für das Treffen von Entscheidungen bzw. die Ausstattung mit Ressourcen gestaltet werden. Entscheidet man sich für das Konzept, das eher Vertreter der formalen Organisation in das Innovationssystem involviert, muss man Anlässe schaffen, bei denen bei der Variation genügend Außensicht ermöglicht, genügend andere Sichtweisen berücksichtigt werden. Die Phase der Integration ist hierbei über das Vorleben des Neuen durch die beteiligten Führungskräfte und über Managemententscheidung geprägt und keine Frage der beraterbegleiteten Organisationsentwicklung.

Die Entscheidungen über die Besetzung der operativen Gefäße sind am zu bearbeitenden Problem und an der Kultur der Organisation (Anschlussfähigkeit) auszurichten. Bei der Entscheidung geht es nicht um das ideale »Produkt«, sondern um Anschlussfähigkeit und gleichzeitig um adäquates Irritationspotenzial.

Linienorganisation, projektförmige Parallelorganisation oder Großgruppen

Die Kriterien für die Auswahl sind u. a. Vorlieben der Berater, die Erfahrung der Berater bzw. der Organisation mit einer bestimmten Vorgehensweise, das Ziel des Veränderungsprojektes, die Landkarte des Beraters in Bezug auf Veränderungstheorie, Gewohnheit, Neugierde, etwas Neues auszuprobieren, Modetrends und bereits erfolgreich verwendete Tools.

Ist es ein Zufall, dass systemisch inspirierte Parallelorganisationen mit Steuer- und Dialoggruppe, Subprojekten und »Sounding Boards« meist das Mittel der Wahl sind, wenn es um Organisationsentwicklung geht? Egal um welches Problem oder um welche Organisationstypik es sich handelt?

Es stehen viele Varianten und Optionen zur Verfügung: von einem bestehenden Managementteam über ein Change-Team, das nur mit Führungskräften besetzt ist, bis hin zur komplexen Parallelorganisation. Andere Varianten sind u. a.: mit dem Unternehmer alleine oder mit dem obersten Managementteam im Rahmen von »Executive Coaching« zu arbeiten oder Großgruppeninterventionen zu inszenieren. Die Beratungschoreografie muss maßgeschneidert werden und genau zur Frage, dem Kontext und den handelnden Akteuren passen. Damit geht es vor allem um die Entscheidung, ob das Neue durch die bzw. nahe der Linienorganisation oder in einem projektförmigen Innovationssystem erarbeitet wird. Sowohl Top-down-Prozesse als auch komplexe Parallelorganisation sind mögliche passende Antworten auf die Frage der Gestaltung. Beratung bewegt sich hier im Spannungsfeld »ökonomische Logik – Angemessenheit der Choreografie«.

Im Anschluss an O. Neuberger (2001) vertreten wir die These, dass wer nach Aufwand und Zeit bezahlt wird, Aufwand und Zeit produziert! Je komplexer die Choreografie, je umfangreicher die beraterbegleiteten Tage, desto mehr Beratertage lassen sich verrechnen. Auf der Seite der ökonomischen Logik ist auch noch der Aspekt des Narzissmus zu finden: Je größer, schöner, verzahnter, bunter, schwieriger etc. die Beratungschoreografie, desto wichtiger, größer, besser wirke ich als Berater.[21] Die Choreografie dient dann sozusagen als Symbol für Wertigkeit und Wichtigkeit.

Auf der anderen Seite steht die professionelle Haltung der Berater, die D. Untermarzoner und A. Schüller (2002) als »Plädoyer für Verzicht« in die Diskussion einführen. »Die Probleme der Klienten sind komplex, und die Berater machen sie durch den fahrlässigen Einsatz von Designs und Methoden noch komplexer – oder zu einfach (ebd.; S. 12). Das Plädoyer fokussiert auf Verzicht in dem Sinne, dass der passenden Balance von Einfachheit und Komplexität der Vorzug gegeben werden sollte. Der Fokus richtet sich auf die Dinge, die man ungestraft weglassen kann, die der professionellen Bearbeitung des Problems nicht im Wege stehen, nur Zusatzaufwand produzieren würden.

Das Plädoyer kann auch auf funktionale Äquivalente fokussiert werden: Was ist bereits da und kann die gewünschte Funktion gut abdecken? Dies ist auch ein Plädoyer für das Nutzen vorhandener Entscheidungsgefäße, bestehender Arbeits- bzw. Projektgruppen, üblicher Vernetzungsformen zwischen Rollenträgern und Subeinheiten der Linie.

---

21 ... und kann daher auch größere und schönere Honorare verrechnen – könnte man diesen Satz weiterdenken.

Erarbeitung und Umsetzung des Neuen: Linienorganisation oder Parallelorganisation?

Für jeden Change-Prozess gilt es, ein adäquates System von »Inszenierungen« zu schaffen und zu gestalten, die für das Erarbeiten der Inhalte und für das Umsetzen der neuen Varianten geeignet sind. Auswahl und Gestaltung geeigneter Gefäße für die Beratungschoreografie sind wirkungsvolle Interventionen. Hier wird die These vertreten, dass das Gestaltungsparadigma »Betroffene zu Beteiligten machen« nicht immer hilfreich ist. Die Mitwirkung aller Beteiligten an allen Entscheidungen und allen Variationsgefäßen würde eine Vielzahl von Change-Prozessen zu komplex machen. Es ist vielmehr notwendig, angemessene Beteiligungsformen und -möglichkeiten für Mitarbeiter, Führungskräfte und auch Betriebsräte vorzusehen.

Um die Offenheit der Choreografie zu vergrößern, um Gestaltungsvielfalt und Flexibilität zu ermöglichen und um neue Möglichkeiten zu schaffen, ist es unumgänglich, die bisherige Praxis der Organisationsentwicklung in Frage zu stellen. Ziel ist es, sich von Überflüssigem zu trennen, Spiel- und Handlungsräume näher an die operative Arbeit, an den Ort der Wertschöpfung zu knüpfen, Gewohnheiten der Organisationsentwicklung zu hinterfragen. Die Entscheidung über eine Erarbeitung und Umsetzung des Neuen in enger Koppelung an die Organisation oder durch Differenzsetzung und lose Koppelung in Form einer Parallelorganisation ist hier eine relevante Frage. *Wie viel kann in der Linie selbst, wie viel muss in der Differenz zur Linienorganisation in einem Projekt oder durch eine projektförmige Parallelorganisation erarbeitet werden?*

Projektförmige Parallelorganisation

Für die Aufgabe der Begleitung von Veränderungsprozessen »hat sich ein Modell in der Organisationsentwicklung sehr bewährt: der Aufbau eines Innovationssystems in Form einer Projektorganisation im Routinebetrieb einer Organisation« (Grossmann u. Scala 1996, S. 77). Ein Projekt bezeichnet eine abgegrenzte Aufgabe und ein soziales System, das auf eine bestimmte Dauer etabliert wird. Der Auftrag ist die Arbeitsgrundlage des Projektes, mit dem Auftrag wird das Projekt mit der Organisation verbunden. Das soziale System »Projekt« ist wie eine zweite »Organisation« mit bestimmten Strukturen, bestimmten Akteuren, bestimmten Regeln und sich entwickelnden Mustern ausgestaltet. Der Ansatz der »Parallelorganisation« basiert nach Richard Axelrod (2002) auf dem Modell der »teamorientierten Veränderung«, in dem Mitarbeitende aller Hierarchiestufen selektiv in den Change-Prozess einbezogen werden. Vorteile dieses Ansatzes beruhen laut Axelrod auf zwei Faktoren: Die Einbeziehung vieler unterschiedlicher Sichtweisen optimiert die Lösungssuche und die Lösung; durch die Einbeziehung von Mitarbeitern aller Hierarchiestufen ist das Commitment zur Lösung größer, die Unterstützung vieler bei der Umsetzung wahrscheinlicher. Beratung kann durch die überraschenden Vernetzungen von Akteuren und auch Organisationseinheiten neue Formen zur Problembearbeitung anbieten und diese dadurch etablieren.

Der Aufbau einer Parallelorganisation in Form eines Projektes kann Spannungen mit den etablierten, sich eingeschwungenen Organisationslösungen zur Folge haben. Über diese Differenzen und Spannungen werden für die Organisation neue Informationen, andere Möglichkeiten zugänglich. Vorrangiges Ziel der Parallelorganisation als Instrument der Organisationsentwicklung ist es, die Organisation »aufzutauen«, sie flüssig zu machen.

Gateways & Rezepte für die Praxis
Das Modell der Parallelorganisation besteht typischerweise aus:

- einem oder mehreren Auftraggebern (oberste Führungskräfte (Top-Management), die den Veränderungsprozess initiieren, vorantreiben und mit Ressourcen unterstützen),
- einer Steuergruppe bzw. einem Kernteam, das ein Fraktal (bzw. Microcosm) der Organisation ist, das alle Funktionen, Hierarchien, wichtigen Differenzen des Unternehmens abbilden soll und als Motor des Veränderungsprozesses fungiert,
- mehreren Subprojektgruppen, die als operative Ebene an den neuen Varianten, Lösungsideen und deren Umsetzung arbeiten. Projektleiter sind Personen, die auch in der Steuergruppe vertreten sind.

Die schlanke Linie – in der Linie oder eng an die Linie gekoppelt?

Ein gravierender Nachteil von Parallelorganisation ist es, dass die erarbeiteten Ergebnisse an die Organisation gekoppelt werden müssen. Transfer wird damit automatisch zur erfolgsentscheidenden Frage. Eine Erarbeitung des Neuen in der Linie bzw. nahe der Linie in bestehenden Gefäßen hingegen ist eng an die formale Organisation gekoppelt. Durch eine Erarbeitung des Neuen durch die Stammorganisation selbst werden die Anschlüsse an die üblichen Entscheidungsprozesse quasi automatisch hergestellt. Transfer der Ergebnisse und ihre Implementation sind dann keine Frage eines beraterbegleiteten Change-Prozesses, sondern eher eine Frage von umsetzungsstarkem oder umsetzungsschwachem Management.

Die Nachteile einer Erarbeitung und Umsetzung des Neuen ausschließlich bzw. vor allem durch die Linie:

- Die Arbeit im Projekt ermöglicht eine Differenzsetzung zur Arbeit in der Linie. Im Projekt können Manager und Linienverantwortliche ihre Beiträge zur und Erfolge bezüglich der Veränderung klar von ihrer üblichen Arbeit trennen und darstellen.
- In der Linie folgt man gewohnten, hierarchischen Mustern. Möglichkeiten, neue Formen der Entscheidungsfindung zu proben, mit anderen Personen bzw. Leitungseinheiten zusammenzuarbeiten, sind schwierig umzusetzen.
- Linienstrukturen bieten zu wenige originelle Verknüpfungsformen von Personen und Teams. Diese Interventionsebene ist auf diese Weise nicht nutzbar.
- In Organisationen wird »auf der Vorderbühne« (s. Doppler u. a., S 134 f.) gerne versachlicht – dies entspricht auch meist der (technischen und wirtschaftlichen) Arbeitslogik. Die Erarbeitung in der Linie macht ein Zurückgreifen auf und Bearbeiten der Psychologik und der Soziologik – also Gefühle, Zwischenmenschliches, Konflikte – schwierig. Nur über die Veränderung des Bearbeitungskontextes – z. B. durch externe Moderation eines Entscheidungsgefäßes bzw. durch die Arbeit mit einem bestehenden sozialen Gefäß (Executive Team Coaching) – wäre dies möglich.

Die systemisch inspirierte Parallelorganisation als eine der üblichen Antworten der Organisationsentwicklung?

Die Parallelorganisation als Gestaltungsbasis wurde von der Wiener Schule in den 8oer-Jahren aufgegriffen[22] und durch andere Ansätze bereichert. Sie wird jetzt, meist um die Gefäße des Sounding Boards (Resonanzgruppe) und die Dialoggruppe (Steuergruppe bzw. Kernteam mit den Vorständen) erweitert, genutzt. Diese Form der Choreografie

---

22 siehe z. B. alle Praxisbeispiele in Königswieser u. Exner 2002, vgl. Heitger u. Doujak (2002 a, b), und auch Janes, Prammer u. Schulte-Derne (2002)

firmiert in der Organisationsentwicklung inzwischen als »State of the Art« und ist, erweitert um andere Designs (Sounding Board, Projektmärkte, Open Space als Start), die Arbeitsgrundlage vieler Prozesse. Sie wurde z. B. auch in den Fallstudien der Bank Moné (Teil VII, Kap. 3) und in der SKAG (Teil VIII, Kap. 2) sichtbar. Mit der Erweiterung um die Resonanzgruppe (und ähnlichen Gefäßen, die Dialoge fördern) ist von der Wiener Schule versucht worden, ein Manko der Parallelorganisation – wenige planen für viele – zu umgehen. Es werden so viele Stakeholder wie möglich beteiligt, um Widerstände der Belegschaft so gering wie möglich zu halten, um Dialog und Austausch zu fördern.

Der Beratergruppe Neuwaldegg (Königswieser u. Exner 2002) folgend, sind geplante Ziele und Funktionen einer Resonanzgruppe:

- möglichst viel Diversität in einen Raum zusammenzubringen, um sichtbar und beobachtbar zu machen, welche Aussagen, Meinungen, Information in der Organisation vorhanden sind
- Rückmeldung der Wahrnehmungen bezüglich des Projektes aus der jeweiligen Perspektive; Resonanz auf die Arbeit der Steuergruppe und ihrer Subprojekte
- Feedback einholen, wie der Veränderungsprozess und die Projekte eingeschätzt werden und wirken
- möglichst viele Organisationsmitglieder zu informieren und emotional zu beteiligen
- Multiplikatorenfunktion

Die Einbindung externer Stakeholder, die im Basismodell der »teamorientierten Veränderung« weniger berücksichtigt wurde, ist in den neueren praktischen Anwendungen über bestimmte Gefäße (Kundenparlament, Großgruppen) ernst genommen und ausgestaltet worden. Gerade externe Stakeholder bringen Vielfalt und neue Ideen in das System und ermöglichen akkordierte Lösungen auch mit den relevanten Umwelten.

Die daraus resultierende interessante Frage ist: *Kann die Parallelorganisation noch die Antwort der Zeit sein? Welchen Nutzen stiftet sie, welche Gewinne kann sie versprechen – aber auch welche Kosten sind möglicherweise zu bezahlen?*

Gewinne und Nutzen von Parallelorganisationen

• Der Aufbau eines Innovationssystems, eines »institutionalisierten Laboratoriums«, in Form einer **Projektorganisation ermöglicht die Bearbeitung eines Problems in einem abgegrenzten System.** Durch den Projektauftrag ist eine enge Koppelung mit der Stammorganisation gewährleistet. Projektmanagement bietet praxistaugliche Methoden und Tools zur Bearbeitung von Change-Prozessen.

• Die systemisch inspirierte Parallelorganisation ist eine **elaborierte Methode mit einer großartigen Erfolgsgeschichte.** Die Erfahrungen mit dieser Form der OE sind vielfältig, gut dokumentiert, und viele Organisationen haben gute Erfahrungen mit dieser Form der operativen Gestaltung gemacht. Die Parallelorganisation ist zurzeit die Methode der OE, um Veränderungen zu gestalten.

• Wie die in Teil VII des Buches gezeigten Fallstudien (Bank Moné, SKAG) zeigen, ist diese Form der OE sehr **wirksam in Organisationen, die ähnliche Voraussetzungen haben** wie die, in denen diese Architektur entwickelt wurde. Organisationen, die nicht im Fluss sind, wird eine Parallelorganisation entgegengestellt, um sie »fluid« zu machen, um ihre Starrheit aufzulösen.

• **Sieht man auf die Tradition der Fachberatung, so wird auch hier das Bild der »Parallelorganisation« evident.** Die Fachberatung, der Tradition McKinsey, Roland Berger oder Boston Consulting folgend, pflegt eine sehr selektierte Einbindung der Betroffenen, und es wird in der Erarbeitung des Neuen oft auf bestehende Konzepte und Expertise zurückgegriffen. Die Bearbeitung folgt einem standardisierten Phasenkonzept. Auch diese Form der Parallelorganisation ist in ihren Feldern – Strategieberatung, Reorganisation – (glaubt man den Selbstbeschreibungen) hoch erfolgreich.

Mögliche Kosten von Parallelorganisationen

• **Dynamik bzw. »vicious circle«** von Eingebundenen & Nicht-Involvierten

• Mit Peter Senge[23] meinen wir, dass sich in voranschreitenden Change-Prozessen der so genannte »innere Kreis« (die durch die Projektorganisation direkt Beteiligten) immer mehr von den »Außenstehenden« abschottet. Es entsteht nach Peter Senge in Bezug auf das Neue eine **Dynamik von »Gläubigen« und »Ungläubigen«.** Diese Dynamik verstärkt sich wechselseitig, und es kann zu einem »vicious circle«, einer Gewinner/Verlierer-Dynamik, führen. Die Gläubigen fühlen sich als Gewinner und handeln auch so, die Ungläubigen manifestieren sich in einer »Verliererrolle«. Der Change-Prozess kann dadurch nachhaltig irritiert bzw. unmöglich werden.

• **Parallelorganisation bedeutet immer, Energie auf die Implementierung** und auf Koppelungen zwischen Organisation und Innovationssystem richten zu müssen.
• Im Anschluss an Doppler u. a. (2002) vertreten wir die These, dass durch Parallelorganisation die starren Revier-, Bereichs- und Verantwortungsgrenzen teilweise aufgehoben werden. **Mikropolitik agiert aktiv auf der Vorderbühne,** vor neuem Publikum, in neuen Kontexten.

• Dass diese Auswirkungen oft »geplante« Nebenwirkung und veränderungsförderlich sind, wollen wir hier nicht in Frage stellen. Wir wollen vor allem darauf hinweisen, dass zähe, terminverzögernde Debatten und Verhandlungen über seit lange entschieden geglaubte Alternativen plötzlich wieder als offizielle Währung (s. Doppler u. a. 2002, S. 33) gehandelt werden und dass der Umgang damit auch Zeitaufwand bedeutet. Eine enge Koppelung an die Linie hingegen bedeutet eine enge Koppelung an die Macht der Organisation. Dies heißt, dass die entschiedenen Grundlagen nicht neuerliche mikropolitische Aushandlungsprozesse auslösen.
• Die **»systemisch inspirierte Parallelorganisation« ist aufgrund der Erfolgsgeschichte die Standardantwort der OE auf die Frage der Gestaltung geworden.**

---

23 zitiert nach Axelrodt 2001

Sind Steuergruppe, Kernteam, Resonanzgruppe nicht die »üblichen Verdächtigen«, die bei jedem OE-Prozess zum Tragen kommen? Die »theory in use« (Argyris 1985) der Berater und auch die durch den Erfolgsfall bestätigten Routinen, prägen sich ein und werden kaum mehr hinterfragt. Projekte als Instrumente der OE zu nutzen, um in dem durch das soziale System »Projekt« aufgespannten Rahmen zu arbeiten, ist sicherlich die praktikabelste Form, Neues für den Routinebetrieb einer Organisation zu erarbeiten. Kann aber die gängige Form der »Parallelorganisation« auf alle Fragen die passende Antwort liefern oder sind neue, passendere Formen der Gestaltung je Problem (Leitbild, M&A, Reorganisation, Strategieentwicklung etc.), je Organisationstypik, je Umfeld, je Kontext zu finden und einzurichten?

Hindert sich die OE nicht selbst an einer Weiterentwicklung, wenn sie diese Form der »Parallelorganisation« als einzig wahre Lösung propagiert?

Viele der Projektarchitekturelemente können die passenden Antworten liefern, um Veränderungsprojekte erfolgreich (hier: die Unplanbarkeit mit einzuplanen) zu steuern. *Gleichzeitig vertrete ich die These, dass unterschiedliche Anforderungen an die Beratung unterschiedliche Projektarchitekturen erforderlich machen würden.*

Andere Denkvarianten und Ansätze im Sinne von Gateways

Die folgenden Denkvarianten werden als Gateways im Sinne von v. Mutius (2000) dargestellt und verstehen sich *nicht* als vollständige Erfassung von allen möglichen Gestaltungsformen.

- **Arbeiten mit den Gefäßen, die schon da sind, und eventuelle Ergänzung um einige neu gestaltete operative Gefäße**
  Möglicherweise geht es in diesen Zeiten des dynamischen Wandels darum, auf eine andere Art bestehende Strukturen zu nutzen und keine großartigen Architekturen aufzubauen. Es geht vielleicht darum – als eine sehr bescheidene Lösung – in den bestehenden Strukturen Nachdenkprozesse und Selbstreflexion zu initiieren: z. B. in der Organisation dafür Sorge zu tragen, dass es stabile Teams gibt, in denen regelmäßig mode-

rierte Sitzungen stattfinden, oder die Optimierung bestehender Teams und Executive Teams zu unterstützen.

Beratung nutzt dabei die bestehenden Kommunikationsgefäße der formalen Organisation (bestimmte Meetings, bestimmte Planungsgremien, Vorstandsteams) und auch bestehende Projekte und Arbeitsgruppen, um neue Lösungen zu erarbeiten. Die Funktion von Beratung hier ist, einen Unterschied zum Üblichen zu machen, klare Differenzsetzung zu betreiben. Dies erfolgt einerseits über die Beauftragung der bestehenden Gremien und andererseits über Unterschiedsetzung im Ort, im Rhythmus, in der Arbeitsform, in der Art, zu Entscheidungen zu kommen, etc. Um auch das Interventionsinstrument der überraschenden Vernetzung (auf das ja hier verzichtet wird) zu nutzen, kann Beratung dafür Sorge treffen, dass andere operative Gefäße für diese Interventionsform geschaffen werden oder dass Kontexte kreiert werden, die im Rahmen der Organisation andere Beteiligte, andere Abteilungen, andere Expertisen verknüpfen. Die Fallstudie der Bank Moné zeigt z. B. auf, dass Sounding Boards als Möglichkeit, Feedback auf bestimmte Ideen, Varianten zu geben, jetzt auch im Routinegeschäft der Organisation Platz gefunden haben und so gemeinsame Nachdenkprozesse ermöglichen.

- **Koppelungen von Choreografien der Fachberatung und Prozessberatung**
  Die Kombination von Choreografien aus der Gestaltungspraxis des »Archetypus der Industrie« (Wohlgemuth 1991), wie sie z. B. McKinsey nutzt, mit dem OE-Paradigma der Kommunikations- und Beteiligungsfunktion ist eine interessante Variante. Im Anschluss an Kühl (2000) vertreten wir die These, dass »Paketlösungen«, Phasenkonzepte und Beratung im Advising-Stil für das Top-Management angstreduzierend wirken. Die damit verknüpften Masterpläne wirken auf die involvierten Akteure handlungsmotivierend und erzeugen Handlungsdruck. Detaillierte Zeitpläne vermitteln in der Organisation, dass die entwickelten Pläne erreicht werden können. Die Stärken des Phasenkonzeptes der Steuerung liegen in ihrer Dynamisierung von Zeit und im »Framebreaking« durch den Fokus auf radikale

Erneuerung. Das Kommunikations- und Beteiligungskonzept der Organisationsentwicklung ermöglicht einen Dialogprozess im Unternehmen, fokussiert Aufmerksamkeit auf den Veränderungsprozess. Die Etablierung von Feedback-Schleifen ermöglicht eine kontinuierliche dialogische Auseinandersetzung mit dem Veränderungsprozess. Der Fokus auf Kultur- und Kulturveränderung, um die Ergebnisse auf Strukturebene auch auf Personen- und Kulturebene zu unterstützen, kann z. B. auf folgende Tools zurückgreifen:»Executive Team Coaching«, Verknüpfung des Führungsrhythmus mit der Soll-Kultur.

- **LGI (Large Group Interventions) und Follow-Ups als eine andere Variante, Veränderung zu ermöglichen** (vgl. Axelrod 2001; zur Bonsen 2002; Königswieser u. Keil 2000; Bunker u. Alban 1997)

  Es gibt nicht das Großgruppenverfahren, sondern eine große Vielfalt an Formen und Ausprägungen. Die Basiskonzepte der Großgruppen gehen laut Bunker u. Alban (1997) auf unterschiedliche Wurzeln zurück – von Lewin über Bertalanffy hin zu Bion –, die von Schülern (R. Lippit, M. Weisboard, Marrelyn Emery u. a.) aufgegriffen und weiterentwickelt wurden. Zusätzlich möchte ich hier noch die Formen der Großgruppenarbeit von der Gruppe »metaplan« und des Zukunftsforschers Robert Jungk und Norbert Müllert (1995) erwähnen, die die Beratungsarbeit der 80er-Jahre bis jetzt geprägt haben (z. B. Projektmärkte,»Werkstätten des Wandels«, Zukunftswerkstatt, etc.). Allen gemeinsam ist, dass sie erst ab einer Größe von ca. 60 bis zu Hunderten von Teilnehmern arbeiten.

Folgt man Peggy Holman (Holman u. Devane 1999), die 18 Großgruppenmethoden differenziert, so kann man diese unterschiedlichen Methoden in drei Hauptgruppen unterteilen:

- diejenigen, die ein gemeinsames Planen der Zukunft ermöglichen,
- solche, die eine gemeinsame Strukturierung bzw. Optimierung bestehender Strukturen zum Ziel haben,
- und letztlich solche, die sowohl Zukunft als auch Optimierung bestehender Prozesse zum Thema haben können und die auch über Methoden für andere komplexe Vorhaben verfügen.

Boos u. Königswieser (2000) unterscheiden noch zwischen maß-geschneiderten und (teilweise) standardisierten LGI-Verfahren. Die bekanntesten Modelle der LGI umfassen Future Search (Zukunfts-konferenz), RTSC, Open Space und Dialog-Meetings wie z. B. das »World Café«.

Allen Modellen ist gemeinsam, dass sie helfen, Erfahrungen, Überlegungen, Ideen und vor allem Emotionen für alle sichtbar und erlebbar zu machen, und dass sie enorme Veränderungsenergien erzeugen. Darüber hinaus ermöglichen sie über dialogische Kommu-nikation transformatorisches Lernen.

Durch die Orientierung am Credo »alle planen für alle« und die erfahrungs- und emotionsorientierte Erarbeitung, den Aufbau von Beziehungen zwischen vielen, die Zukunfts- und Umsetzungsorien-tierung können LGI als Basis für Veränderungsarbeit und als Kontrast-folie zur projektförmigen Parallelorganisation dienen. Die relevante Frage hierbei ist, wie die in einem Interaktionssystem ausgehandelten Lösungsoptionen dieses »Setting« überdauern können. Wir vertreten im Anschluss an Luhmann (2000) die These, dass Großgruppen nur dann erfolgreich sind, wenn die auf Dialogen und symbolisches Han-deln basierenden Interaktionen wieder an die Organisation gekoppelt werden. Wenn keine adaptiven Gefäße, keine Follow-up-Veranstal-tungen zum Transfer der Ergebnisse in die formale Organisation geschaffen wurden, verpufft die Energie der LGI in der Organisation ungehört.

Holman u. Devane (1999) und Boos u. Königswieser (2000) folgend, sind folgende Gewinne durch Großgruppenverfahren mög-lich:

- In Großgruppen werden viele gleichzeitig angesprochen und vom Thema der Veränderung berührt – kognitiv und emotio-nal.
- Sind LGI in eine Parallelorganisation eingebunden, unterstüt-zen sie die an Erlebnis und Emotionen orientierte Kommuni-kation und ihren Transfer in die Organisation.
- Die Einbindung vieler wird zum selben Zeitpunkt ermöglicht – das Miteinbeziehen vieler wird sichtbar.
- Die kreativen Gestaltungsformen und die Balance von kogni-tiven und emotionalen Elementen ermöglichen ein anderes Erleben von »Realität« und erzeugen Energie.

- Großgruppenverfahren erinnern in ihrem Ablauf an Stammesrituale und erzeugen sozialen Zusammenhalt, Gemeinschaftsgefühl und verstärken »wir«-Tendenzen.
- Großgruppenverfahren mobilisieren Gefühle, vermitteln Direktheit und Spürbares, bieten kollektive Erlebnisse.
- Viele unterschiedliche Sichtweisen sind in einem Raum zu finden und können für Innovation, Planung und Umsetzung genutzt werden.
- Großgruppen erzeugen hohe Aufmerksamkeit in der Organisation und damit auch Veränderungsenergie.

Eventuelle Kosten bei Großgruppenformen sind:

- Großgruppen erzeugen teilweise Unverständnis beim (großgruppenunerfahrenen) Top-Management, da sehr unklar ist, was passieren wird und worauf man sich einlässt (siehe dazu auch die Fallstudie der BBG in Teil VII, Kap. 1).
- LGI sind hyperkomplex, schwierig zu gestalten und stecken voller Überraschungspotenzial und damit voller Potenzial, erfolgreich zu scheitern.
- Massenpsychologische Phänomene wie Angst, latente Gefühle, Aggression, etc. können sich in diesem Rahmen verstärken (vgl. Boos u. Königswieser 2000; Bunker u. Alban 1997) und unkontrolliert ausgedrückt werden. Le Bon[24] untersuchte Erscheinungsformen und Auswirkungen von Menschenmassen und größeren Gruppen und war inspiriert von und gleichzeitig schockiert über die »unheimliche Beeinflussbarkeit der Massen«. Das Individuum gibt aus sozialer Isolationsangst das eigene Denken auf und richtet sich relativ zuverlässig nach der Mehrheitsmeinung aus. Die Gefahr des Aufbaus von Feindbildern, unkontrollierbarer Aggression oder auch von unüberwindbaren Vorurteilen ist bei LGI groß.
- Großgruppen erzeugen viele Energien, die – wenn sie nicht gebündelt und an die Organisation gekoppelt werden – verpuffen und zum Gegenteil (zu Lethargie und Energielosigkeit) führen können. Wenn Großgruppen nicht in einen Prozess von Vorbereitung, LGI-Event *und* Follow-up eingebunden sind,

---

24 zitiert nach Boos u. Königswieser 2000

dann kann das Ergebnis nicht in den Sinnzusammenhang der Organisation eingebettet werden.

- LGI sind dann nicht das Mittel der Wahl, wenn es eher um an Expertise orientierte Veränderungen geht und zu wenig bzw. kaum Expertise in der Organisation ist.

Merk-Würdiges:
Zusammenfassung der Aussagen und Thesen

- Die Parallelorganisation als Gestaltungsbasis von Change-Prozessen gilt als »die« Herangehensweise von Unternehmensberatung – sei es Fachberatung (wie durch die BCG, McKinsey u.a.) oder auch Prozessberatung. So wurde diese Gestaltungsform von der Wiener Schule in den 8oer-Jahren aufgegriffen und durch andere Ansätze bereichert.
- Die grundlegende Frage ist: Was braucht der Veränderungsprozess für eine Choreografie und ist der Aufbau einer klassischen »Parallelorganisation« immer die passende Antwort? Ich schlage ein »Plädoyer für Verzicht« vor, um die Komplexität von Veränderungsprozessen zu verringern und darüber hinaus die Gestaltungsformen für Veränderungsprozesse konsequent zu hinterfragen.
- Denn: Die Antwort »Parallelorganisation« bedeutet auch immer die Frage nach der Gestaltung von »Transfer«. Wie kommen die Erneuerungsideen in die Organisation?

CHECK Points für Jamming
Jamming als etwas, das »kreative Zerstörung« als Basis für Neues ermöglicht. Jamming ist das, was Jazzmusiker tun, wenn sie zusammenkommen und mit ihren Instrumenten musikalische Stücke improvisieren. Dabei entsteht etwas Neues, noch nie Dagewesenes ...

- Was ist typisch für diese Organisation?
- Um welches Veränderungsziel handelt es sich konkret? Woran wird man erkennen, dass die Veränderung erfolgreich war?
- Was sind mögliche Druckpun2kte und Stellen des Systems, auf die es »veränderungssensibel« reagiert?
- Welche möglichen Veränderungschoreografien sind denkbar, um das »global goal« des Veränderungsprozesses zu erreichen? Welche Alternativen gibt es zur Parallelorganisation?
- Welche Personen sind auf welche Art in den Veränderungsprozess einzubeziehen? Welche in der Organisation bereits bestehenden und welche neuen Gefäße braucht der Veränderungsprozess?
- Wie kann das »global goal« des Veränderungsprozesses bereits in der Choreografie abgebildet, gefördert werden?

4. Entwicklungsfunktion: das kreative Feld gestalten, neue Varianten erzeugen

Zu den von Stefan Titscher (1997, S. 97) genannten Trivialitäten zur Veränderung von Organisation gehört, dass es in Organisationen sowohl Veränderungs- als auch Bewahrungstendenzen und somit Bewahrenswertes und Veränderungswürdiges gibt. Diese Tendenzen werden in Organisationen unterschiedlich verkörpert, zugeschrieben, thematisiert, kommuniziert – alle Akteure der Organisation verkörpern in unterschiedlichen Kontexten und in differenzierter Graduierung diese Tendenzen. Und um Titscher zu zitieren: »Was sind für wen (bzw. welche Gruppierungen) die Teddybären, die man nicht wegnehmen darf? Diese putzigen Stofftiere haben für Kinder bekanntlich eine wichtige Funktion, da sie Vertrautes symbolisieren und die Bewältigung fremder Situation erleichtern« (ebd., S. 99). Man kann alles in einer Organisation verändern – nur nicht alles gleichzeitig. In Bezug auf die Teddybär-Analogie ist in der Choreografie der Intervention zu entscheiden, welche Formen der Vernetzung, welche Themen, welche Zeiten, welche Orte, welche Personen vorerst tabu sind, gleich bleiben und noch nicht verändert werden sollten.

In jedem Veränderungsprozess gilt es im sozialen Zusammenhang mit anderen Neues zu entwickeln. Das Neue entsteht durch die Arbeit mit und an relevanten Unterschieden, durch neue Grenzziehungen (andere Zeiten, andere Orte, andere Personen, andere Themen und neue Beobachtungsfokusse). Das ist eine der großen Lehren der Jazzmusik: »Mach Platz für andere, hilf ihnen, gut zu klingen, und benutze dann einen Teil ihres Spiels, um selber gut zu klingen. Dies wird Improvisationsenergien wecken« (Marsalis u. Stewart 1995, S. 14).

Beratung hat im Kreativ- und Erarbeitungsfeld die meiste Erfahrung und hat für Variation viele Tools etabliert. Dazu zählen Varianten durch Impulse der Expertenberatung, das Setzen auf bestimmte Modetrends (Outsourcing, Orientierung an Kernkompetenzen, Balanced Scorecard) bis hin zu den über Reflexion entstehenden Möglichkeiten. Die Auswahl der operativen Gefäße und deren Besetzung, das Ermöglichen anderer Verknüpfungen von Stellen und die vielfältigen Formen der Beobachtung (z. B. Kundeninterviews, Benchmarking) sind Möglichkeiten, Variation durch die Beratungschoreografie zu unterstützen. Rudi Wimmer (1991; 1999) schlägt vor, über das Zulassen anderer

Verknüpfungen von Stellen, das Gestalten von vielfältigen Formen der Beobachtung, die Ausformung neuer Kommunikationsanlässe, Variation zu gestalten und zu unterstützen. Die Berücksichtigung anderer Formen des Beobachtens und Erfahrungssammelns (»Sensing und Presencing« über z. B. gemeinsames Tanzen oder gemeinsames Trommeln oder Storytelling ermöglichen) ist eine weitere Option. Viele Methodenbücher unterschiedlicher Schulen[25] bieten hier ein buntes Angebot an Gestaltungsmöglichkeiten.

Varianten gestalten – Gewinne und Kosten

Die folgenden kurzen Blitzlichter aus der Praxis lassen die Buntheit dieser Phase und die Elaboriertheit der Tools erahnen.

Das Entwerfen bzw. Entwickeln des Neuen ist ein schöpferischer Prozess, eine aktive Auseinandersetzung mit einer Organisation in ihrem Kontext. Die Vielfalt an Gestaltungsmöglichkeiten und etablierten Tools ist sicherlich ein Gewinn für die Praxis der OE-Beratung. Beratung arbeitet hier sehr lustbetont. Dies wird an der Vielfalt der Möglichkeiten, aber auch in den von Beratern beschriebenen Praxisfällen sichtbar, wo hauptsächlich die vielen Möglichkeiten der Variation beschrieben werden. Diese Art der Arbeit ist am ehesten mit der kreativen Arbeit des Künstlers zu vergleichen. Hier ist der Berater Künstler, der etwas Neues in die Welt bringen hilft.

Gateways & Rezepte für die Praxis	Entwicklungsfunktion: das kreative Feld gestalten; neue Varianten erzeugen 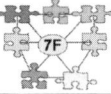
Die Beratergruppe Neuwaldegg z. B. arbeitet mit Kundeninterviews, die von einer Subprojektgruppe durchgeführt wurden, um neue Information als Ausgangspunkt für Variation zu generieren.	Ein Industrieunternehmen hat im Rahmen des beraterbegleiteten Veränderungsprozesses »Erfolgsfaktor Zusammenarbeit« in einem Subprojekt mehrere Leitkunden besucht und mit diesen Interviews geführt: »Wie nehmt ihr uns wahr? Was machen wir in Zusammenarbeit mit euch gut, wo haben wir Veränderungsbedarf? Beschreibt in Form einer Metapher unsere bisherige Zusammenarbeit und bitte beschreibt in Form einer Metapher die optimale Zusammenarbeit.« Dies waren unter anderem die Fragen. Die Ergebnisse waren sehr aufschlussreich für das Unternehmen – auf diese Weise hatten sie noch nie Fragen gestellt und Informationen bekommen. Diese Form der Informationsgewinnung schaffte eine Basis, um eine Neugestaltung des Umgangs mit den Kunden zu gestalten.

---

25 systemische Interventionen, NLP, Gestalttherapie, Supervision, Gruppendynamik

Benchmarking (vgl. Fischer 1997)	Hans Peter Fischer, lange Zeit interner Berater bei Mercedes-Benz, beschreibt in seinem Fieldbook zur Reorganisation der Mercedes-Gruppe (1997), dass eine Gruppe von internen Beratern Benchmarking bezüglich Change Management weltweit durchführten, um zu neuen Gestaltungsideen für das Re-Design des Unternehmens und dessen beraterischer Begleitung zu kommen. Sie besuchten Ameritech, Harper Collins Publishers, Shell Oil (US), um dort den Trainer- und Beratereinsatz, deren Tools und Methoden zu reflektieren. Die Erhebungen wurden mithilfe von gleichartigen Interviewleitfäden und Beobachtungs-Checklisten durchgeführt. Laut H. P. Fischer hat das interne Change-Team von Mercedes-Benz dadurch neue Impulse bekommen, nicht alle Anregungen waren aber auf die Kultur des Unternehmens übertragbar. Die Methode des Vergleichens kann man auch auf andere Bereiche anwenden: Best-Practice-Vergleiche, um zu neuen Ideen und Anregungen zu kommen, sind für Produkte, Strategien, bestimmte Vorgehensweisen, Formen der Kundenorientierung, die Handhabung des Wissensmanagement etc. anwendbar. Gleichzeitig steht immer die Frage der Übertragbarkeit im Zentrum.
Open Space als Variationsfeld (z. B. die Fallstudie der Bank Moné, siehe Teil VII, Kap. 3)	Die Teilnehmer sitzen zu Beginn in einem großen, runden Kreis. Es gibt ein gemeinsames Thema, aber (noch) keine Agenda. Diese entsteht in den ersten 90 Minuten fast völlig selbstorganisiert. »Energieträger« treten in den Kreis, machen Angebote zu Themen und hängen diese verschriftlichten Angebote an die Wand. Auf dem »Marktplatz« schreiben sich Interessierte in Arbeitsgruppen (zu den angebotenen Themen) ein und arrangieren deren zeitliche Abfolge. Danach arbeiten zahlreiche Freiwilligengruppen an den vereinbarten Themen. Open Space schafft mit wenigen Regeln rund um das fokale Thema einen offenen Raum für Dialog, Austausch, Diskussion. Wie die Fallstudie der Bank Moné zeigt, ermöglicht es diese Form der Großgruppe, relativ rasch relevante Themen der Organisation zu identifizieren und in ersten Grundzügen zu diskutieren und zu bearbeiten. Die Frage der Ankoppelung der in Interaktion erzeugten Ideen an die Organisation ist im Design zu berücksichtigen.
In der Fallstudie der BBG »Führung Neu« (Teil VII, Kap. 1) wird ein Workshopdesign basierend auf der Methodik der Future Search angewandt.	Dieses Gefäß arbeitet mit Reflexion als Basis für Variation. In den Zeitebenen Vergangenheit, Gegenwart, Zukunft werden von ausgewählten Akteuren (erste bis dritte Managementebene) die Kontexte der Organisation und das Führungshandeln bearbeitet. Die Elemente des Workshops, umfassten folgende Punkte: • Führung bei der Unit »Technischer Support« jetzt • Zeitreise (Blick zurück (Kontexte und Führung vor 10, 7, 5, 2 Jahren), Standortbestimmung (Führung und Kontext jetzt), Visionieren (Blick nach vorne) • Entwicklung und Formulierung eines ersten Entwurfs für Führungsgrundsätze Ergebnis dieses Zwei-Tage-Workshops war ein Erstentwurf eines Papiers zu Führungsgrundsätzen und Klarheit, was Führung bisher ausmachte und wie Führung in der Zukunft aussehen sollte.
Experimentieren der Organisation mit sich selbst (Peter Senge 1990, S 313 f.)	Indem Organisationen und ihre Akteure ihre gewohnten Muster und Sichtweisen verlassen und das Unternehmen im Spiel neu aufbauen, gelingt es ihnen eher, das Verborgene hinter der kommunizierten Welt auszumachen, die »hidden strategies«, die ausgesparten Themen. Ein Spiel spielt sich in aller nur denkbaren Weise, versetzt sich in mögliche Zukünfte, oder erdenkt sich andere als die üblich gehandelten Geschichten über Vergangenheit, Gegenwart und Zukunft.

	Hier zielt man darauf ab, alle Sicherheiten und alle getroffenen Entscheidungen in Zweifel zu ziehen, es sollen die radikal marktwirtschaftlich gehandelten Erfahrungen und Wahrheiten »diskreditiert« werden, wie Weick (1985) es nennt. Kühl (2000) schlägt in diesem Zusammenhang die Arbeit an »Nicht-igkeiten« vor, um so die ausgeblendeten Alternativen sichtbar zu machen: Welche Ziele werden nicht verfolgt? Womit identifizieren sich die Mitarbeiter nicht? Welche Kommunikationsformen werden nicht genutzt? Welche strategischen Alternativen verfolgen wir nicht?
Mehrere Projekte gleichzeitig am selben Ziel arbeiten lassen	Ziel eines Beratungsprozesses sollte es nach Stefan Kühl nicht sein, »lediglich einen Erfolg versprechenden Zug in das Schienennetz zu setzen, sondern mehrere Züge parallel loszuschicken und zu schauen, wie sich die Züge in dem Netz halten. Dieses Denken widerspricht erst einmal der Vorstellung, dass eine Organisation im Beratungsprozess stromlinienförmig ausgerichtet werden muss. Die verschiedenen Züge können sich kreuzen, sich aneinander andocken, aber sie können auch um ein Gleis kämpfen oder gar kollidieren.« Dieses Modell wird u. a. im Wissensmanagement erfolgreich angewandt (von Nonaka/Takeuchi 1997 beschrieben): Zwei Projekte arbeiten gleichzeitig an einer Organisationslösung, und es werden Orte gestaltet, an denen sich die zwei Projekte wechselseitig informieren und auf sich beziehen können. Ziel ist es, durch Konkurrenz und unterschiedliche Herangehensweisen zu einer optimalen Lösungsvariante zu gelangen.

Blinde Flecken und mögliche Gateways
für die Gestaltung der Variation

Lösungsideen haben sich gegen etablierte Strukturen, Programme, Machtverhältnisse, Besitzstände etc. durchzusetzen, und damit ist Lernen ebenso wichtig wie das Verlernen des Alten. Dieses Verlernen ist oft nicht im Blick der Beratung.

Für Kunden müssen Lösungen überhaupt sichtbar werden, bevor sie diese dann weiterführen können. Hier steht die **Paradoxie** im Vordergrund, dass man **mit alten Augen das Neue betrachtet und bewertet**. In der Variation muss es vorerst auch um das Arbeiten an »basic assumptions«, Sichtweisen, neue Möglichkeiten zu sehen, gehen. Um alte, tief verwurzelte Denkweisen abschütteln zu können, muss man neue Bilder finden, um das Handeln zu begreifen und neu gestalten zu können. Der »Prozess des Imaginierens«, der Komposition und Dekomposition von Sichtweisen, fordert zur Kreativität heraus. Es lädt ein, neue Deutungen der Organisation zu kreieren, um die Organisation neu zu »erfinden« (Morgan 1998). »Eine Organisationsentwicklung, die sich die Unvernunft dennoch zumutet, die Unordnung in Kauf nimmt, lässt« z. B. »die Umwelt des ›Markts‹ auf ungewohnte, überraschende Weise auftauchen, indem sie Kunden beispielsweise an Workshops im Rahmen ihrer Organisationsentwicklung teilhaben lässt« (Kersting 1997, S. 43).

Ein möglicher blinder Fleck in dieser Phase ist es, **zu schnell auf** *eine* **Lösungsvariante zu fokussieren, zu rasch eine bestimmte Option zu selektieren.** Damit wird das Feld an Möglichkeiten beschränkt, Handlungsvariabilität verringert.

Praktisch bedeutet dies, dass man versuchen sollte, das Feld der Möglichkeiten so lange wie möglich offen zu halten, um an mehreren Ideen, Baustellen, Varianten gleichzeitig zu arbeiten. Im Anschluss an D. Baecker greifen wir die Differenz von »local action« und »global action«[26] auf. Sie kann hier für Organisationsentwicklung und den Gestaltungskreislauf der Erneuerung heuristische Hilfe bieten: »Local action« wird von D. Baecker als die angemessene Situationsheuristik beschrieben, um in komplexen Situationen handlungsfähig zu werden bzw. über längere Strecken hinweg zu bleiben. Sie verzichtet dabei auf alles heroische und intendierte Handeln. »*Local action*«, so D. Baecker, »kann man von Schachspielern ebenso lernen (Leifer 1991) wie von den Weisen und Strategen des klassischen Chinas (Jullien 1999). Sie ist die einzige Handlungsform, die komplexen, irritationsreichen, nichttrivialen und gerade deswegen strukturdeterminierten Situationen angemessen ist. Hier besteht das Hauptziel darin, zwischen den beteiligten Akteuren jene Gleichgewichte und mit Bezug auf den Ausgang der Handlung jene Ungewissheit zu schaffen, die für das Wahrnehmen und Ausnutzen von Bifurkationen erforderlich sind.«[27] »Local action« meint, den Möglichkeitsraum anzureichern, mehrere Möglichkeiten entstehen zu lassen, ohne sofort auf eine Entscheidung, auf eine Leitdifferenz hinzusteuern. Es bedeutet, dass man in der Beratung gemeinsam mit Akteuren der Organisation auf dem Strom des Möglichen treibt, die Erfahrungen des Weges sammelt, ohne vorerst auszuwählen. In der Praxis der Organisationsentwicklung wird dies in Dialog-Meetings, im Verzicht auf vorzeitiges Festlegen bzw. Entscheiden im Erarbeitungsprozess, in der Einbindung unterschiedlicher Akteure und damit unterschiedlicher Sichtweisen, lebendig.

»Global action« als Gegenbegriff meint das Verdichten hin auf eine Möglichkeit, das Umschalten auf eine Entscheidung (und verweist auf die Selektionsfunktion). Das Ziel hier ist, eine entwickelte Variante

---

26 Diese Idee geht original auf Leifer, (1991) zurück.
27 Mitschrift eines Workshops mit D. Baecker im Februar 2000 im Rahmen des OE-Lehrganges von Delta Consulting Linz und sistema consulting (Münster/Westfalen).

umzusetzen, die Aufmerksamkeitsfokussierung auf eine Variante zu ermöglichen. Ab hier beginnt das unternehmerische Umsetzen der entstandenen Möglichkeiten.

Ridderstrale und Nordström (2000), zwei querdenkende schwedische Assistenzprofessoren für Unternehmensführung, meinen, dass die **Erzeugung von Neuem immer schwieriger wird, da Unterschiedlichkeit als fruchtbare Quelle immer mehr verschwindet.** »Heute betreiben internationale Beraterfirmen Arbitrage mit der Verbreitung identischer Organisationslösungen auf der ganzen Welt. McKinsey & Company, Arthur Anderson, Boston Consulting Group und Cap Gemini, um nur einige zu nennen, tragen zu der augenblicklichen Homogenisierung von Organisationslösungen bei. (...) Diese Leute tragen zur rascheren Imitation und zu ähnlichen Lösungen bei« (ebd. 2000, S. 57). Wir vertreten die These, dass dies insbesondere auf die Formen der Beratung zutrifft, die Variation über das Einführen von Expertise ermöglichen.

Wie oben bereits erwähnt, trifft dies insbesondere auch auf die »idealtypische« reflexionsorientierte OE-Beratung zu, die fast identische Parallelorganisationen für alle Problemlagen und Organisationstypen anbietet.

Merk-Würdiges:
Zusammenfassung der Aussagen und Thesen

- Das Entwerfen bzw. Entwickeln des Neuen ist ein schöpferischer Prozess, eine aktive Auseinandersetzung mit einer Organisation in ihrem Kontext. Es gibt eine Vielfalt an Gestaltungsmöglichkeiten und etablierten Tools.
- Bei der Variation geht es darum, neue Differenzen, andere Sichtweisen als Veränderungsimpulse in der Organisation nachhaltig wirksam werden zu lassen: über Fachthemen, über die Bearbeitung von Blockaden und Emotionen, über die Einführung von Reflexion, ... Im Großen und Ganzen geht es darum, wieder Ambiguität – Vielfalt und neue Möglichkeiten – für die Organisation und deren Führungskräfte zur Verfügung zu stellen.

CHECK Points für Jamming
Jamming als etwas, das »kreative Zerstörung« als Basis für Neues ermöglicht. Jamming ist das, was Jazzmusiker tun, wenn sie zusammenkommen und mit ihren Instrumenten musikalische Stücke improvisieren. Dabei entsteht etwas Neues, noch nie Dagewesenes ...

- Welche Formen von Unterschieden können in der Organisation einen Unterschied machen? Welche Formen von Jamming – experimentierendem Vorgehen – bringen das Unternehmen weiter?

> - Welche Räume, um zu sich selbst und dem Bestehenden auf Distanz zu gehen, braucht die Choreografie hier?
> - Wie kann man Ambiguität einladen? In welcher Form lässt sich ein »kreatives Zerstören« des Bestehenden im Sinne von Joseph A. Schumpeter gestalten?
> - Wie gestaltet sich die Organisation bzw. die relevanten Player eine Auszeit, um quasi aus der Zuschauerposition heraus, aus der inneren Distanz eines Beobachtenden den Sound und das Zusammenspiel der Organisation zu rekonstruieren und daraus die erforderlichen Schlüsse für weiteres Handeln zu ziehen?

5. Funktion der Selektion – die Komplexität bearbeitbar machen

Die Entwicklungsfunktion soll das Feld der möglichen Varianten und Lösungsoptionen vergrößern, soll Komplexität erhöhen. Selektion hingegen verdichtet auf einige wenige Varianten und macht dadurch die Komplexität wieder bearbeitbar. Im Endeffekt soll sie die Varianten auf *eine* anschlussfähige Lösung verdichten.

Selektion ermöglicht die Entscheidung einer bestimmten Lösungsvariante, ermöglicht das Einengen von Perspektiven. Auswählen ist Karl Weicks (1985) Begriff für die Selektion und meint, gemeinsamen Sinn für die Varianten zu stiften. Aus dem durch das Gestalten gewonnenen Material werden Teile zusammengesetzt und mit einer zusammenhängenden und für die meisten akzeptierbaren Interpretation versehen. Neue Bausteine sollen dabei in schon bestehende organisatorische Sinnzusammenhänge eingebettet werden.

In der Beratung müssen Situationen gestaltet werden, die die Organisation bzw. deren Akteure unter Entscheidungsdruck bringen, entweder so weiterzumachen wie bisher, oder eine bestimmte Musterunterbrechung anzugehen. Nur wenn die Verführung zur Musterunterbrechung im Unternehmen gelingt, dann kann Beratung »durch das Nadelöhr der Kommunikation« (Luhmann 1989) Wirkungen zeigen. Wenn der Entscheidungsdruck nicht durch reale Zwänge unterlegt ist, wenn er im operativen Geschehen nicht als notwendig verstanden wird (Wimmer 2002, S. 221), dann wird Beratung zur Befindlichkeitsberatung und bleibt ohne Wirkung.

Das Innovationssystem muss sich im Stimmengewirr der Organisation Gehör verschaffen, Signale der Hörbarkeit setzen. Hier wird die Differenz zwischen Aufgabe der Beratung und Aufgabe des Managements unschärfer. Hier kann es passieren, dass sich der Berater eingeladen fühlt, diese Managementkappe aufzusetzen, und laufend Maßnahmen gestaltet, Druck erzeugt. Die Funktion, die Beratung zum Teil in dieser Phase zugeschrieben wird, nämlich die Veränderung mit Schwung und Energie zu versorgen, kann hier zu sehr in Richtung Management führen. Gerade in der Selektion geht es um konkrete Eingriffe in die Eigendynamik der Organisation, um Hörbarkeit der Stimmen des Innovationssystems zu ermöglichen und zu erzeugen. Umweltereignisse erzeugen nur dann Resonanz in der Organisation, wenn sie kommunikativ an die Organisation anschließen können, wenn es zwischen Innovationssystem und Stammorganisation Koppelungen gibt. Die OE-Beratung hat für die Phase der Selektion sehr mager ausgestaltete Werkzeuge.

Unterschiedliche Formen der Selektion:

- immer mitlaufende Selektion (unbewusste Selektion)
- Vorabselektion – Feedback-Prozesse zwischen Organisation und Innovationssystem
- Selektion als Entscheidung innerhalb der Entscheidungsgefäße der Organisation

Unbewusste Selektion – Arbeit mit Latenzen?

Die immer mitlaufende Selektion beruht auf »unwillkürlicher« Auswahl bestimmter Informationen, bestimmter Alternativen durch die Akteure. Unbewusste Selektion basiert auf den »selektiven Kulturen« und den Latenzen einer Organisation. Latenzen sind nach Luhmann (1984) verborgene Strukturen, die die ausgeblendeten Alternativen, Möglichkeiten, Optionen unsichtbar machen, weil ihre Präsenz zu kontinuierlichem Abstimmungsbedarf und einer Dauerbeschäftigung mit sich selbst führen würde. Im Aufsatz *Kommunikationssperren in der Unternehmensberatung* (1989) geht Luhmann ausführlich auf latente Probleme, Funktionen und Strukturen ein. Die Akteure sehen nur, was sie sehen können, greifen nur auf, was auf ihrem Bildschirm erscheint. Karl Weick (1985) meint sogar, dass Handeln dem Denken vorausgeht (*enactment*) und dass über schnelle Handlungen »Realitäten« geschaffen werden.

Nach Stefan Kühl (2000) sollte eine aufgeklärte Beratungspraxis die Diskrepanz zwischen den rationalen, schlüssigen Selbstbeschreibungen der Organisation und den wahrzunehmenden paradoxen Effekten, Ungereimtheiten, Steuerungsschwierigkeiten ernst nehmen und ihre Beratungspraxis darauf abstellen. »Ein Berater, der mit diesem Beobachtungsschema arbeitet [gemeint ist das Schema manifest versus latent] steht damit vor der Wahl, ob er latente Funktionen oder Strukturen offen legen soll oder ob sich dies nicht empfiehlt. Und gerade, wenn er sieht, dass die Latenz selbst eine Funktion hat – etwa die Funktion der Verdrängung unlösbarer Probleme –, wird er mit der Offenlegung eher zögern, wenn er deren Effekte nicht überblicken und nicht kontrollieren kann« (Luhmann 1989, S. 216). Dies bedeutet zum einen, dass Beratung diese unbewussten Selektionen über Reflexion als Variationsinstrument sichtbar und besprechbar machen kann. Die Beratung kann sehr vorsichtig und sehr selektiv manche dieser Latenzen z. B. mittels »Gaming« sichtbar machen und mit den Akteuren gemeinsam daran arbeiten. Zum anderen meint dies, dass Beratung nicht alle Latenzen sichtbar machen darf, da sie sonst das Funktionieren der Organisation konterkarieren würde. Gerade die Unsichtbarkeit der Latenzen stützt ihre Funktion. Die zweite Möglichkeit stellt darauf ab, die Latenzen unsichtbar bleiben zu lassen und sie nicht zu reflektieren.

Eine dritte Variante ist, dass Latenzen auch für den außen stehenden Berater unsichtbar bleiben, und in Folge werden maximal Auswirkungen der Latenzen auf den Change-Prozess sichtbar oder spürbar.

Gestaltung der Vorabselektion

Die Vorabselektion ist der zentrale Fokus der Kommunikations- und Abstimmungsfunktion. Hier geht es darum, Kommunikationsgelegenheiten zu schaffen, um über gestaltete Dialoge das Handling der Differenz zwischen Anschlussfähigkeit und nötiger Irritationsfähigkeit zu ermöglichen. Der Prozess auf diesen Ebenen verknüpft lokale Erfahrungen, ihre Interpretation und Bewertungen, neue Herangehensweisen, neue Denkstile aus dem Innovationssystem mit dem allgemeinen Diskurs, dem normalen »Ticken« der Organisation. Soziale Systeme bestehen aus Kommunikation. Wer kommuniziert, kann nachfragen, kann sich absichern, kann andere Informationen beschaffen, kann über Kommunikation bestimmte Fokusse verdichten, kann bestimmte Varianten kommunikativ austesten. Über Kommunikation kann eine Übersetzung der im Innovationssystem erarbeiteten Ideen und Konzepte für den Kontext der Organisation geleistet werden. In den Fallstudien und in anderen mir zugänglichen Veränderungsprozessen wurden unterschiedliche Kommunikations- und Abstimmungsdesigns angewandt: Feedback-Loops zwischen Organisation und Innovationssystem wurden einerseits über Resonanzgruppen, Projektmärkte, Change-Team-Designs gestaltet. Andererseits läuft die Kommunikation über die in den Projekten mitarbeitenden Akteure wie von selbst. Diese bekommen durch ihre Kollegen und Vorgesetzten schnell Resonanz auf ihre kommunizierten Ideen und Vorstellungen – entweder beim Kaffeetratsch oder auch in formalen Sitzungen. Ziel all dieser Tools ist es, Dialoge zu gestalten, in denen Kommunikation stattfinden kann, Fragen und Antworten prozessieren. In denen auch Erwartungsdruck, Angst, Befindlichkeiten sich zur Sprache bringen können und dürfen. Neben formalen Kommunikationsgelegenheiten bieten gerade die weniger formalen Gefäße, wie Impuls- Aperos, Feste, Open-Space-Anlässe und für Gespräche und Diskussionen offene Veranstaltungen, solche Möglichkeiten.

Instrumente der Koppelung an die formale Kommunikation der Organisation, um Selektion als Entscheidung zu ermöglichen
Umweltereignisse, wie Vorschläge zu neuen Lösungsoptionen, erzeugen nur dann Resonanz in der Organisation, wenn sie kommunikativ an die bestehenden Strukturen anschließen. Dieses Andocken ist in Organisationen eher erfolgreich, wenn dafür die vorhandenen Entscheidungsstrukturen genutzt werden. Dadurch kann Beratung auf Machtressourcen innerhalb der Organisation zurückgreifen, die über Machtpotenziale und Ressourcenkapital Entscheidungen forcieren können.

In der Praxis der Unternehmen gibt es viele eindeutige Signale aus der Umwelt, die sofort Kaskaden von Entscheidungen auslösen: Man denke an das Jahr-2000-IT-Problem; man denke an steuerliche Änderungen. Andere Signale werden organisationsintern zuerst interpretiert und hinsichtlich ihrer Ursachen und Folgen analysiert, bevor sie als relevant gelten und Entscheidungen auslösen (z. B. ein Rückgang der Aufträge).

Wie aber schafft man es im Change-Prozess, von Ergebnissen aus den Arbeiten der Projektgruppen oder von den Ergebnissen des Open Space hin zu einer konkreten Auswahlentscheidung zu kommen? Vor allem ist unklar, welche Signale geeignet sind, Entscheidungen wahrscheinlicher zu machen.

Wir vertreten die These, dass bewusst inszenierte Veränderungsprozesse auf das Treffen von Entscheidungen hinauslaufen. In dieser

Phase ist daher auch zu klären, ob die Organisation überhaupt über eine adäquate Entscheidungsstruktur für eine Entscheidung über das Neue verfügt oder ob es Aufgabe der Beratung ist, eine hierfür passende Entscheidungsstruktur mit den Managern zu designen.

Gateways & Rezepte für die Praxis 	Funktion der Selektion – die Komplexität bearbeitbar machen
Gestaltung weniger formaler Gefäße *(für die Vorabselektion)*	Feedback-Loops zwischen Organisation und Innovationssystem werden z. B. über Resonanzgruppen, Projektmärkte, Change-Team-Designs gestaltet. Weniger formale Gefäße, wie Impuls-Aperos, Feste, Open-Space-Anlässe und für Gespräche und Diskussionen offene Veranstaltungen, bieten Möglichkeiten, in denen auch Erwartungsdruck, Angst, Befindlichkeiten sich zur Sprache bringen können.
Aufträge (z. B. ein Projektauftrag) an das Innovationssystem und damit Koppelung an vorhandene Managementziele	Aufträge der Stammorganisation an das Innovationssystem sind das Mittel der Wahl – sowohl bei enger als auch sehr loser Koppelung des Beratungssystems an die Organisation. Durch Aufträge werden die Interaktionen im Innovationssystem an die Ziele der Organisation und an die Entscheidungskommunikation gebunden. Der diesbezügliche Kommunikations- und Entscheidungsprozess ist dabei ebenso bedeutend wie eine gemeinsame mentale Auseinandersetzung mit diesem Auftrag und den daraus resultierenden Zielen. Wichtig für ein praktikables Weiterarbeiten ist, dass das Innovationssystem den Auftrag versteht, dass es aus dem Auftrag Ziele ableitet und sich an diesen orientiert. Wirkung ist gebunden an Ziele – daran kann sie orientiert und gemessen werden. Wirkung zielt in die Zukunft; etwas soll werden, was noch nicht ist, gemessen an den Zielen, die man vereinbart hat. Die Auseinandersetzung mit diesen Zielen kann als Daueraufgabe eines Veränderungsprozesses verstanden werden. Die zukünftigen Wirkungen sollten auch an die Managementziele der Organisation gebunden werden. Managementziele werden im operativen Geschäft überprüft, und über Ziele bzw. Zielerreichung wird in Organisationen kommuniziert und entschieden. Falls nicht entschieden wird, wird sehr wahrscheinlich nachgefragt werden, was mit den vereinbarten Zielen passiert ist und warum sie nicht (mehr) gelten. Damit die Aufträge Handlungsdruck erzeugen, werden sie an zeitliche Strukturierungen (Termine, Fristen, Milestones) gebunden. Transformation ist laut Baecker (1998 b, S. 58) nichts anderes als die Markierung von »Handlungsoptionen in einer Organisation, in der allemal bereits kommuniziert und gehandelt wird«.
Mentorensysteme	Mentorensysteme binden das Neue auf zweierlei Weise an die Organisation: über die Nutzung von Machtpotenzial und über die Koppelung an Personen als Energiebasis. • Wenn neue Lösungen in die Organisation kommen und dort auch im operativen Fluss des Alltags bestehen sollen, ist ein Machtpromotor unabdingbar, der für Freiräume, Dringlichkeit, Ressourcen, Nachdruck, Akzeptanz sorgt und das Neue von der Opposition abschottet. Das Neue wird über das Top-Management symbolisch gestützt und über Handlungen und Kommunikation sichtbar gemacht. Durch die Koppelung an Personen des Top-Managements (Vorstände, Unternehmer, Führungskräfte der ersten

	Ebene) werden die Lösungsvarianten eng an die Stammorganisation gebunden und bekommen dadurch symbolisch Wichtigkeit und Wertigkeit zugesprochen.
	• Das Neue wird an Energieträger gebunden, die die Aufgabe haben, das Neue kontinuierlich sichtbar zu machen, es in formellen und informellen Kommunikationsanlässen zur Sprache zu bringen. Personen dienen dabei als »Energiespender«, damit etwas in Gang kommt, etwas unternehmerisch in die Welt kommen kann. Ein solcher Change Agent mischt sich »beobachtend« ein. Er strukturiert mit, bringt andere Bilder und Metaphern ins Spiel, benutzt andere Medien, zieht andere Ursachen als die üblichen heran, kurz: Er »stört« das allen nur allzu geläufige Getriebe.
	Die Bindung an Personen kann aber auch Kosten verursachen, da durch die Akteure individuelle Vorlieben und bestimmte Machtspiele mit der Mentorenrolle verknüpft werden. Dadurch werden bestimmte Varianten eher präferiert und andere nicht umgesetzt. Die Führungskraft kann als Mentor die »defensive routines« bedienen und das Neue torpedieren. Das Sprichwort »den Bock zum Gärtner machen« trifft diesen Punkt sehr gut.
Feedback-Systeme und Koppelungen	Feedback-Systeme können in der Praxis in zwei verschiedenen Dimensionen ausgestaltet werden: • Die eine betrifft die kontinuierliche Abstimmung zwischen Organisation und Innovationssystem. Die Aufgabe von Beratern ist es hier, Möglichkeiten oder Strukturen zu schaffen, die dafür Sorge tragen, dass es Rückkoppelung an Entscheidungsträger gibt. Dies umfasst den Interaktionstanz von Beratung und Management, alle kommunikativen Anlässe wie Kick-off-Meeting, »Sounding Board«, Projektmärkte, auch Feedback an bestimmte Vertreter der Organisation (z. B. Reality-Checks des CEOs im Rahmen eines Sounding Boards (siehe auch die Fallstudie der Bank Moné in Teil VII, Kap. 3), sowie Informationen an relevante Linienverantwortliche über den Führungsrhythmus oder über andere Anlässe. • Die andere Dimension von Feedback bedient die Koppelung über Aufträge und bindet die Arbeit in Workshops, Arbeitsgruppen, Meetings über gestaltete Kommunikationsanlässe z. B. in der Steuergruppe, Dialogmeetings mit dem Vorstand (Auftraggeber), Review-Meetings an die Ziele und beauftragten Handlungen. Über diese Form der Koppelung kann die diagnostische und interaktive Steuerung erfolgen.
Sehr enge Koppelung – keine Differenz zwischen Linie und Innovationssystem	Der soziale Zusammenhang, der sich der Erarbeitung des Neuen annimmt, ist ein beraterbegleitetes Gefäß der Stammorganisation (Linie, Expertenstab). Der Auftrag für Variation ergeht hier an eine organisationsinterne Gruppe. Beratung nutzt hier Bestehendes, um neue Lösungen zu erarbeiten. Die Aufgabe von Beratung ist in diesem speziellen Fall die stringente Differenzsetzung zu den üblichen Kommunikationsroutinen – es geht ja um Beratung und nicht um den üblichen Meetingrhythmus. Dies gelingt z. B. über das Arbeiten zu anderen Zeiten, an anderen Orten, über eventuell einen neuen Namen für die Gruppe für die Zeit des Auftrages, über neue Formen der Zusammenarbeit und der Entscheidungsfindung. Durch die enge Anbindung an die Stammorganisation sind die erarbeiteten Lösungen automatisch in das übliche Spiel der Organisation integriert. Wer die enge Koppelung an die Stammorganisation wählt, erhöht (vielleicht) die Effektivität der OE, aber erhöht gleichzeitig auch die Wahrscheinlichkeit interner »Turbulenzen«, von üblichen Mustern, Machtspielen, Vorlieben, Trägheit.
Berichte in Schriftform	Kommunikation ist ein Ereignis in der Zeit. Sie hat keinen Bestand. Sie hält sich nur über das Gedächtnis von Personen oder über Dokumentation in Erinnerung. Verschriftlichung dient in organisierten Systemen der Speicherung,

> Vergegenwärtigung und Bündelung von Organisationskommunikation und Entscheidungen. Alle Formen von Akten, Verschriftlichung, Dokumentation, Prozessbeschreibungen, Checklisten dienen in der Organisation dazu, an Entscheidungen zu erinnern, Entscheidungen zu dokumentieren, Entscheidungen vorzubereiten.
>
> Weil Beratung ein Prozess ist, der auf Interaktion und Kommunikation basiert, helfen Berichte und Verschriftlichung von Lösungsoptionen dabei, die übliche Form der Erinnerung und Entscheidungsvorbereitung in Organisationen als Koppelung zu nutzen.
>
> Die Kosten solcher schriftlichen Berichte sind, dass die schon entschiedenen Berichte »vergessen« werden, sie in Schubladen verstauben und für sich alleine keine Veränderungsenergie erzeugen. Sie können kein Vertrauen der Mannschaft in das Neue bewirken. Gleichzeitig weist Kühl (1999) darauf hin, dass dies zumindest die Funktion erfüllt, über die Gegenwart Klarheit gewonnen zu haben.

 **Merk-Würdiges:**

Zusammenfassung der Aussagen und Thesen

- Unbewusste Selektion basiert auf den »selektiven Kulturen« und den Latenzen einer Organisation. Latenzen sind nach Luhmann (1984) verborgene Strukturen, die die ausgeblendeten Alternativen, Möglichkeiten, Optionen unsichtbar machen.
- Die Vorabselektion ist der zentrale Fokus der Kommunikations- und Abstimmungsfunktion. In der Vorabselektion werden mögliche Gestaltungsideen in der Organisation geprüft. Hier geht es darum, Kommunikationsgelegenheiten zu schaffen, um über gestaltete Dialoge das Handling der Differenz zwischen Anschlussfähigkeit und nötiger Irritationsfähigkeit zu ermöglichen. Der Prozess auf diesen Ebenen verknüpft lokale Erfahrungen, ihre Interpretation und Bewertungen, neue Herangehensweisen und neue Denkstile aus dem Innovationssystem mit dem allgemeinen Diskurs der Organisation.
- Umweltereignisse, wie Vorschläge zu neuen Lösungsoptionen, erzeugen nur dann Resonanz in der Organisation, wenn sie kommunikativ an die bestehenden Strukturen anschließen. Dieses Andocken ist in Organisationen eher erfolgreich, wenn dafür die bestehenden Entscheidungsstrukturen genutzt werden. Selektion basiert auf Entscheidungsprozessen in der Organisation.

CHECK Points für Jamming

Jamming als etwas, das »kreative Zerstörung« als Basis für Neues ermöglicht. Jamming ist das, was Jazzmusiker tun, wenn sie zusammenkommen und mit ihren Instrumenten musikalische Stücke improvisieren. Dabei entsteht etwas Neues, noch nie Dagewesenes ...

- Welche Latenzen sind über die dynamische Wechselwirkung zwischen Organisations- und Psychodynamik beobachtbar? Welche Latenzen will ich als Berater sichtbar machen, welche eher nicht?

- Welche informellen Kommunikationsgelegenheiten sind zu gestalten, um eine Vorabselektion zu unterstützen?
- Welche sozialen Zusammenhänge oder Rollen braucht die Choreografie für die Selektion?
  - Auftraggeber, der klare Aufträge vereinbart und Fortschritte kontrolliert
  - Entscheiderkreis / Dialoggruppe als Brückenfunktion zwischen Steuergruppe und Vorständen (Top-Entscheidern)
  - Executive Team Coaching, um mit dem Top-Entscheiderteam an relevanten Unterschieden zu arbeiten und auch den Veränderungsprozess zu reflektieren
  - Mentoren, die als Machtpromotoren das Neue in das »daily Business« implementieren helfen
  - etc.

6. Kommunikations- und Abstimmungsfunktion: selektive Einbindung, gestaltete Dialoge, Vorabselektion

Ein wichtiger Stellhebel für die Implementierung sind kontinuierliche Kommunikation und Zwischenabstimmung der Ergebnisse zwischen Organisation und Innovationssystem (bzw. Veränderungsprojekt). Die Choreografie bildet für die OE-Gestaltung den roten Faden, den Rahmen, in dem das gemeinsame Erzeugen und die kommunikative Verarbeitung von Veränderungsimpulsen möglich werden. Wimmer (1999, S. 37) macht hierbei auf folgendes Spannungsfeld aufmerksam: »Auch hier haben wir es mit einem schwierigen Dilemma zu tun. Beteiligungsprozesse nehmen enorm viel Zeit in Anspruch, und sie erhöhen die Wahrscheinlichkeit, dass bislang latent gehaltene Konfliktpotenziale zutage treten. Ohne solche Prozesse, die in einem definierten Rahmen reale Mitgestaltungsmöglichkeiten eröffnen, sind das persönliche Engagement und die Übernahme von Eigenverantwortung der betroffenen Mitarbeiter allerdings nicht zu haben.« Wir vertreten die These, dass von außen kommende Lösungen und Expertise wenig wirksam sind, um in der Organisation Veränderungen auszulösen, wenn das Neue nicht zum Teil in der Organisation selbst generiert wurde.

Beratung ist Kommunikation. Jeglicher Beratungsprozess ist vom Wechselspiel einer Anzahl von gestalteten und sich zufällig ereignenden Dialogen und Diskursen geprägt. Die Kommunikation in einer Organisation basiert auf informeller *und* formeller Kommunikation. Beratung sollte daher versuchen, auf beides abzustellen und mit Kommunikation sowohl die Stärke der Hierarchie als Koordinations- und Filtermechanismus als auch die Stärke der Kommunikationserweiterung über informelle Gefäße zu nutzen. Ziel ist es, viele unterschiedliche Kommunikationsgelegenheiten zu schaffen, um breite Dialoge in den formalen Gefäßen und auch in den Arenen und Netzwerken der Organisation über die Transformation zu ermöglichen. Eine OE-Choreografie versucht daher, überlappende Kommunikation zwischen Organisation und geschaffenen Kommunikationsgefäßen zu ermöglichen, dies soll bereits während des Prozesses der Erarbeitung für Transfer sorgen. Die Informationsfunktion der Organisationsentwicklung hat dabei viele Analogien zur Funktion der Massenmedien in der Gesellschaft, die darin liegt, Informationen zu verbreiten, deren wichtigstes Merkmal die Neuheit oder eine Abweichung vom Gewohnten und Normalen ist und die ständig Aufmerksamkeit mobilisieren, binden und in Alarmbereitschaft halten müssen. Die Kommunikations- und Abstimmungsfunktion gestaltet sich rund um die Frage, wessen Beurteilung und Würdigung bzw. wessen Feedback für das Transformationsvorhaben wichtig ist, welche Multiplikatoren, Driver, Bremser, graue Eminenzen, Machtpromotoren, ungehörte Stimmen in der Veränderung auf welche Weise einbezogen werden müssen.

Diese Funktion hat mehrere Aufgaben abzudecken:

- **Vorabselektion und Abstimmungsprozesse ermöglichen** (auf die Anschlussfähigkeit schon während des Erarbeitungsprozesses prüfen)
- **Selektive Einbindung relevanter Akteure** (quasi eine selektive Form von »Betroffenen zu Beteiligten machen«, die immer wieder entscheidet, wer wann einzubinden ist)
- **Energetisierung des Veränderungsprozesses** (nur durch die fokussierte Energie vieler Akteure auf das Neue kann es in die Welt kommen)
- **Kommunikations- und Marketingaufgaben** (Aus der »Gaming-Perspektive« gesehen, muss das Geschäft der Veränderung auch beworben und vermarktet werden)

In Anschluss an N. Tichy (1995) beschreiben wir diese Funktion mit den Tätigkeiten der Gestaltung von Medien und Kommunikationsanlässen zur Verbreitung der Intention des Wandels wie auch mit dem Herstellen einer Öffentlichkeit für Prozessfortschritte und gemeinsame Reflexion. Denn: Wer kommuniziert, kann nachfragen, kann sich andere Informationen beschaffen, kann Aufmerksamkeit auf bestimmte Fokussierungen verdichten, kann Werbung und Marketing für das Neue machen. Von schöpferischen Dialogen über Informationen, über Diskurse, hin zu Marketing- und PR-Veranstaltungen für das Neue ist Kommunikation zu arrangieren.

Die Kommunikationsfunktion umfasst informelle und formelle gestaltete Kommunikationsgefäße. Unstrukturierte, offene, selbstorganisierte Phasen der Kommunikation sind sehr wichtig für einen kreativen Austausch und fördern Innovation. Die *informelle Kommunikation* ist mindestens so wichtig wie die formelle und kann als Grundlage für gute Arbeitsbeziehungen, Vertrauen, gegenseitiges Kennenlernen, Kommunikation ohne Rahmen dienen. Zudem werden die meisten Entscheidungen abseits formaler Strukturen vorbereitet, Verbündete gewonnen, (Vor-)Entscheidungen getroffen und Entscheidungen letztlich angenommen oder abgelehnt.

Gleichzeitig ist es wichtig, die Information und Kommunikation sowohl über die *formellen Gefäße* der Organisation (Hierarchie, Führungsrhythmus, Meetings, E-Mails, Intranet, Rundlauf, Firmenzeitung, Plakate) als auch über die der Parallelorganisation (Projektmärkte, Resonanzgruppen, Change-Team-Meetings) zu verbreiten, damit die Information über den Veränderungsprozess nicht als »Geheimnis« und Tratsch einen inadäquaten Rahmen bekommt und dadurch »politisch« gefärbt bzw. entwertet wird (oder eventuell mehr Bedeutung bekommt, als sie sonst hätte).

Gateways & Rezepte für die Praxis 	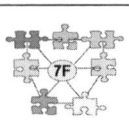	Kommunikations- und Abstimmungsfunktion: selektive Einbindung, gestaltete Dialoge, Vorabselektion
Gestaltung des »Case for Action« (mögliche praktische Modelle/Konzepte bzw. Rezepte für die praktische Ausgestaltung)		• Design für die Inszenierung gemeinsam erarbeiten • Bilanzierungsprozess Ist/Soll als »Gaming«-Analyse (Gewinne/Verluste) arrangieren und relevante Kontexte (Kunden, Märkte ...) einbeziehen • aktive Auseinandersetzung mit dem Soll-Bild (Zukunftsbild) ermöglichen • Commitment zu den Inhalten der Veränderung und zum Prozessdesign ermöglichen und fördern • Den »Case for Action« kommunizieren und im gemeinsamen Dialog Bilanzierungsprozesse und Commitment ermöglichen (mögliche Tools: Kick-off- Workshop, RTSC, Future Search, Open Space) • Neue Formen der Fremd- und Selbstbeobachtung einführen: Kundenparlament, Benchmarking, Evaluation

Selektive Einbindung der internen Akteure über komplexere Großgruppendesigns	• **Sounding Board/Resonanzgruppe** Das Gefäß Sounding Board wird hier als Großgruppenveranstaltung konzipiert. Das allgemeine Ziel dieser Veranstaltungen ist es, die Resonanzen, die Leitdifferenzen der Gesamtgruppe beobachtbar zu machen, viele Menschen gleichzeitig zu erreichen, Gemeinschaftserlebnisse zuwege zu bringen, die Akzeptanz über Transparentmachen der Transformationsprozesse zu erhöhen, übliche Kommunikationsmuster- und Kulturmuster zu durchbrechen. Bei Sounding Boards geht es darum, einen möglichst vielschichtigen Eindruck zu erhalten, wie das Transformationsprojekt aufgenommen und mit welchen Unterscheidungen es beschrieben wird. • **Werkstätten des Wandels; Projektmärkte, Forumskonzept (ursprünglich nach Metaplan)** »Werkstätten des Wandels« sind mit Führungskräften und Mitarbeitenden besetzt und basieren auf kombinierten Plenums- und Kleingruppenarbeiten. Beginnpunkte dieser Werkstätten sind Best-Practice-Beispiele aus anderen Unternehmen, die vom Management dieser Unternehmen vorgestellt werden. Diese Foren dienen den für »Change« verantwortlichen Führungskräften dazu, Feedback in Bezug auf den Veränderungsprozess von den Mitarbeitenden und den Vorständen zu erhalten. Zudem setzt man sich mit den »basic assumptions« der Veränderung (z. B. Führung im Wandel) auseinander. Das Forumskonzept entwickelt von E. Schnelle (metaplan) ist eine Variante der Werkstätten des Wandels und ist eher offener konzipiert sowie mit Arbeit an Zukunftsszenarien durchsetzt.
	Auf einem **Projektmarkt** werden die Ergebnisse einer Vielzahl von Stakeholdern wie auf einem Wochenmarkt präsentiert. Die Teilnehmer schlendern von Stand zu Stand, erkundigen sich über die Angebote, Spezialofferten und deren möglichen Kosten und Gewinne. Sie können mit den Betreibern des Standes (den Projektverantwortlichen) diskutieren und plaudern. Ziel ist es, auf möglichst einfache Weise zwischen Projektgruppen und Teilnehmern Kommunikationsanlässe zu generieren, und der Projektmarkt soll Zusammenhänge und Leitdifferenzen sichtbar machen. Die Ergebnisse, Teilergebnisse, Visionen, Ziele der Projekte werden z. B. auf A-3-Papierbögen dargestellt und an Pinwänden befestigt. Die Darstellung der Projekte kann auch über analoge Mittel (Zeichnen von Metaphern, Schauspiel, etc.) erfolgen. Inhalte der Marktstände können Stimmungsbilder, Basisinformationen (Thema, Ziel, Meilensteine, Stolpersteine ... des Projektes), vermutete Querverbindungen zu anderen Projekten und zum Gesamtprozess sein. Die Projekte übernehmen selbst die Organisation der Gespräche und des Informationsaustausches. Sollte die Zeit nicht reichen, werden Folgetermine für den Austausch vereinbart. Eine mögliche Variante wäre es, im Anschluss an die Besprechungen im Projektmarkt die Resümees bearbeitbar zu machen. Die Subprojekte bilden Untergruppen und bereiten Resümees vor (Was ist klar? Was wurde vermehrt nachgefragt? Wo müssen noch Informationen gegeben werden? Was war inspirierend? ...). Dem Plenum (allen Besuchern des Marktes) als Außenkreis werden von den Projektmitarbeitenden – im Innenkreis sitzend – diese Resümees dann präsentiert. • **Großgruppen (LGI) wie Open Space, Future Search, RTSC** LGI bieten Möglichkeiten für kollektives Lernen und Erfahrungslernen. Sie mobilisieren Gefühle und Emotionen sie ermöglichen es, dass Stakeholder auch emotional beteiligt werden. Großgruppen bieten dem Management eine Bühne, um über symbolische Handlungen und Rituale Sinn zu stiften, wortlos Sicherheit zu vermitteln und Richtung vorzugeben.

| Einbindung über Kommunikation in kleineren Gruppen | • **Sounding Board/Resonanzgruppe**
Ein Sounding Board wird, wie bei der Fallstudie der Bank Moné zu sehen, als kleine Gruppe von ca. 25 Personen, als ein Querschnitt des Unternehmens, konzipiert. Ansonsten sind die Ziele analog zum Sounding Board mit größeren Gruppen.
• **Gestaltung der Kommunikation über Change- Teams und Buddies (siehe die Fallstudie der C. A. M. AG in Teil VII, Kap. 4)**
In der C. A. M. AG wurde ein kreatives Modell verwendet, das Informationsfluss ermöglicht und Feedback einholt. Führungskoalitionäre wurden regelmäßig direkt von den Vorständen über den Stand und Verlauf des Fokus-Projektes informiert. Sie hatten dann die Aufgabe, eine konstante Gruppe von 4 bis 5 Mitarbeitern (die per Zufall aus der Belegschaft gewählt wurden) – das so genannte Change-Team – zu installieren, um so schließlich das gesamte Unternehmen zu informieren und Feedback einzuholen. Dieses Modell ist weniger komplex als die Großgruppenkonzepte und ermöglicht über ein Kaskadenmodell, dass tatsächlich alle (!) eingebunden werden können. Mögliche Kosten dieses Modells sind Informationsfilterverluste und Verzerrungen durch selektive Wahrnehmung und eigenen Kommunikationsstil.

Gewinne dieser Modelle sind, dass sie pragmatisch und einfach zu handhaben sind, und auch Ad-hoc-Meetings ermöglichen. Sie vermitteln dem Management mehr Sicherheit als Großgruppenmodelle, in denen radikal marktwirtschaftlich gesehen Folgekosten für das Management kaum einzuschätzen sind. Mögliche Kosten dieser, mit wenigen Akteuren inszenierten Modelle sind, dass weniger Sichtweisen berücksichtigt werden können; weniger gleichzeitig informiert werden und Gerüchte entstehen können. Die Inszenierung des Neuen wird schwieriger, es erregt geringere Aufmerksamkeit der Organisation. |

Merk-Würdiges:

Zusammenfassung der Aussagen und Thesen

• Beratung ist Kommunikation. Jeglicher Beratungsprozess ist vom Wechselspiel von gestalteten und sich zufällig ereignenden Dialogen und Diskursen geprägt.
• Die Kommunikation in einer Organisation basiert auf informeller und formeller Kommunikation. Beratung sollte daher versuchen, darauf abzustellen und mit Kommunikation sowohl die Stärke der Hierarchie als Koordinations- und Filtermechanismus als auch die Stärke der Kommunikationserweiterung über informelle Gefäße zu nutzen.

CHECK Points für Jamming

Jamming als etwas, das »kreative Zerstörung« als Basis für Neues ermöglicht. Jamming ist das, was Jazzmusiker tun, wenn sie zusammenkommen und mit ihren Instrumenten musikalische Stücke improvisieren. Dabei entsteht etwas Neues, noch nie Dagewesenes
...

- Wie wird der »Case for Action« inszeniert? Welche sachlichen und welche emotionalen Aspekte greift er auf? Wie wird der kooperative Tanz bereits hier sichtbar?
- Gibt es ein klar definiertes Projektmarketing? Wer ist dafür verantwortlich? Wie wird was kommuniziert – spiegelt diese Vorgehensweise bereits das »global goal« der Veränderung?
- Wie werden formale Strukturen für Kommunikation und Abstimmung genutzt?
- Welche informellen Strukturen werden für die Schaffung von Kommunikationsgelegenheiten gestaltet?
- Wie kann man neue Medien nutzen (E-Mail, Video, Internetsites, Diskussionsforen etc.)?
- Welche Methoden gibt es, um möglichst viele gleichzeitig einzubinden (Projektmarkt, Großgruppen (z. B. Open Space), Sounding Boards etc.)?

7. Implementierungsfunktion: das unternehmerische Verankern des Neuen

»Die Implementierung von Veränderungskonzepten ist letztlich die Nagelprobe auf die Veränderungswirksamkeit« (Janes, Prammer u. Schulte-Derne 2001, S. 117). In dieser Basisfunktion geht es darum, wirklich etwas zu verändern, etwas in Fluss zu bringen und in konkretes Handeln überzuführen. Wie stark das Neue, die gemachten Erfahrungen aus den Experimenten vom Innovationssystem in die gesamtorganisatorischen Strukturen einsickern können, ist hier die relevante Frage. Ziel dieser Phase ist es: Die neuen Varianten sind in die Alltagsprozesse der Organisation eingeflochten, Veränderung ist markt- und ergebniswirksam.

In der Praxis der Beratung wird der Implementierungsfunktion weniger Aufmerksamkeit geschenkt. Der Spruch über die Zunft der Berater als »Konzeptriesen und Umsetzungszwerge« scheint sich öfter zu bewahrheiten. Scott-Morgan (1995) spricht von 70 Prozent gescheiterter Projekte im Change Management aufgrund der Nicht-Bewährung der Konzepte im Alltag des Organisierens. Die Energie zur Gestaltung der Varianten ist auf Beraterseite (und auf Seiten der Organisation) groß, die Energie lässt scheinbar nach, wenn es um die Implementierung und Verankerung, das Koppeln der Lösungen an den operativen Alltag geht. Hier trifft das Neue auf das Immunsystem der Organisation, auf »defensive routines«, auf etablierte Programme und Handlungsmuster, auf Besitzstände, »tribes« der Organisation mit bestimmten Machtspielen und Einflusssphären. Es geht um Verhaltenstausch auf dem Markt der Organisation und um die Option auf Win- oder Win-Win-Situationen. Mit Mintzberg, Ahlstrand und Lampes (1999, S. 256) weisen wir darauf hin, dass es »eine Zeit zum Lernen und eine Zeit zum Nutzen der bisherigen Lernerfahrungen« gibt. Beratung sollte die Sachziele der Organisation unterstützen, Leistungsprozesse optimieren.

Implementierung und Transfer sind zum einen als eine ständige Aufgabe während des gesamten Change-Prozesses zu sehen und zu organisieren. Zum anderen benötigt Transformation als Abschluss des Projektes eine eigenständige Phase der Implementierung. Um Implementierung so nützlich wie möglich zu gestalten, ist folgende Frage relevant: *Was kann für Transfer und Verankerung (für Implementation) im Innovationssystem vorbereitet werden, was muss in der Organisation dafür getan werden?*

Eine Organisation kann sich nur reflexiv, durch die internen Akteure selbst, entwickeln. Beratung hat dabei die Aufgabe, gemeinsam mit dem Management den Transfer vorzubereiten und auszugestalten. Folgende Fragen sind in dieser Phase zu beachten und besondere beraterische Aufmerksamkeit zu schenken:

- Was lösen die Veränderungsmaßnahmen aus?
- Welche Gegenkräfte werden geweckt?
- Wie wird das losgetretene destruktive Potenzial bearbeitet?
- Braucht es nach den ersten Veränderungen auch andere Entscheidungsstrukturen?
- In Bezug auf die unternehmerische Umsetzung: »Wie die Abenteurerperspektive und den Erfindergeist wachküssen und reproduzieren?« (Baecker 2000).

Ebenen der Implementierungsfunktion:[28]

- **Ermöglichung von Quick Hits** (schon während der Variations- und Selektionsphasen), um die Energie auf Veränderung zu fokussieren und Erfolgserlebnisse zu ermöglichen
- **Gestaltung der »Plug&Play«-Fähigkeit** in Variation und Selektion.

---

28 siehe die Theorie-Landkarten Teil VIII des Buches und die Erklärungen und Definitionen der Begriffe im Text

- **Implementierung als gestaltete Aufmerksamkeitsfokussierung und unternehmerisches Element**, die eventuell auch eine besonders gestaltete Übergangsorganisation braucht.
- Ein **Embodyment** der selektierten Lösungen ermöglichen.

Gestaltung von Plug&Play

Die Metapher Plug&Play meint, dass mehrere Komponenten (z. B. PC und Drucker), nachdem sie zusammengesteckt wurden, sofort miteinander arbeiten können. Die Analogie bedeutet, dass Lösungen möglichst ohne Reibungsverluste in die Organisation »eingesteckt« werden und in der Organisation sofort damit »gespielt« werden kann. Plug&Play sollte in den Phasen der Variation und der Selektion vorbereitet und ausgestaltet werden. In dieser Phase geht es nach Weick (2001) anschließend darum, vertraute, bisher Erfolg bringende Werkzeuge und Kernelemente der eigenen Identität aufzugeben. Implementierung ist die Aufforderung an die Organisation, »Gelerntes und Gewohntes« loszulassen und Freiraum für Innovation zu schaffen. Diese Innovationsbarrieren möglichst klein werden zu lassen, sie zu überwinden, ist das Ziel der »Plug&Play«-Phase. Im Anschluss an Schein (1995) wird die These vertreten, dass Veränderung nur über einen neuen »way of working« und einen dadurch initiierten neuen Umgang miteinander erreicht werden kann. Ziel ist es, relevante Organisationsdimensionen in Richtung der neuen Logik umzubauen und einen neuen »way of working« zu gestalten.

Genau besehen bedeutet dies:

1. Plug&Play braucht Mechanismen, um Erfahrung und Sicherheit mit dem Neuen sammeln zu können, und Mechanismen, um diese Erfahrungen auch den nicht unmittelbar Beteiligten zur Verfügung zu stellen. Regelmäßige Veranstaltungen, die der Berichterstattung und Auswertung der Erfahrung dienen, sind daher wichtige Interventionsinstrumente.
2. Plug&Play braucht eine Begrenzung auf die innovativen neuen Konzepte, und gleichzeitig müssen Brücken zu den jeweils ausgesparten Ecken des Dreiecks Strategie-Struktur-Kultur geschlagen werden. Dies verringert Reibungsverluste und fördert die Koppelung des Neuen. Es geht darum, den Zwischenraum zwischen Alt und Neu zu gestalten.

3. Plug&Play braucht Zeit, um Vertrauen in das Neue entstehen zu lassen.

Bei der Gestaltung von Plug&Play in den Phasen der Variation und Selektion sind die Inhalte der Beratung und die Aufgaben des Managements strikt zu trennen und Kernpunkte gemeinsam festzulegen und aufeinander abzustimmen.

Mögliche Interventionsebenen sind:

Gateways & Rezepte für die Praxis	Implementierungsfunktion: Das unternehmerische Verankern des Neuen
	Gestaltung von Plug&Play
Koppelung der Struktur mit der Kultur (z. B. neuer Führungsrhythmus)	Die Fallstudie der Bank Moné zeigt eine Möglichkeit dieser Gestaltungsebenen auf. Plug&Play der neuen kulturellen Muster wurde sowohl durch die Reform des Führungsrhythmus als auch über das Neudesign und die Umgestaltung der üblichen Gefäße der formalen Organisation unterstützt. Aus dem traditionellen Meeting «Die Geschäftsleitung lädt ein« wurden z. B. Marktplätze entwickelt, um den bisherigen hierarchischen Ablauf zu konterkarieren und die Kommunikation zu öffnen. Die Neugestaltung der bestehenden formalen Gefäße entlang der sich entwickelnden Merkmale des »kultivierten Private Banking« ermöglichte eine Kontextveränderung über neue Strukturen. Dies wiederum ermöglichte das sofortige Leben der Kultur in der neuen Struktur.
Pilotprojekte durchführen	Eine Möglichkeit, Plug&Play zu gestalten, ist, das Neue in Pilotbereichen (z. B. abgrenzbaren Abteilungen) auszuprobieren, es dann zu optimieren und nachfolgend flächendeckend mit dem Wissen aus dem Pilotbereich (»lessons learned«) umzusetzen. Über Pilotprojekte werden Experimente mit dem Neuen gemacht. Lösungen werden für den Einsatz in der Praxis getestet, damit die neuen Varianten nicht am Immunsystem scheitern und ins Leere laufen. Die Codierung der Plug&Play-Arbeit als »Versuch«, Experiment«, »Pilotprojekt«, ermöglicht den Mitarbeitenden die Beobachtung der Veränderung als noch reversibel, so als ob sie noch offen sei. Damit hat der »Pilot-Bereich« die Chance, das Neue auf die Welt zu bringen und die ersten Gehversuche und Erfahrungen zu machen, ohne sich sofort am Immunsystem der Organisation messen zu müssen. Der Abschluss des Pilot-Projektes ist der Startschuss von Auswertungs- und Feedbackprozessen: Was funktioniert gut? Wo sind Reibungsverluste? Was funktioniert nicht? Welche zusätzlichen Spielregeln braucht es? Welche Qualifizierungsmaßnahmen sind nötig? Und vor allem: Welche dieser Erfahrungen in diesem Kontext sind übertragbar, welche nicht? Genau hier liegen auch die Kosten eines Pilotprojektes – die Kontexte, die konkreten Menschen, die Machtgefüge und damit die Lernfelder sind niemals 1:1 vom Pilotprojekt auf andere Organisationseinheiten übertragbar. Lernen, Erfahrungen sammeln in einem abgegrenzten Feld ist zwar möglich, aber beim Rollout auf andere Organisationsbereiche ist mit Reibungsverlust, Nichtübertragbarkeit zu rechnen.

8. Beraterische Implementierungsbegleitung: Gestaltung von unternehmerischen Elementen

Implementierungsarbeit ist auf jeden Fall Führungsarbeit. Hier muss und soll das Management Verantwortung übernehmen und auch symbolisch sichtbare Zeichen setzen, dass das Neue in Kraft treten soll. Organisationsveränderung findet bei «laufendem Betrieb" statt, die Organisation hält nicht still. Will man unter hohem Zeitdruck zu viel auf einmal verändern, dann überfordert man das System. Der Alltag von Führungskräften, insbesondere der des Top-Managements, ist durch schnellen Wechsel von Themen und der nahen Einbindung in das »daily Business« geprägt. Liegen Themen – insbesondere Kulturthemen, »soft facts« – schon länger zurück, bekommen sie wenig Aufmerksamkeitsverstärker und beginnen zusehends aus dem Relevanzbereich des Managements zu rutschen. Kontinuierliche Rituale der Aufmerksamkeitsfokussierung helfen, die Themen präsent und den Veränderungsprozess am Laufen zu halten. Wir vertreten die These, dass Veränderungsprozesse gleichzeitig auch definierte Ruhepausen brauchen, Auszeiten, um das Tagesgeschäft am Laufen zu halten. »Gelingt es, zwischen den betroffenen Führungsebenen so etwas wie eine gemeinschaftliche ›Ownership' bezogen auf den Veränderungsprozess aufrechtzuerhalten und zu verhindern, dass sich die einen primär um den ›laufenden Motor‹, d. h. um das Tagesgeschäft, kümmern, während andere zu erfolglosen Wanderpredigern in Sachen Veränderung werden, dann bekommt der Transformationsprozess eine reelle Chance« (Wimmer 1999, S. 31). Berater können in der Implementierungsphase das Management und die Mitarbeiter unterstützen, dass die verabschiedeten Konzepte, Varianten, Ideen auf die Ebene der konkreten Arbeit kommen. Es ist eine Zeit des Übergangs, in der niemand so recht weiß, wohin es gehen wird, wo noch viel Unsicherheit und Unklarheit vorherrscht. Ab dem Zeitpunkt, wo klar wird, dass die neuen Verhältnisse nicht zu stoppen sind, beginnen sich die Mitarbeitenden darin einzurichten.

 **Beobachtungen, Thesen und Schlussfolgerungen aus den Case Studies:**

Aufmerksamkeitsfokussierung, Embodiment

- In der Fallstudie der BBG TSUP (Teil III, Kap. 1) wurde sichtbar, dass die Führungsgrundsätze (FGS) auf Teamleiterebene nur wenig genutzt wurden.

Die Arbeit der Teamleiter und ihrer Mitarbeiter ist sehr operativ, handwerklich und technisch orientiert. Die FGS sind sehr abstrakt formuliert und kaum an die Logik der täglichen Arbeit gebunden. Die These, die wir hier im Anschluss an E. Schein (1995) vertreten, ist, dass auf der Ebene der Teamleiter die FGS zu lose an den operativen Fluss der Arbeit gekoppelt wurden. Auf dieser Ebene wurden die FGS und das konkrete Führungshandeln zu wenig mit Handwerkszeug und Skills unterstützt, um sich als praktische Leitlinie im täglichen Führungshandeln der Teamleiter etablieren zu können.

- Die Selbstbeobachtungs-Tagebücher im Rahmen der TSUP wurden kaum genutzt. Sie wurden in den Interviews einheitlich als nicht passendes Tool für diese Organisation beschrieben. Der gestaltete Aufmerksamkeitsfokus konnte das beabsichtigte Ziel nicht unterstützen. Die These, der wir folgen, ist, dass diese spezielle Organisation wenig Tradition im Lesen und Schreiben als Führungsaufgabe hat.

- Im Fall der SKAG (Teil VII, Kap. 2) wurde zu Beginn der Beratung und auch kurz vor Abschluss der Phase 2 jeweils eine Mitarbeiterbefragung durchgeführt. Aus der Sicht von Aufmerksamkeitsfokussierung war die Mitarbeiterbefragung ein sehr wirkungsvolles Interventionsinstrument. In fast allen Interviews wurde sie zitiert und teilweise als Beleg für beginnende Veränderung benutzt. Im Anschluss an Willke u. Röhl (1999) folgen wir der These, dass die Mitarbeiterbefragung aus Stabilisierungssicht sehr wirksam ist. Zahlen sind an das Management anschlussfähig, und mit Zahlen können Begründungen (für z. B. Veränderung von Strukturen) plausibel argumentiert werden.

Praktische Interventionen und Gestaltungsebenen der Implementierung: mögliche Gateways für Herangehensweisen

Im Folgenden wollen wir von der Praxis inspirierte Gateways anbieten, die für Change Management ein bestimmtes Spektrum an Interventionen anbieten. Transfer – soll er gelingen – ist von Anfang an in die Projektarchitektur mit einzuplanen. Die Gestaltung des Transfers muss im Projektdesign schon zu Beginn sichtbar werden – zumindest als adaptive Struktur. Eine elementare Weichenstellung für den Transfer der selektierten Varianten ist die adäquate Gestaltung des Interaktionstanzes von den projektförmigen Kommunikationsgefäßen und dem Management. Wir meinen, dass Beratung für eine gezielte Verknüpfung der einzelnen Schritte in inhaltlicher und zeitlicher Hinsicht Sorge zu tragen hat, um einen integrierten Gesamtprozess zustande zu bringen. Übergänge von Alt zu Neu zu begleiten, benötigt eine passende Choreografie – eventuell eine andere als zu Zwecken der Variation bzw. Selektion.

Die Wege zur Umsetzung müssen geplant, Ziele gemeinsam festlegt, neue Akteure beteiligt und Machtpromotoren einbezogen werden. Dieses Gestaltungsprinzip verweist auf die wechselseitige und reflexive Koordinationsfunktion zwischen dem Veränderungsprojekt (mit Mitarbeitern, Management und Beratern) und der Organisation (Management und Mitarbeiter).

Gateways & Rezepte für die Praxis 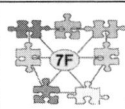	Implementierungsfunktion: das unternehmerische Verankern des Neuen
Gestaltung von Implementierung	
Change braucht Führung: Übergabe an die Linie	Implementierung ist vor allem eine Sache des Managements und muss in den vorhergehenden Phasen des Veränderungsprozesses gut vorbereitet werden, damit eine Fokussierung der Aufmerksamkeit gewährleistet werden kann. Dies ist besonders schwierig, da jegliches Verhalten von Führungskräften als Führungshandeln interpretiert werden kann. Transformationsprozesse brauchen Energieträger (Akteure), die die Ziele des Veränderungsprozesses glaubhaft verkörpern und auch unterstützen und leben. Je mehr Entscheidungsträger durch ihr Handeln den Veränderungsprozess tragen bzw. die neuen Werte vorleben, desto eher kann die angestrebte Veränderung in der Organisation Realität werden. John P. Kotter (1996) spricht in diesem Zusammenhang von einer tragfähigen Führungskoalition, die für den Rest der Organisation sichtbar am gemeinsamen Willen zur Veränderung festhält, und zwar mehr durch das gezeigte Verhalten als durch die deklarierten Absichten. Die Übergabe der Lösungsvarianten an die Linie – soweit dies bei Kulturveränderungsprozessen möglich ist – bedeutet auch das Ende des Projektes. Mit dieser Übergabe muss die Führungskraft das Neue in den operativen Fluss verankern, es zum Leben bringen. Insbesondere symbolische Handlungen der Führungskräfte, die signalisieren, dass sie das Neue stützen, sind in dieser Phase wichtig. Die Dienststellenbesuche des CEO der BBG (Teil VII, Kap. 1) waren z. B. solche Signale.
Review-Meetings	Diese Gestaltungsform entspricht meinem »labeling« von »Entrepreneurial Structures« als adäquate »Verstetigungsstruktur«. Diese Strukturen ermöglichen es, dass die Organisation bei Reflexion und bei der zieldienlichen Ausrichtung der Handlungen unterstützt wird. Der Workshop aus der BBG Fallstudie (teil VII, Kap. 1) ist ein gutes Beispiel dafür und hatte folgendes Design: Arbeit mit Blick auf Vergangenheit: Rückblick auf die Umsetzung der Führungsgrundsätze (Helden- und Horrorgeschichten); Klärung, welche Wirkungen und Ergebnisse erzielt wurden; Einschätzung, wie einfach/schwierig die einzelnen Führungsgrundsätze messbar sind. Arbeit in den Dimensionen Gegenwart und Zukunft: Übersetzung der Führungsgrundsätze in beobachtbares Verhalten. Arbeit an den Zielen (zukünftigen Handlungen): Was müssen wir noch tun, um das gesteckte Ziel zu erreichen? Maßnahmenplanung und Vereinbarungen.

| Haptische Elemente gestalten; Symbolisation von Lösungen, mimetische Selektion | Eine Schlussfolgerung aus den Fallstudien ist, dass Veränderungsprozesse greifbare (»angreifbare«) Produkte als Ergebnis benötigen, um Veränderung an etwas festmachen zu können. Dies ist dort besonderes schwierig, wo es um »weiche« kulturelle Veränderungen geht. In den Fallstudien wurde dies z. B. über den Selbstbeobachtungsblock, über gestaltete Folder (für Leitbild, Führungsgrundsätze, Projektmanagement), über die Ergebnisse der Mitarbeiterbefragung sichtbar. Hier ist es wichtig, dass die haptischen Ergebnisse zur Kultur der Organisation passen – wie das Negativbeispiel des Selbstbeobachtungsblocks der BBG aufzeigt.

Ein Vorschlag zu diesem Problemfeld aus der Hypnotherapie nach G. Schmidt ist, die Methode der Symbolisation von Zielen zu nutzen. Symbolisation meint, dass bestimmte Veränderungen (veränderte Handlungen, Haltungen, Spielregeln) an einem Symbol (einem Gegenstand, einem Bild) festgemacht werden. Ein Beispiel (nach G. Schmidt) dazu: Der unklare Gesprächsstil eines Teams wird durch ein undurchsichtiges Glasgefäß versinnbildlicht. Immer dann, wenn dieses Team tagt und das Gespräch »undurchsichtig«, wird, nimmt ein Mitglied das Gefäß und stellt es auf den Tisch. Alle vorab im Team erarbeiteten und vereinbarten Regeln und möglichen Auswirkungen eines »klaren Gesprächs« sind dadurch präsent und über das Symbol angreifbar und sichtbar.

Das (umstrittene) Konzept der mimetischen Selektion (siehe Kraft u. Ulrich 2002) zeigt auf, dass die Wahrnehmung des Neuen nicht nur von vorhandenen (historisch variablen) Aufmerksamkeitsschwellen abhängig ist, sondern auch von der Form, in der sich das Neue präsentiert. Diese Theorie ist meiner Meinung nach kompatibel zum Konzept der Aufmerksamkeitsfokussierung nach G. Schmidt. Auf der einen Seite können Berater dem Neuen über Inszenierungen, über gestaltete Symbole, Symbolisationen etc. Aufmerksamkeit verschaffen. Neues kann z. B. auch über neue Namen symbolisiert werden, um als »etwas« sichtbar werden zu können und um die Fokussierung der Aufmerksamkeit auf neue Handlungen (in Bezug auf handlungsrelevante Unterschiede zu anderem) zu leiten. Dem veränderten Meeting einen neuen Namen zu geben, ermöglicht es, diesen neuen Rahmen mit anderen Handlungen zu füllen.

Auf der anderen Seite können Berater an interne Situationsdeutungen anschließen, bestimmte Codierungen und Sprachregelungen aufgreifen (wie es das Konzept des NLP vorschlägt) und somit das Neue im (Sprach-)Gewand des Alten auftreten lassen. |

Unterbrechungen des Üblichen als Intervention	Unterbrechungen der Alltagsregeln, des üblichen Ablaufs, als Markierung kultureller Wendepunkte sind zur Verankerung notwendig. Kulturelles Lernen erfordert Musterunterbrechungen der praktizierten Spielregeln, Rituale, Beziehungschoreografien. Die gestaltete Unterbrechung sorgt für Kontexte, die neue Handlungen ermöglichen.»Ein neues mentales Programm wird auch bei einer sorgfältigen Prozessanlage mikropolitisch neutralisiert, wenn es nicht durch markante Kontextänderungen gestützt wird« (Fischer 1997, S. 221).

• Eine mögliche Interventionsstrategie kann z. B. darauf basieren, dass sich **Struktur und Kultur parallel zueinander verändern** und entwickeln. Neue Haltungen, neue»mind-sets« können in der Organisation absichtsvoll»nur« als veränderte Struktur an die bestehende Struktur gekoppelt werden. Durch die Veränderung der Meetingstruktur gemäß den neuen kulturellen Spielregeln wird die Umschichtung wechselseitig fixierter Erwartungen ermöglicht und das Neue durch Kontextänderung unterstützt. Beispiele hierfür sind die Gestaltung eines neuen Führungsrhythmus bzw. eines neuen Designs für die formalen Kommunikationsgefäße entlang den neuen Spielregeln, der neuen Kultur.

• Auch über einen **Austausch von Personen** kann eine Unterbrechung des Üblichen gestaltet werden. Personen sind auch immer Programme, die Werthaltungen, bestimmte Vorlieben, bestimmte Handlungsmuster, soziale Kompetenzen verkörpern. Das Platzieren von Trägern der gewünschten Kultur stellt einen sehr nachhaltigen Wendepunkt und Anker des Neuen dar. Diese Intervention wurde durch die Neubesetzung der Business-Unit-Leiter in der Fallstudie der C. A. M. AG genutzt. Um Veränderung in der Organisation wirkungsvoll zu verankern, sind z. B. über **Entwicklung und Umsetzung neuer Spielregeln** des gemeinsamen Umgangs und über Neudefinition der Rollen (z. B. Ich als Manager – Ich als Geführter) Wendepunkte zu inszenieren. Hier geht es um Konzepte des Verlernens und Neulernens bewusst und unbewusst praktizierter Spielregeln und Handlungen, die den operativen Alltag bestimmen.

Auch Rituale des **Abschieds/Übergangs/Neubeginns** – als symbolisches Management – sind markante Wendepunkte und Unterbrecher. Hier können Emotionen wie Angst, Trauer, Unsicherheit, Freude besprochen werden und eine Zäsur sichtbar gemacht werden. Hier handelt es sich um ein soziales Spiel des Entlastung und des Signalisierens einer Neuordnung. Ritualisierte Handlungen helfen, Komplexität zu reduzieren, Emotionen zuzulassen. Sie symbolisieren Grenzen von Alt zu Neu, von Übergang zu Neubeginn.

»Unternehmer des Neuen« schaffen: Mentorensysteme (Bank Moné); »Wächter des Neuen« (SKAG);»Executive Coaching« (SKAG)	Diese Interventionen haben das Ziel, Personen als Unternehmer des Neuen zu rekrutieren und zu unterstützen wie auch die Pull&Push-Möglichkeiten der Machtpromotoren zu nutzen. Das»Executive Coaching« hat neben der Funktion, das Führungsteam als soziales System zu professionalisieren, auch die Aufgabe, das Top-Management als die Machtpromotoren in den Implementierungsprozess zu involvieren. Die»Wächter des Neuen« verkörpern in der SKAG aus meiner Sicht die »unternehmerischen Revolutionäre«, die die neuen Ideen, Haltungen und Lösungsvarianten in das Unternehmen bringen, sie dort ausstrahlen und verbreiten.

»Executive Team Coaching« (Fallstudie der SKAG)	Veränderungsprozesse brauchen einen sehr langen Atem, Energie und Emotion. Veränderung kann nur dann erfolgreich sein, wenn auch das Top-Management bis hin zum »Executive Team« sich verändert. Nur über veränderte Handlungen und das Vorleben von Veränderung wird neue Realität ermöglicht. Im »Executive Coaching« kann diese Bereitschaft zur Veränderung, die bestehenden Handlungsmuster, der Veränderungsprozess an sich und seine Wirkungen, beobachtbares Verhalten des Top-Managements gemäß den vereinbarten Zielen etc. reflektiert werden. Dies kann auch für einen langen Zeitraum die Energie auf das Neue fokussieren und bündeln.
Soft Facts im Mantel von Hard Facts und Tools, um Anschlussfähigkeit zu erhöhen	Führungskräfte sind in der Regel Problemlöser und »Macher«, die gewohnt sind, sich an Rezepten, »Hard Facts«, Zahlen und Daten zu orientieren. In der Beratung kann dieses kulturelle Muster von Managern genutzt werden, um »Soft Facts« anschlussfähiger zu gestalten und Unsicherheitsabsorption zu unterstützen. Das Neue nimmt in einer Art Mimikry (Kraft u. Ulrich 2002, S. 69) die Form des Alten, Gewohnten an und bedient so jene Erwartungsstrukturen, zu deren Irritation sie dann beiträgt. Ziel ist es, von der Ebene erster Ordnung (»So kann es sein«) auf die Ebene zweiter Ordnung (»Was bedeutet das und wie können wir diese Ergebnisse für Veränderungsimpulse nutzen«) zu kommen.

· Um auch Soft Facts als »Treiber« für Veränderung zu nutzen, kann man weiche Faktoren an ein »hartes Modell« hängen und den Erfolg des Modells mit der Voraussetzung dieser Balance verknüpfen. Die ausgeblendete Seite von z. B. Reengineering waren bisher die Soft Facts. Was wäre aber, wenn die Soft Facts als die eigentlichen Hebel genutzt und kommuniziert würden? Kotter (1996) schlägt z. B. als Basis von Veränderung vor, tragfähige Kommunikations- und Beteiligungskonzepte und eine gemeinsame Vision zu nutzen.

· Zahlen sind in der Welt der Organisationen sehr geläufig – vom Budget, über Soll/Ist-Vergleiche, bis hin zu Strategiekonzepten, alles wird mit Zahlen unterlegt und unterfüttert. Zahlen sind als komplexitätsreduzierende Etikettierungen einer »Soft Facts«-Beobachtung sehr anschlussfähig und können z. B. über Mitarbeiterbefragungen erhoben werden (siehe z. B. den Fall der SKAG). Eine weitere Möglichkeit ist es, die Ergebnisse von qualitativen Interviews durch Zahlen und Diagramme im Mantel der »Objektivität und der harten Fakten« anschlussfähiger zu gestalten.
· Werkzeuge, Tools und Rezepte sind konkret und greifbar und suggerieren »Rationalität« und Machbarkeit – dies erzeugt hohe Anschlussfähigkeit beim Management. Was würde passieren, wenn die OE zu bestimmten Problemtypen passende Tools entwickeln würde?

Expertenberatung ist sich der Wirkung von Tools und Rezepten bewusst und nutzt diese sehr erfolgreich – das aktuelle Beispiel der 4-Felder-Tafel BSC (Balanced Scorecard) zeigt dies sehr gut auf. Auch eine auch von der OE-Beratung genutztes Tool wie die SWOT-4-Felder-Tafel[29] verdeutlicht dies. Die Ausprägungen dieser 4 Felder sind Plus/Minus und Gegenwart und Zukunft – trotz ihrer Einfachheit ist die SWOT-4-Felder-Tafel ein überzeugendes Werkzeug für die Praxis.

---

29 SWOT steht für Strength, Waekness, Opportunities, Threats und markiert die vier Felder von Stärken, Schwächen, Chancen, Gefahren. Mit diesem Modell (vgl. Mintzberg, Aahlstrand u. Lampel 1999) wird eine Anpassung der internen Fähigkeiten einer Organisation an externe Rahmenbedingungen angestrebt.

Beraterisch begleitetes Embodiment als Interventionsebene vor allem für Kulturentwicklung

Die Koppelung (Embodiment) der erarbeiteten Lösungen an das tägliche Business ist im Anschluss an E. Schein (1995) erfolgsentscheidend für eine gelebte Umsetzung des Neuen. Kontexteingriffe bedingen eine Anhäufung von Folgewirkungen, die im Prozess mit zu berücksichtigen sind. Embodyment des Neuen umfasst u. a. eine Veränderung der Entlohnungssysteme gemäß den neuen Zielen, einen neuen Führungsrhythmus, neue Formen der Zusammenarbeit, ein passendes Controlling, abgestimmte Planungs- und Steuerungsgremien, die Schaffung formaler (management by objectives, Mitarbeitergespräche, Meetings) und informeller Feedback-Systeme (Sounding Boards, Ad-hoc-Meetings), neue Personen etc. Von Seiten der Organisation sollten Akteure mit einer Mischung von Wissenskapital, Betroffenenkapital, finanziellen Ressourcen und Machtkapital in die Erarbeitung und Umsetzung eingebunden werden. Gerade bei der Veränderung von Unternehmenskultur – Cultural-Change-Projekten – lassen sich die »Soft Facts« über die Veränderung der Rahmenbedingungen nachhaltiger verankern bzw. überhaupt verändern! Unternehmenskultur umfasst mentale Bilder, Annahmen, Werte, Normen etc. und ist nicht direkt veränderbar. Kultur ist so etwas wie eine unbewusste Spielanleitung für Verhalten in der Organisation. In den Strukturen, Spielregeln, Zielvereinbarungen, Entgeltsystemen etc. kann man die Voraussetzungen schaffen, damit die gewünschten Haltungen bzw. Handlungen eine Chance haben, sich durchzusetzen.

 **Beobachtungen, Thesen und Schlussfolgerungen aus den Case Studies:**
Zueinander von Struktur, Kultur und operativem Business

- Die Gestaltung des SKAG-Projektes entsprach einer typischen, systemisch inspirierten Parallelorganisation mit einer als Fraktal organisierten Steuergruppe, Subprojekten, »Sounding Board«/Resonanzgruppe und einer Dialoggruppe mit den Vorständen. Die paradoxe Aufgabe in der Case Study »Zukunft 2000« der SKAG (Teil VII, Kap. 2) war es, Kultur aktiv zu verändern. Einige der Interventionen, die Variation ermöglichen sollten, waren die Form der Gestaltung als Parallelorganisation und die Besetzung der operativen Gefäße (Fraktale). In den Projekten und auch im Kernteam (mit den Projektleitern der Projekte) wurden Variationen durch Reflexion, aber auch durch manche Fachinputs (Projektmanagement, Leadership, Komplexität, Steuerung) erzeugt. Der Aufbau von Projekten kollidiert mit den bisherigen, eingeschwungenen und bekannten Lösungen, und neue Differenzen wurden als Information für die Organisation nutzbar gemacht. Die Arbeit an der veränderten Kultur erfolgte vor allem in der ersten Phase des Projektes auf einer »Metaebene«, nicht sehr eng an die Arbeit, an das operative Business gekoppelt. Die geringere Berücksichtigung der Koppelungen an das tägliche operative Geschehen in der Organisation könnte die beobachtbare geringere Verbreitungstiefe der neuen Organisationskultur bedingt haben.

- Die CAM AG hingegen entwickelte die neuen Lösungen in Prozessteams, die als Fraktal besetzt waren, aber eng an die Linie gekoppelt waren. Die meisten Selektionen und auch die Entscheidungen erfolgten über die übliche Führungsstruktur, durch die Vorstände. Ein Ergebnis war, dass die bisherige zentrale Fertigung in vier Business Units gegliedert wurde und einem neuen prozessorientierten Produktionskonzept folgt. Was aus externer Sicht zu kurz kam, war insbesondere die Bearbeitung des Zueinanders von Struktur – Business Units – und neu zu schaffender Kultur. Die Stärkung der Business-Unit-Leiter als Entscheider – entgegen dem bisherigen hierarchischen Modell – wurde im Prozess zu wenig sichtbar. Auch eine gezielte Organisationsentwicklung zwischen den einzelnen Business Units, um die Kultur der neuen Struktur anzupassen, wurde nicht gestaltet.

Embodyment bei Cultural Change umfasst hier die Einführung bzw. Optimierung des Mitarbeitergesprächs, geeignete Entlohnungssysteme, neue Meetingstrukturen und -abläufe, neue Formen der Zusammenarbeit entlang der neuen Kultur zu gestalten. Bei der Case Study der BBG z. B. wurde zum Zeitpunkt der Interviews daran gearbeitet, die Führungsgrundsätze im Mitarbeitergespräch und über die neue Entlohnung zu verankern.

 **Merk-Würdiges:**
Zusammenfassung der Aussagen und Thesen

- Die Energie zur Gestaltung der Varianten ist auf Beraterseite (und auf Seiten der Organisation) groß, die Energie lässt scheinbar nach, wenn es um die Implementierung und Verankerung, das Koppeln des Neuen an den operativen Alltag geht.
- Organisationsveränderung findet bei «laufendem Betrieb" statt, die Organisation hält nicht still. Veränderungsprozesse brauchen gleichzeitig auch definierte Ruhepausen, Auszeiten, um das Tagesgeschäft am Laufen zu halten.
- Es braucht schon in den Vorphasen zur Implementierung eine kontinuierliche Vorbereitung auf die Umsetzung durch die Gestaltung von »Plug&Play«-Fähigkeiten als auch Quick Wins.

> **CHECK Points für Jamming**
>
> *Jamming als etwas, das »kreative Zerstörung« als Basis für Neues ermöglicht. Jamming ist das, was Jazzmusiker tun, wenn sie zusammenkommen und mit ihren Instrumenten musikalische Stücke improvisieren. Dabei entsteht etwas Neues, noch nie Dagewesenes ...*
>
> - Wie der Gefahr der Veränderungsmüdigkeit entgegenwirken?
> - Wie kann man die Choreografie so gestalten, dass sie möglichst nahe am »daily Business« agiert?
> - Wie können interne Systeme wie Lohnsysteme, Anreizsysteme, Belohnungssysteme (auch auf einer symbolischen bzw. informellen Ebene), IT-Systeme, Controllingsysteme das Erreichte unterstützen bzw. auf das »global goal« des Veränderungsprozesses umgestellt werden?
> - Wie werden in der Phase der Umsetzung Selbstbeobachtung und Reflexion in die Choreografie integriert? Wie kann ein wirksames Umsetzungscontrolling gestaltet werden?
> - Wie können Quick Wins erreicht werden? Wie können sie unternehmensweit beobachtbar, wahrnehmbar inszeniert werden? Wie können Erfolgsstorys als neue Unternehmensstories »hörbar« gemacht werden?
> - Welche neuen Spielregeln, Werte, mentalen Bilder braucht das Neue? Wie ist es auf breiter Ebene zu integrieren?

9. Qualifizierungsfunktion auf Personen- und auf Organisationsebene

Transformation basiert auf zwei Dimensionen, die miteinander verbunden sind: Organisationsentwicklung als Entwicklung und Neugestaltung von Strukturen, Spielregeln und der Etablierung von Reflexion. Personalentwicklung unterstützt den Change-Prozess in Form einer Entwicklung von Personen (Fertigkeiten, Können) und auch in Form einer individuellen Begleitung von Menschen. Man kann das eine nicht losgelöst vom anderen betrachten. Nur gut ausgebildetes, geschultes Personal kann Kontexte schaffen, die die Organisation dahingehend irritieren, dass diese neue Varianten entwickeln bzw. Bestehendes optimieren kann. Die Nutzung des Neuen ist von Hintergrundwissen und Erfahrungswissen abhängig. Neues kann nur auf Vorwissen aufbauen. Neues Wissen entsteht, erweitert und prüft sich in der Praxis, durch Erkunden und Tun.

Wie muss eine Choreografie ausgestaltet werden, dass sowohl ein Mitlernen der Organisation über Reflexionschoreografien als auch ein zum Ziel passendes Können der Personen ermöglicht werden können?

Die Lerninhalte für die praktische Ausgestaltung ergeben sich aus Bedarfserhebungen. Darüber hinaus sollten die Lernchoreografien so offen gestaltet werden, dass aktuelle inhaltliche Fragen aus dem Veränderungsprozess aufgegriffen und bearbeitet werden können. Hierbei geht es nicht mehr nur darum, den Mitarbeitern und Führungskräften neue Inhalte und Informationen zu vermitteln. Vielmehr kommt es darauf an, neue Lösungstüren zu öffnen, praktische Lösungsangebote gemeinsam zu gestalten und dadurch Einstellungen zu ändern, neues Verhalten einzuüben wie auch Motivation aufzubauen. Das können aber Workshops und Trainings, die primär auf Wissensvermittlung ausgerichtet sind, kaum leisten.

Der Frage nach passenden Gestaltungen von Lernsituationen wird mit der Qualifizierungsfunktion (hypothesengeleitet) nachgespürt:

1) Das Qualifizieren von Personen über unterschiedlichste Personalentwicklungsmaßnahmen und Coaching: Es geht um Lernen im engeren Sinne als Vermittlung und Neugestaltung von Wissen, Können, Fertigkeiten, mehr Eigenverantwortung von Individuen und Teams. Es werden unterschiedliche Curricula und Veranstaltungen, Entwicklungsprogramme dafür maßgeschneidert und auf die Situation der Organisation abgestellt, wie z. B.»Werkstatt des Wandels«, »Leadership im Wandel« oder auch Lernpartnerschaften und Lerngemeinschaften.

- Was ist das Ziel des Veränderungsprozesses? Welche Skills, Fertigkeiten, Fähigkeiten brauchen die Akteure, um das Ziel lebendig zu machen?
- Welche neuen Rollensets müssen die Mitarbeiter umsetzen? Welche neuen Kompetenzen, Rollenmuster müssen ins Leben kommen?
- Wo kann man Vertreter der neuen Kultur neu platzieren, um Veränderung zu initiieren? Welche Unterstützung brauchen sie, damit die neue Kultur lebendig werden kann?
- Welche Form von Führung braucht dieses Ziel? Was davon wird bereits gelebt, was fehlt? Wie kann diese Form von Führung umgesetzt, wie gelernt werden? Wie Leadership und »Esprit« wachküssen und lebendig werden lassen?
- Wie mit Veränderung, Ängsten, Widerständen umgehen lernen?
- usw.

2) Das Qualifizieren der Organisation während und nach dem Abschluss des Veränderungsprozesses, bei dem das Lernen auf die Ebene der Organisation ausgedehnt wird.

- Wie lässt sich der Veränderungsprozess laufend evaluieren und wie lässt sich vom Spannungsfeld Verändern/Bewahren lernen? Wie kann man dieses Lernen für die Weiterentwicklung der Organisation nutzen?

- Wie lässt sich Reflexion – als Infragestellen des Bisherigen und Erreichten – als die wichtigste Lernchance in Strategieprozessen, Kultur und Struktur des Unternehmens etablieren? Wie in die Managementsysteme und Führungssysteme integrieren?

- Wie lässt sich die angestrebte Idee, das Ziel der Veränderung in der Kultur verankern?

- Wie lässt sich die Wissensbasis des Unternehmens für den Weg zum Ziel verändern?

- Wie lassen sich im Veränderungsprozess auftauchende Spannungsfelder, Paradoxien für Lernen genutzt werden? Wie lassen sich Ambiguitäten aufbauen und wieder in die Organisation einbauen?

Feedback-Schleifen und gestaltetes Organisations-Lernen

R. Wimmer (1999) betont, dass die Auswertung des Veränderungsvorhabens ein wichtiger Schritt für die Verankerung des Neuen, wie auch für die Qualifizierung einer Organisation ist. »Solange Veränderungen nicht tief in die Kultur verankert sind, was bei einem Gesamtunternehmen drei bis zehn Jahre dauern kann, bleiben neue Ansätze fragil und sind möglicherweise sogar Anlässe für Rückschritte« (Kotter 1996, S. 26). Die Lernfähigkeit der Organisation insgesamt ist hier angesprochen und kann durch Reflexion gewährleistet werden. Laut R. Wimmer (1999) ist in der Beratung darauf zu achten, »dass die Organisation nicht zu früh zur Tagesordnung zurückkehrt, ohne zu überprüfen, wie gut die intendierten Veränderungen tatsächlich im Alltagsleben verankert sind und welche Erfahrungen man aus den Erfahrungen des Change-Prozesses für die Zukunft aufbewahren möchte. (...) Veränderungen wenden das Blatt nicht unbedingt zum Besseren« (ebd., S. 47). Veränderungen und Change-Prozesse sind gewiss ein besonders bunter Anlass zum Lernen einer Organisation über sich selbst und über die Art der Gestaltung von Veränderungsprozessen. Diese Gelegenheit gilt es zu nutzen, damit die Organisation und deren Akteure nicht genötigt sind, das Rad immer wieder neu zu erfinden bzw. die störenden Handlungsmuster und »defensive routines« immer wieder zu wiederholen. Diese Lernprozesse sind in der Organisation strukturell über Feedback-Strukturen (z. B. Lern-Workshops) zu verankern und inhaltlich z. B. durch beauftragte (interne oder externe) Evaluation zu unterfüttern.

Gateways & Rezepte für die Praxis
Checkliste (R. Wimmer (1999) folgend)

- *Gibt es ausreichend Gelegenheit für Zwischenauswertungen, um allen Beteiligten in regelmäßigen Abständen eine reflexive Auseinandersetzung über den Stand des Prozesses zu ermöglichen? Wo stehen wir? Was haben wir erreicht? Was sind die sinnvollen nächsten Schritte?*
- *Welche Erkenntnisse lassen sich aus den gemachten Erfahrungen für den Umgang der Organisation mit Veränderungen gewinnen?*
- *Was hat sich im Vergleich zu früheren Projekten wiederholt? Was war diesmal anders?*
- *Welche Folgeprobleme, die durch das Veränderungsvorhaben ausgelöst wurden, bedürfen in Zukunft einer besonderen Beachtung? Wer wird sich darum kümmern?*
- *Wie können die wichtigsten Lernerfahrungen aus dem Veränderungsprozess dokumentiert werden, um als Gedächtnis für die Organisation zu fungieren?*

Stefan Kühl (2000) weist in seinem Buch *Das Regenmacher-Phänomen* darauf hin, dass das Paradigma der Lernenden Organisation und des Lernens immer auch Dilemmata erzeugt. Auf der Seite des »guten« Organisationswandels, der gewünschten Ziele, stehen Widersprüchlichkeiten, Paradoxien. Lernen unterstützt auf der einen Seite, dass sich eine Organisation an die Zumutungen der Umwelt anpasst. Es herrscht die Annahme vor, dass sich Organisationen durch permanentes Lernen an diese Zumutungen anpassen können. Auf der anderen Seite kann gerade das Bewältigen einer Krise, die erfolgreiche Anpassung an eine Situation, die Anpassungsfähigkeit an eine andere Situation reduzieren (Weick 1985). So bleibt den meisten Firmen nur die Möglichkeit, »sich auf das Dilemma einzulassen: sich erfolgreich zu wandeln und erfolgreich zu lernen, wohl wissend, dass neue Strukturen und neues Wissen irgendwann Hemmschuhe für neue Lern- und Wandlungsprozesse sein werden« (Kühl 2000, S. 152).

Personalentwicklung: Qualifizierung im Bereich Fertigkeiten und Können

Mit einer Theatermetapher kann man es so ausdrücken: Die Veränderungsimpulse, die auf einer Nebenbühne (Innovationssystem) geprobt und im Kleinen inszeniert wurden, müssen auf der Bühne der Organisation mit einer Unzahl an Schauspielern und Komparsen erst in Szene gesetzt werden. Eine adäquate Unterstützung für ein reibungsloses Funktionieren des Stücks könnte folgende Dimensionen umfassen: Schauspielunterricht für grundsätzliche Themen wie z. B. Projektmanagement; Proben der Szenen als Personalentwicklung entlang einer konkreten Anforderung z. B.»Mitarbeitergespräche führen«; Einzelunterricht als Coaching der einzelnen Akteure. Personalentwicklung im Veränderungsprozess umfasst unter anderem: Coaching, Train the Trainer, anlassbezogene Personalentwicklung und Management Development. Ziel ist, dass die relevanten Akteure und Funktionsträger die Chance erhalten, ihre persönliche Qualifikation entlang der neuen Rollenanforderungen weiterzuentwickeln.

Coaching als gestaltete Reflexionsmöglichkeit

Hier ist das tägliche Handeln am Arbeitsplatz Thema und Reflexionsebene für Lernen und Weiterentwicklung. Auf der Basis individueller Entwicklungsvereinbarungen und klar vereinbarter Ziele wird an konkreten Themenstellungen gearbeitet. Ziel ist es, gemeinsam (Coach und Coachee) über Rolle und Rollenausgestaltung, die Differenz von Psychodynamik und Organisationsdynamik, aber auch über manche die Arbeitsrolle berührende Aspekte der Persönlichkeit zu sprechen und reflektieren. Es geht um persönliche Weiterentwicklung und Lernen in den Feldern Sache/Inhalt (z. B. Führung, Umsetzungskompetenz), Person (Spannungsfeld von Rolle in der Organisation und Persönlichkeitsstil),»Gaming«-Aspekte der Projekt- oder Führungsaufgaben wie auch um individuelle Werthaltungen und Leben der eigenen Authentizität.

Merk-Würdiges:
Zusammenfassung der Aussagen und Thesen

- Transformation basiert auf zwei Dimensionen, die miteinander verbunden sind: Organisationsentwicklung als Entwicklung und Neugestaltung von Strukturen, Spielregeln und der Etablierung von Reflexion. Personalentwicklung unterstützt den Change-Prozess in Form einer Entwicklung von Personen (Fertigkeiten, Können) und auch individuellen Begleitung von Menschen.

CHECK Points für Jamming

Jamming als etwas, das »kreative Zerstörung« als Basis für Neues ermöglicht. Jamming ist das, was Jazzmusiker tun, wenn sie zusammenkommen und mit ihren Instrumenten musikalische Stücke improvisieren. Dabei entsteht etwas Neues, noch nie Dagewesenes ...

- Gibt es ausreichend Gelegenheit, über Zwischenauswertungen die durch den Veränderungsprozess ausgelösten Impulse, Informationen zum Lernen für die Organisation aufzugreifen?
- Wie können die wichtigsten Lernerfahrungen aus dem Veränderungsprozess dokumentiert werden, um als Gedächtnis für die Organisation zu fungieren?
- Welches Können der Personen ist für das angestrebte Ziel notwendig? Wie kann es erreicht werden?
- Wie Leadership und »Esprit« wachküssen

IV. Inhaltliche und emotionale Fokussierungspunkte zur Ausgestaltung von Choreografien und Inszenierungen

Kein Veränderungsprozess ist »planbar« in dem Sinne, dass man vorher weiß, was am Ende des Prozesses das konkrete Ergebnis sein wird. Beim Steuern und Gestalten des Veränderungsprozesses ist damit zu rechnen, dass während der Veränderung selbst immer wieder neue Irritationen und neue Herausforderungen auftreten. Beratung soll in diesem unsicheren Prozess der Veränderung relevante Unterschiede als auch Ambiguität in das System einführen, ein Proben von Alternativen ermöglichen, neue Formen der Beobachtung realisieren, zu neuer Expertise verhelfen. Das »Was« (Expertise, Strategie, Struktur, Prozessorganisation, betriebswirtschaftliche Zahlen ...) der Veränderung und das »Wie« der Lösungserarbeitung (prozessorientierte Beratung) korrespondieren dabei. Das »global goal« des Veränderungsprozesses entscheidet, in welchen Kombinationen adäquate Lösungen entwickelt und umgesetzt werden.

Im Rahmen des 7-F-Modells ist immer wieder neu zu entscheiden, welche inhaltlichen und/oder emotionalen Fokussierungspunkte, welche Hypothesen für den Veränderungsprozess unterstützend sind. Eine Interventionschoreografie sollte sich flexibel auf die wechselnden Bedarfslagen, unterschiedlichen Akteurs- und Organisationsanforderungen im Beratungsprozess ausrichten können. Im Folgenden werden einige ausgewählte *Dimensionen vorgestellt.*

Die folgenden Dimensionen sollen als Anregung dienen, Hypothesen zu entwickeln, auf deren Basis dann Entscheidungen für die Gestalt der Beratungschoreografien zu treffen sind:

- das Spannungsfeld Psychodynamik und Organisationsdynamik verstehen und Verhalten verändern
- Zueinander von Struktur und Kultur
- das unternehmerische Element der OE – das Neue unternehmerisch umsetzen.

Gateways & Rezepte für die Praxis
Dimensionen zur Gestaltung der Choreografien und Inszenierungen

Die Ebenen, auf denen der Beratungsprozess seine Wirkungen entfalten kann, müssen für die Choreografie ausgewählt und je Organisation und deren Problem passend beantwortet werden. Folgende Fragen sind die Basis zur Entscheidung für die Dramaturgie und auf Basis des 7-F-Modells immer wieder zu beantworten:

1) *Zeitliche und räumliche Ebene:* Wann beginnt das Projekt? Wie lange kann es dauern? Wann sind Sollbruchstellen vorzusehen? Welche zeitliche Dauer und wie viele Pausen im Rahmen der Workshops? Welche Taktung haben die jeweiligen Treffen? Die zeitliche Dimension wechseln: wann Vergangenheits-, Gegenwarts- und Zukunftsbilder? Wann und wo werden die Workshops durchgeführt? Wie und wann gezielte Beschleunigung und Entschleunigung einsetzen? Welche Orte der formellen bzw. informellen Kommunikation gibt es im Unternehmen? Wechselt die Örtlichkeit der Workshops oder soll sie stabil bleiben? Wie wird der Raum gestaltet? Welche Sitzordnungen im Raum (Sesselkreis, Tischinseln)?

2) *Soziale Ebene:* Wer wird in den Beratungsprozess einbezogen, wer nicht? Mit wem wird konkret gearbeitet? Wer ist vom Problem betroffen? Wem wird welche Maßnahme eher schaden, wem nutzen? Wie wird im Projekt entschieden? Welche Kooperations- und Koordinationsformen sind üblich, welche wären innovativ? Welche Stellen kommunizieren miteinander? Welche Konkurrenz-, Kooperations-, Machtspiele werden von welchen Akteuren gespielt? Welche Emotionen prägen das Bild? Wie können die Emotionen adäquat bearbeitbar gemacht werden?

3) *Sachliche Ebene:* Um welche Themen geht es? Was ist das Ziel der Beratung? Welche Thematisierungsusancen gibt es im Unternehmen? Welches Know-how fehlt und kann mittels Expertise eingebracht werden?

4) *Ebene der Beobachtung:* Wie wird Reflexion in der Organisation gehandhabt? Welche Selbstbeschreibungen gibt es? Wie kommen Informationen in das System? Welche neuen Formen der Beobachtung sind für die Organisation relevant?

5) *Ebene der symbolischen und analogen Kommunikation:* Welche Formen der analogen Kommunikation – Schauspiel, Malen, Pantomime, Trommeln, Aufstellungsarbeit etc.– können neue Wirklichkeitssichten ermöglichen? Welche analogen bzw. symbolischen Kommunikationen ermöglichen es, dass das Emotionale sichtbar und besprechbar wird? Wie werden spielerisches Erleben und Lernen möglich? Wie greift Beratung die Differenz Körper-Herz-Geist-Seele auf? Welche Symbole, Rituale braucht das Neue, um sich zu stabilisieren? Welche Rituale braucht es, um Trauer und Neubeginn zu ermöglichen?

1. Was wird hier eigentlich gespielt? – Das Spannungsfeld Psychodynamik und Organisationsdynamik verstehen und Verhalten verändern

Veränderungsprozesse finden immer im Spannungsfeld von Psychodynamik und Organisationsdynamik statt. Die Gestaltung von Change-Prozessen im Rahmen des 7-F-Modells verstehen wir als prozesshaftes, hypothesengeleitetes Experimentieren. Die im Folgenden vorgestellten Modelle SIZE[30]-Prozess und »Gaming« bieten eine gute Basis zur Hypothesenbildung und zur inhaltlichen Ausgestaltung der Choreografie des Veränderungsprozesses.

Das Ziel dieses Abschnittes ist es, einerseits den Fragen nachzugehen: Wie entsteht Verhalten? Wie können wir es beeinflussen? Wie es verändern? Andererseits geht es darum, auf dieser Basis sowohl Ansätze für das Bilden von Hypothesen als auch durch die Nutzung dieses Spannungsfeldes eine Handlungsanleitung[31] anzubieten, wie Verhalten verändert werden könnte. Die Fokussierung auf dieses Spannungsfeld ist in allen Basisfunktionen zu beachten und passend auszugestalten.

Verhalten – der Mensch und die Organisation im Spannungsfeld
Wenn Sie sich in Ihrer Organisation, in Ihrem Umfeld, in Ihrer Familie umsehen, werden Sie unterschiedliches Verhalten beobachten können. Auch informelle und formelle Strukturen und Strategien, sowie die Kulturen und die Geschäftsprozesse eines Unternehmens werden durch Kommunikation und Handlungen – also Verhalten – ins Leben gebracht. Dahinter stehen immer Personen – dies in ihrer Emotionalität und Intellektualität, mit ihren Sorgen, Hoffnungen und Befürchtungen, mit ihren Bedürfnissen, mit ihren Vorlieben und Abneigungen, mit ihren Karriereplänen, mit ihrem Wissen und Unwissen und mit all ihren Unsicherheiten. Gleichzeitig sind immer auch die Organisation bestimmende Kultur- und Kommunikationsmuster verhaltenssteuernd. Was ist die Essenz, was ist der Kern aller Veränderungsvorhaben? Vor allen Dingen handelt Change Management immer vom Versuch, Verhalten von Personen nachhaltig in eine bestimmte Richtung zu verändern.

---

30 SIZE ist die Bezeichnung von Größe im Englischen und gleichzeitig die Abkürzung der Namen der Entwickler dieses Modells: SIeber und ZEhetner.
31 im Sinne von Gateways (von Mutius 1995)

Jeglicher Veränderungsanspruch trifft in Organisationen damit auf folgendes Spannungsfeld und folgende Psychodynamik:

- Menschen mit ihrem »Innenleben«, ihrem »inneren Theater« – dem Bedürfnissystem, den Persönlichkeitsstilen, ihren Ressourcen sowie auch »blinden Flecken« und Beschränktheiten –, das das Verhalten auf der einen Seite prägt.

- Auf der Seite der Organisation gibt es eine bestimmte Organisationsdynamik geprägt von Kommunikationsmustern, Bewahrungstendenzen, etablierten Belohnungssystemen für gewisse Verhaltensweisen, typischen Kulturmuster als auch Machtspielen, die Verhalten ermöglichen bzw. limitieren.

Wie werden diese Spannungsfelder in der Praxis sichtbar?

Stellen Sie sich ein Industrieunternehmen vor, das mit knapp 250 Mitarbeitern seit 20 Jahren erfolgreich in der Automobilzulieferbranche agiert. Der CEO, Herr Dr. Ernst Müller, ist seit sechs Jahren an der Spitze des Unternehmens. Er ist ein sachlicher auf Logik und Expertise vertrauender Mann, der zu seinen Mitarbeitern einen eher distanzierten Stil pflegt. Ernst Müller fühlt sich im Dialog mit seinen Führungskräften der ersten Ebene eher unwohl. Bei Meetings wirkt er steif und konzentriert sich in Gesprächen vor allem auf Sachliches. Er ließ seinen Führungskräften seit seiner Bestellung größtmöglichen Spielraum, da er davon überzeugt war, dass sie als exzellente Experten sowieso zu wissen hatten, was ihre Aufgabe ist. Die Auswirkung war, dass die Führungskräfte nicht konkret wussten, was Dr. Müller von ihnen erwartet, und sich in ihre eigenen Reviere –Produktion, Marketing, Controlling, Instandhaltung – zurückzogen. Sie begannen ihre »Fürstentümer« nach der jeweiligen Expertenmeinung zu errichten. Sie begannen, sich untereinander zu bekämpfen, sicherten sich ihre »Pfründe« ab. Strategische Entscheidungen durch Herrn Müller sind davon abhängig, welches »Fürstentum« im Vorfeld gerade die Gunst des CEOs (Chief Executive Officer) für sich gewinnen konnte. Die Situation spitzt sich zu, als die Umsätze sinken und ein eiligst einberufenes »Krisenmeeting« in wechselseitigen Beschuldigungen endet. Allen ist aber klar, es muss sich etwas ändern. Ein Change-Projekt wird definiert ...

Wodurch ist solch eine Situation geprägt? Wie lässt sich diese Situation adäquat analysieren? Wie lassen sich passende Hypothesen – im Sinne von Spekulationen – aufstellen, um die Situation bestmöglich zu erfassen? Wie lassen sich auf der Basis dieser Hypothesen passende Handlungen in Richtung Verhaltensveränderung – Change – ableiten?

Ein Blick auf das »innere Theater« der Beteiligten mithilfe des SIZE-Prozesses

In jeder Situation verhalten sich Menschen auf irgendeine Weise: Sie treffen blitzschnell – intuitive, spontane – Entscheidungen, wie sie reagieren bzw. agieren werden. In diesen Momenten treffen sie eine innere Wahl, für die sie sowohl auf ihre Erfahrungen als auch auf ein bestimmtes Verhaltensrepertoire zurückgreifen. Darüber hinaus wird diese Wahl durch »Spielregeln« des Umfeldes – wie z. B. die der Familie, die der Organisation – mitbestimmt und eingeschränkt. So zeigen Menschen in unterschiedlichen Rollen und Umgebungen unterschiedliches Verhalten.

Wie kommt der Einzelne zu seinem Verhalten, wie kommt dieses zustande?

Jeder Mensch hat sein ihm eigenes Verhaltensrepertoire: eine Bandbreite von Handlungsoptionen, die für ihn charakteristisch sind. Verhalten ist ein Sammelsurium von Gesten, Kommentaren, Worten, Handlungen, Reaktionen und auch typischen Verhaltensmustern. Dieses Verhaltensrepertoire ist geformt von prägenden Persönlichkeitsstilen, den inneren Bedürfnissen und inneren Antreiberdynamiken. Diese Aspekte des Innenlebens fasst Kets de Vries (1987) als unser »inneres Theater« zusammen. Wie auf einer Theaterbühne sind die unterschiedlichen Bestrebungen einer Person, aber auch die inneren Leitbilder – Repräsentanten wichtiger Personen aus der Vergangenheit oder Gegenwart – in Beziehung zueinander gesetzt. Äußere Erlebnisse wirken als Impulse auf das »innere Theater«. Sie mobilisieren die inneren Skripte und bringen sie zur Aufführung. Äußere Erlebnisse, wie z. B. eine Äußerung einer Person, drohendes Scheitern einer Aufgabe, lösen innerhalb der Person sowohl eine bewusste als auch unbewusste »Aufführung auf der inneren Bühne« aus – wie z. B. »Du löst die Aufgabe nur, indem du dich immer anstrengst«. Das Ergebnis der Aufführung des »inneren Theaters« wird dann als Handlung im Hier und Jetzt sichtbar. So laufen kontinuierlich Parallelprozesse ab – auf der »inneren Bühne« der Person und im sozialen Miteinander im Hier und Jetzt. Personen zeigen auf den unterschiedlichen Bühnen des Lebens – Familie, Freundschaften, Organisation usw.- eine

Fassade (Goffman 1971), eine bestimmte Rolle. Das eigentliche ICH liegt dahinter versteckt.

Jeder Mensch hat eine mehr oder weniger stabile Lebensgrundhaltung, seine Persönlichkeitsstruktur und die Konfiguration seiner wesentlichen Persönlichkeitsmerkmale. Daraus erschließen sich jene Interaktionsdynamiken, mit denen diese Person bevorzugt kommuniziert und handelt. Unser Handeln bzw. das Ziel unseres Handelns wird vor allem durch unsere frühkindlich geprägten Bedürfnissysteme bestimmt. Neben den vitalen Grundbedürfnissen (Nahrung, Schlaf, Obdach) spielen dabei unsere psychologischen Grundbedürfnisse eine große Rolle. Diese umfassen nach Eric Berne (1972) das Bedürfnis nach sinnlicher Anregung, nach Zuwendung, nach Anerkennung und nach Zeitgestaltung. Diese Bedürfnisse sind höchst individuell ausgeformt – jeder Mensch erfasst, empfindet und verarbeitet Gefühle anders.

Persönlichkeitsstile und Rückschlüsse auf Bedürfnissysteme lassen sich beobachten und entdecken. Dies bietet dann die Möglichkeit, manches als bisher »Verrücktes«, »Unklares« etikettierte im zwischenmenschlichen Geschehen im Organisationsalltag besser zu verstehen und eventuell auch ändern zu lernen. Ziel einer Auseinandersetzung mit dem »inneren Theater« für Führungskräfte oder Change Manager ist es, Kontakt aufzunehmen und Zugangstüren zu den Menschen zu bekommen. In Kontakt sein, heißt bildlich gesprochen, den Sender und den Empfänger aufeinander abzustimmen, so dass ein förderliches Miteinander möglich wird.

Eine Möglichkeit – neben anderen –, sich diesen Persönlichkeitsstilen und den Kontakttüren zu nähern, bietet das auf der Transaktionsanalyse basierende SIZE-Prozess-Modell.[32]

Im Großen und Ganzen lassen sich mithilfe des SIZE-Prozesses sechs verschiedene Kommunikations- und Verhaltensstile unterscheiden, die jeweils durch unterschiedliche Wahrnehmungen und psychologische Bedürfnisse geprägt sind. Jeder Mensch hat Anteile von allen sechs Stilen – sowohl der Mix als auch die persönliche Geschichte machen die Persönlichkeit aus. Dennoch greift der Mensch im Alltag zumeist bevorzugt auf die Muster von ein bis zwei dieser Persönlichkeitsstile zurück. Um in Kontakt mit Anderen zu kommen,

---

32 Das SIZE-Prozess-Modell wurde von Fritz Zehetner und Hannes Sieber auf der Basis von Transaktionsanalyse, Systemtheorie und Bioenergetik entwickelt und ist urheberrechtlich geschützt. Siehe Sieber u. Zehetner 2005

erleichtert es, die Verhaltensmuster, Bedürfnisse und Denk- und Gefühlskoordinaten, die mit dem jeweiligen Stil verbunden sind, zu verstehen.

Diese im Folgenden idealtypisch beschriebenen Persönlichkeitsstile werden als »Landkarten« verstanden, als Hilfsmittel zur besseren Orientierung im Gelände. Landkarten bieten Orientierung, geben Sicherheit, ermöglichen es zu planen und zu handeln. Dennoch ist die Landkarte nicht das Gelände.

Genauso verstehen sich die folgenden Beschreibungen der Persönlichkeitsstile. Sie helfen zur Orientierung – nicht mehr, aber auch nicht weniger. Mit Hilfe des SIZE-Prozesses finden wir sechs Persönlichkeiten, die sich im »wirklichen Leben« voneinander deutlich unterscheiden lassen:

1) *Einfühlsamer* – der fürsorgliche Gefühlsmensch
2) *Analytiker* – der gewissenhafte Denker
3) *Bewahrer* – der wertorientierte Denker
4) *Kreativer* – der humorvolle Kontaktmensch
5) *Aktiver* – der aktive Abenteurer
6) *Ruhiger* – der fantasievolle Denker und Introvertierte

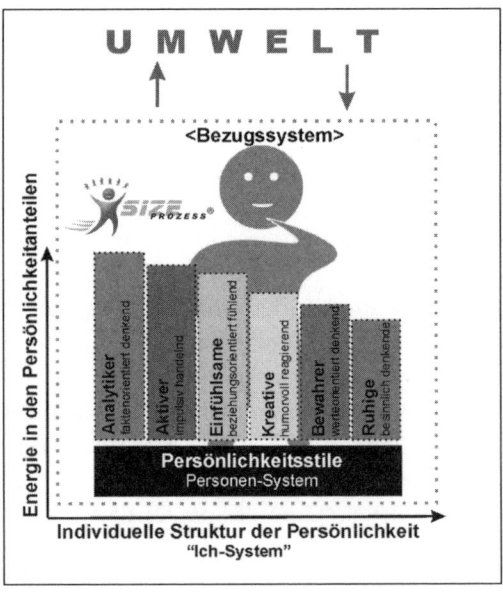

Abb. nach Fritz Zehetner (2005)

Jeder dieser Persönlichkeitsstile hat bestimmte Ressourcen und Stärken, auf die man im Alltag zählen kann. Wird sein Bedürfnissystem nicht ausreichend genährt, so entsteht Stress, der sich jeweils in unterschiedlichen Verhaltensstilen (zumeist in Verbindung mit Misskommunikation) manifestiert. Darüber hinaus bestimmen die Persönlichkeitsstile, was wir vor allem wahrnehmen und wo wir eher unsere blinden Flecken haben. Bestimmte Grundeinstellungen, Wahrnehmungsmuster und Bedürfnisse prägen die jeweiligen Persönlichkeitsstile und deren Handlungen.

- *Einfühlsamer – der fürsorgliche Gefühlsmensch*
Betrachtet die Menschen und sein Umfeld vorwiegend durch den Filter der Emotionen, des Fühlens. Er entwickelt durch Intuition und sinnliches Wahrnehmen seine Bilder der Wirklichkeit. Er ist interessiert an anderen Menschen und zwischenmenschlichen Beziehungen. Herzlichkeit, das eigene und Wohlbefinden der anderen, sowie Familie und Freundschaft liegt ihm am Herzen.
Suche nach Wertschätzung und tief gehenden, gefühlsbetonten Beziehungen. Bietet Hilfe und Unterstützung an und sorgt sich um andere. Hunger nach Anerkennung der Person und nach einem rücksichtsvollen, gefühlvollen, harmonischen Umgang miteinander. Erfolg ist, das Gefühl zu haben, es anderen recht zu machen und für die Bedürfnisse anderer sorgen zu können.

- *Analytiker – der gewissenhafte Denker*
Betrachtet die Welt, andere Menschen und sich selbst vorrangig über das Denken. Er entwickelt durch gewissenhaftes Analysieren, Strukturieren und Kategorisieren die Eindrücke über die Welt, die Menschen und deren Verhalten. Hat Interesse an objektiven Daten und Fakten und bleibt im Kontakt eher sachlich.
Suche nach Perfektionismus, Kompetenz und Hunger nach Anerkennung der Leistung ist sein Lebensthema. »Bin ich kompetent genug?« ist eine ihn immer antreibende Frage. Ihn faszinieren Struktur und Ordnung. Erfolg ist Wissen und Erfahrung. Alles Handeln braucht Analyse und Strategie.

- *Bewahrer – der wertorientierte Denker*
Über diese Form der Wahrnehmung projiziert der Bewahrer sein eigenes Wertesystem auf seine Umwelt. Er entwickelt durch wachsa-

mes Beobachten und laufendes Bewerten von Menschen und seinem Umfeld sein Bild der Wirklichkeit. Ist interessiert an Meinungen, Traditionen, Erfahrungen und Ansichten. Er ist gewissenhaft, ausdauernd und gründlich. Eher misstrauisch benötigt er Zeit, Vertrauen zu anderen zu gewinnen.

Die Suche nach Sicherheit und Kontrolle und auch der Hunger nach Respekt und Anerkennung für seine Wertvorstellungen und Überzeugungen, wie die Welt zu funktionieren hat, ist sein Lebensthema. Von anderen erwartet er eher Negatives. Er sucht nach »richtigen Lösungen« und Sicherheit. Erfolg ist Beständigkeit in den Ansichten und Beharrlichkeit in der Erreichung von Zielen.

• *Kreativer – der humorvolle Kontaktmensch*
Der Kreative nimmt die Welt durch Reaktionen auf Stimuli von außen auf. Er reagiert auf Ereignisse (mag ich / mag ich nicht), durch humorvollen Kontakt zu anderen Menschen und durch das Schaffen und Nutzen von Freiräumen entsteht sein Bild von Wirklichkeit. Er mag Auffälliges, Originelles und Neues, ist interessiert an unterhaltsamem, lockerem Kontakt. Macht gerne Späße und Wortspiele.

Suche nach humorvollem Kontakt zu anderen und das zu genießen, was das Leben im Augenblick lebenswert macht. Hunger nach Leichtigkeit, humorvollem Kontakt, Freiräumen und kreativen Lösungen. Sein Moto: Wenn ich mich recht anstrenge und dies den anderen auch zeige, dann wird man mich unterstützen und mir alles abnehmen. Erfolg bedeutet, das Leben nicht allzu ernst zu nehmen. Die anderen werden nur aufmerksam auf mich, wenn ich meine Gefühle und mein Verhalten deutlich zeige.

• *Aktiver – der aktive Abenteurer*
Er nimmt die Welt, andere Menschen und Situationen vorwiegend durch aktives – aggressives – Verhalten wahr. Er entwickelt sein Bild der Wirklichkeit durch aktives Tun und durch aufregende Stimulierung. Anregende Situationen und herausfordernde Aufgaben sind die Energielieferanten für sein Leben. Wird schnell aktiv und übernimmt im Gespräch schnell die Führung. Hört nur kurz zu und geht sofort in Handlungen über.

Suche und Hunger nach Aktion und Herausforderungen. Erfolg bedeutet, das Umfeld, die Menschen für eigene Initiativen und Aktionen zu nutzen. Wichtig ist dabei, den eigenen Vorteil zu haben und den Gewinn der Handlungen auch öffentlich darstellen zu können. Sein Motto: Ich behalte die Initiative und verhindere damit, dass ich von anderen missbraucht oder enttäuscht werde. Ich muss stark sein und zeige keine Gefühle.

• *Ruhiger – der fantasievolle Denker und Introvertierte*
Er nimmt die Welt und andere vornehmlich über fantasievolles und besinnliches Denken wahr. Er entwickelt durch kritisches, in sich gekehrtes Denken und Introvertiertheit sein Bild der Wirklichkeit. Er ist abwartend und arbeitet eher alleine und wirkt still, introvertiert und zurückhaltend. Äußerlichkeiten sind ihm nicht sehr wichtig. Bleibt im Gespräch eher ruhig, abwartend und reserviert. Lässt sich Zeit für die Antwort und wählt seine Worte wohl überlegt.
Suche und Hunger nach Ruhe, Abstand und fantasievollem Denken. Sein Motto: Ich muss stark und unabhängig sein, um nicht abhängig zu sein und auf niemanden angewiesen zu sein. Ich kann dadurch nicht enttäuscht werden. Ich halte mich zurück und zeige keine Gefühle, dann werden mich die anderen schon akzeptieren.

Das frühkindlich geprägte Bedürfnissystem färbt das Miteinander im Alltag auch noch bei »erwachsenen« Top-Managern.
Kommen wir zu unserem eingangs erwähnten Fall zurück:

Herr Müller ist ein sachlicher auf Logik und Expertise vertrauender Mann, der zu seinen Mitarbeitern einen eher distanzierten Stil pflegt und sich im Dialog mit seinen Führungskräften der ersten Ebene eher unwohl fühlt.
Durch die SIZE-Prozess-Brille beobachtet, vermuten wir, dass Herr Müller vor allem durch den Analytiker- und den Bewahrer-Persönlichkeitsstil geprägt ist. Seiner Meinung nach braucht man »nur« eine sachlich logische Lösung zu finden, und dann läuft es wie von selbst. Beide Stile bevorzugen einen »sachlichen« Zugang zu Menschen und orientieren sich in der Kontaktaufnahme an der Sache. Sie analysieren Themen nach objektiven Daten und bewährten Herangehensweisen. Ausgeblendet sind vor allem die »menschlichen Aspekte« wie auch rasches Handeln. Die Gefahr bei einer Change-Choreografie liegt darin, alles zu analysieren und auf der Sachebene zu klären, ohne auf das Menschliche und die nötigen Umsetzungshandlungen zu achten.

Persönlichkeitsstil	Wahrnehmung und Kommunikationsstil	Talente, Begabungen, Ressourcen	Überzeugungen (»beliefs«)	Misserfolgsmuster unter Stress
Analytiker	Sachlich, faktenorientiertes Denken	Analytisch, zielstrebig, logisch, gewissenhaft und verantwortungsvoll, strukturierte und organisierte Denker	Damit wir (zuverlässig) erfolgreich sind, müssen wir alle unseren Verstand benutzen und geplant und organisiert an die Sachen herangehen.	Zwanghafte Perfektionisten, überverantwortliche Workaholics
Bewahrer	Sachlich, wertorientiertes Denken	Bewahrend, wachsam, wertorientiert, gewissenhaft, diszipliniert und »Fels in der Brandung«	Alles Neue ist ein Wagnis und ein Weg ins Ungewisse. Daher müssen wir genau prüfen, ob wir dem neuen Ast, auf dem wir sitzen werden, auch vertrauen können!	Misstrauische Skeptiker, unbeugsame Überzeuger (»starten Kreuzzüge für eine Überzeugung«)
Ruhige	Sachlich, besinnliche Denker	Ruhig, beobachtend; introvertierte, unbestechliche Denker, mit der Fähigkeit, Sachverhalten ganzheitlich zu erfassen.	Ich muss stark und so unabhängig wie möglich sein, damit ich niemandem zu nahe und auf niemanden angewiesen bin und damit enttäuscht werden kann.	Zurückgezogener Tagträumer, erstarrter Eremit
Einfühlsa	Fürsorglich, beziehungsorientiertes Fühlen	Einfühlsam, fürsorglich, mitfühlend, warmherzig, kooperationsfähig, Fähigkeit, in Gruppen und Teams »das Eis zu brechen«	Wenn man sich in andere hineinfühlt, kann man sich als Mensch aufgehoben und wertgeschätzt fühlen.	Aufopfernder Überangepasster, Unsicher Klagender
Aktive	Aktiv, impulsives Handeln	Aktiv impulsiv, flexibel, überzeugend, handlungsorientiert, Dinge anpacken und in Bewegung bringen	Die Welt ist hart und rücksichtslos und eine ständige Herausforderung. Wir behalten die Initiative und verhindern damit, dass wir von anderen enttäuscht und missbraucht werden.	Manipulativer Charmeur, impulsive Grenz-überschreiter
Kreative	Reaktives, humorvolles Verhalten	Kreativ, humorvoll, locker, spaßig, auf Situationen reagierend; Unabhängigkeit in Denken und Verhalten	Trotz der Probleme sollte man das Leben nicht so ernst nehmen und im Augenblick leben und genießen – dann lösen sich Probleme von selbst.	Angestrengte Verunsicherte, rebellische Kritiker

Quelle: Sieber u. Zehetner 2005

Anschlussfähig wird man über Sachthemen und vor allem über die Anerkennung von Engagement und Leistung. Darüber hinaus braucht es einen Ansatz, der Sicherheit gibt (ein Thema, das vor allem den Bewahrer anspricht) und eigene Werthaltungen wie auch Meinungen respektiert.

Gateways & Rezepte für die Praxis

Den sechs Persönlichkeitsstilen nach dem SIZE-Prozess kann man sich auf zwei Arten als Hypothesen nähern: eine Testung der Personen und durch Beobachtung der benützten Sprache im Alltag. Die Sprache gibt zahlreiche Hinweise, um welchen bevorzugten Persönlichkeitsstil es sich handeln könnte.

Persönlich-keitsstil	Bedürfnis nach ... Bedürfnissystem	Bevorzugter Kommunikationsstil in Verbindung mit typischen Wörtern und Begriffen
Analytiker *faktenorientierter Denker*	Wissen- und Information, Kompetenz, Bestätigung über Leistung, Zeitplanung	Informativ-analytischer Stil: denken, exakt, Analyse, mit System, rechnen, welche Optionen, abschätzen, vergleichen, bedeutet das ...? Wer, wann, wo, wie ...? Fakten, Informationen, Daten, Zeitrahmen, Kosten, Ziele ...
Bewahrer *wertorientierter Denker*	Vertrauen und Sicherheit, Bedeutung als Person, Bestätigung über Wertehaltung, Bestätigung über Leistung	Informativ-wertorientierter Stil: »Ich bin der Meinung ...«; »meiner Meinung nach«, wollen, glauben, wir sollten/müssen, bin davon überzeugt, Respekt, Werte, Bewunderung, Treue, Tradition, Ordnung, Mut, beurteilen, Pflichtbewusstsein, richtig/falsch (Beurteilungen nach seinem Weltbild), Engagement, Ausdauer, Vertrauen, Qualität ...
Ruhiger *sachlich, besinnliches Denken*	Rückzug, Besinnlichkeit, konkrete Aufgaben, innere Freiheit	Distanziert-nachdenkender Stil: »Darüber muss ich noch in Ruhe nachdenken ...«, nachdenken, überlegen, weiß nicht genau, zuhören, begreifen, alleine, überdenken, zurückhalten, ruhig, still, Friede, Zeit, Einsamkeit, abwarten ...

	Einfühlsamer	Anregung der Sinne, als Mensch akzeptiert sein, Harmonie und Beziehung, Austausch von echten Gefühlen	Einfühlsam-fürsorglicher Stil: »Ich fühle mich ...«, spüren, unwohl, berührt sein, herzlich, harmonisch, glücklich, liegt mir am Herzen, traurig, sanft, mögen, befürchten, angenehm, verlockend, erschrecken ...
	Aktiver	Aktion, Spannung, Herausforderung, Abwechslung	Direktiv-aktiver Stil: »Tun wir«, »Packen wir es an«, Zupacken, loslegen, schnell, Herausforderung, auffallend, einzigartig, sofort, los geht´s, genug geredet, in Erträgen, aufregend, wetten, Bedingungen, Mode ...
	Kreativer	Stimulierende Kontakte, anregende Umgebung, anregenden Zeitvertreib, Unabhängigkeit, Freiräume	Spielerisch-kreativer Stil: »cool«, »gefällt mir«, »gefällt mir nicht«, »echt Spitze«, »wow«, »hasse ich«, »originell«, »echt steil«, »super«, »witzig«, »Spaß«, »originell«, »lustig«, »Spielerei« ...

»Gaming« – ein Blick auf die dynamischen Spiele zwischen Akteuren

Wenn Sie sich in Ihrer Organisation umsehen, wenn Sie das Organisationsleben beobachten, können Sie unterschiedlichste Handlungen beobachten. Sie können versuchen zu begreifen, was andere tun und mit welchem Ziel; was die Absichten und Möglichkeiten sind und nach welchen Gesetzmäßigkeiten diese verwobenen Handlungen ablaufen.

Haben Sie sich während eines Meetings oder bei einer Arbeit im Rahmen eines Projektes schon einmal gefragt: Worum geht es hier? Was läuft hier ab, was wird hier gespielt?

Wir nehmen hier diese Frage wörtlich und beschreiben mit »Gaming« die Verhalten (Interaktionsdynamiken) beeinflussenden Kontexte und Spannungsfelder als Spiele im weitesten Sinn. Jeder in der Organisation spielt sein »Spiel«. Das Handeln der Akteure kann als Verfolgung von sowohl bewussten als auch unbewusst initiierten Spannungsfeldern von bestimmten Spielen, Spielsituationen, Spielregeln und Ressourcen (»Trümpfe«) rekonstruiert werden. *Nach Kruse (2005, S. 107) entsteht Ordnung in sozialen Systemen aus eigendynamischen Regeln. Die offenen und verdeckten Regeln einer Kultur stabilisieren wie ein soziales Gedächtnis die Wirklichkeit einer Organisation. Die offenen und verdeckten Spielregeln festigen und formen das Zusammenleben in der Organisation.*

Wir definieren auf der Basis von Ortmann (1992) Spiele in Organisationen folgendermaßen:

- Spiele sind komplexe aufeinander bezogene Verhaltensmuster von Personen, die sowohl etablierten offenen als auch »heimlichen« Spielregeln folgen. Diese Spielregeln sind durch ein Wechselspiel von Organisationskultur und psychischen Grundbedürfnissen einzelner Akteure entstanden.
- Spiele sind unbestimmt, weil sie immer mehrere Lösungen zulassen.
- Spiele sind in dem Sinne ungerecht, weil immer bestimmte Spieler durch die Spielregeln von vornherein geringere Gewinnchancen haben.
- Die Spieler haben (immer) unvollständige Informationen.
- Die Spiele bestehen sowohl aus kontextabhängigen als auch persönlichen Zügen der Spieler.
- In Spielen haben Täuschen und Bluffen eine gewisse Bedeutung. Dazu gehören Zurückhaltung, Filterung oder Verzerrung von Informationen.
- Der Akteur unterliegt dem Zwang des Spiels, wenn er seine Interessen durchsetzen will. Denn dann muss er die Regeln des Spiels beachten oder neue Spielregeln etablieren.
- Jeder Spieler benutzt eine ihm eigene Strategie im Spiel, die Ausdruck seiner »individuellen« Spielweise ist.

Mit »Gaming«©[33] bezeichne ich einen Prozess des Beobachtens, Deutens und Umdeutens einer Situation durch die Verwendung der Beschreibungsform »Spiel«: *Welche Spielregeln werden sichtbar? Wer spielt mit? Auf welcher Bühne/welchem Spielbrett wird welches Spiel initiiert? Wer spielt dabei welche Rolle? Wer sind heimliche Gewinner des Spiels? Wie könnte man das Spiel nennen? – denken Sie auch an berühmte Filme oder Theaterstücke.*

---

33 »Gaming« wurde vom Autor 2003 entwickelt. Die Theoriebasis lieferte die Systemtheorie (Luhmann, Weick), das Spielmodell von Crozier u. Friedberg, das Modell der radikalen Marktwirtschaft, die Psychodynamik, Leader-Follower-Dynamiken nach dem Tavistock Institute, Gruppendynamik und die Transaktionsanalyse nach Eric Berne.

Wir nutzen für »Gaming« eine bildhaftere Sprache, die in Analogie zu Spielen (und auch Filmen, Theaterstücken). Gaming heißt, anders hinzusehen, um Situationen anders wahrnehmen zu können (z. B. die Rolle des Managements im Rahmen einer Business Unit). Gaming bedeutet dann in Folge, neue Spiele zu initiieren. Mit »Gaming« beobachtet man das »Wie« und das Zusammenspiel von verhaltenssteuernden Interaktionsdynamiken, um dann letztendlich neue Spiele – Lösungsspiele – initiieren zu können.

Wenn wir an Probleme und Herausforderungen mit dem gewohnten Repertoire herangehen, werden auch gewöhnliche Lösungen hervorgebracht. Wenn wir allerdings neues Wissen brauchen, wenn die üblichen Lösungen nicht mehr förderlich sind, benötigen wir andere Zugänge. Andere, neue »Bilder, Vermutungen und Bezugsrahmen wirken als unterschiedliche Linsen. Sie lassen uns sehen, was wir ansonsten nicht sehen« (Morgan 1998, S. 29). Um alte, tief verwurzelte Denkweisen abschütteln zu können, muss man neue Bilder, neue Zugänge finden, um sein Handeln zu begreifen und neu gestalten zu können.

Die Organisation wird durch Verhalten konstruiert
Die Mitglieder, die Akteure einer Organisation konstruieren durch ihr Verhalten – ihr Tun und Unterlassen – die Organisation. Die Umsetzungen einer Strategie, das Lebendigmachen einer Struktur, das koordinierte Arbeiten entlang eines Geschäftsprozesses, das bessere »Miteinander« sind letztendlich auf das Verhalten von Einzelpersonen bzw. von aufeinander abgestimmten Verhaltensweisen von mehreren Personen zurückzuführen. Dies ist in den meisten Fällen sehr zieldienlich – in anderen Fällen spielt das Ensemble der Akteure nicht so gut zusammen.

Die leitenden Fragen für eine Veränderungschoreografie lauten wie folgt: *WIE konstruieren die Akteure die Organisation und welche Faktoren sind dabei verhaltenssteuernd? Was ist zieldienlich und soll beibehalten werden, was soll verändert werden?*

Wir unterscheiden drei mögliche Beobachtungsebenen, die im Sinne von Gaming verhaltenssteuernd sein können:

1) Die Interaktionsdynamik der inneren Stimmen (Persönlichkeitsstile) einer Person, quasi das »innere Theater«

2) Die Interaktionsdynamik in Beziehungen zu anderen Personen
3) Die Interaktionsdynamik auf der Bühne der Organisation, mit ihren offiziellen und inoffiziellen Spielregeln, Mustern, Bedürfnissen und Beschränkungen

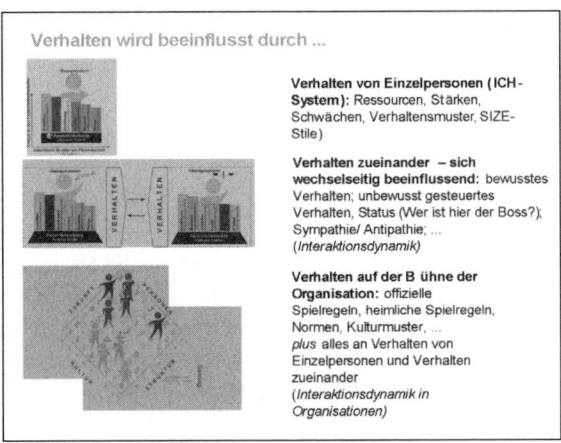

Das »innere Theater« – SIZE-Stile und Bedürfnissysteme

Die Frage nach dem »inneren Theater« setzt auf den vorhergehenden Ausführungen auf. Wir gehen davon aus, dass das »innere Theater«, das Innenleben einer Person, hoch komplex ist und auf frühkindliche Bedürfnisentwicklungen zurückgreift.

Jede Person wird durch bewusste und unbewusste Prozesse aus seinem »inneren Theater« heraus gesteuert. Auch wenn sie unter der Oberfläche sind: Sie treiben uns an und bestimmen, welches Verhalten wir jeweils zeigen. Wir sind alle das Produkt unserer Vergangenheit. In jedem Mann und in jeder Frau steckt ein kleines Kind mit bestimmten Bedürfnissen. Durch die massiven Prägungen in unserer Kindheit neigen wir auch später dazu, bestimmte Verhaltensweisen – die in unserer Kindheit eine Bedürfnisbefriedigung ermöglichten – im Hier und Jetzt des Organisationsalltags zu wiederholen.

Da gab es den kleinen Jungen, dessen Vater ihn nur und ausschließlich lobte, wenn er eine besondere Leistung vollbracht hatte – schneller Rad zu fahren als die anderen, mehr zu wissen als die Nachbarskinder. Der Junge hatte schnell gelernt, dass seine Bedürfnisse nach Anerkennung und Beachtung nur befriedigt werden, wenn er besser oder perfekter ist als andere. Dieses Denkmuster wurde zum inneren Antreiber: Sei perfekt! Auch im Erwachsenenalter pflegt dieser Junge die Dinge nur dann als fertig zu betrachten, wenn sie seinem Perfektionismus entsprechen. Jegliche Aufgaben werden daher »perfekt« erledigt: 70 Seiten detaillierte Analyse und Diagnose – auch wenn die Anweisung des Vorgesetzten hieß: Bitte machen Sie bis morgen eine kurze Übersichts- Aufstellung für unsere Marketingabteilung.

Der SIZE-Prozess bietet einen praktischen Zugang zur Erschließung des »inneres Theaters« auf der Basis von Landkarten (Hypothesen und nicht das Land selbst).

Die Interaktionsdynamiken in Beziehungen

Jegliche Beziehung von zwei oder mehreren ist durch sich entwickelnde Spielregeln geprägt. Diese Spielregeln definieren, wie man miteinander umgeht, was man sagt, wie man es sagt, wer in dieser Beziehung mächtig ist und wer nicht.

Beziehungen im Sinne von sporadischen Kontakten bis hin zu Arbeitsbeziehungen – werden von bewussten (offensichtlichen) und unbewussten (unter der Oberfläche agierenden) Kräften gesteuert. So gibt es bestimmtes Wissen aus anderen Beziehungen, das ich bewusst in jede neue Beziehung mit einbringe. Es gibt gesellschaftliche Normen, die bestimmte Handlungen als legitim und andere als »verrückt« bezeichnen. Und jede soziale Situation etabliert aus sich

heraus bewusste Spielregeln – auch Beziehungen sind das Produkt der Vergangenheit. Wie wir miteinander umgegangen sind – waren wir per du oder per Sie, wer hat offiziell welchen Status – prägt einige der zukünftigen Spielregeln.

Auf der Seite der unbewussten Kräfte sind die blinden Flecken und Bedürfnisse der teilnehmenden Personen aktiv: Wer nimmt wie Kontakt auf, wer nimmt was wahr, wie wird kommuniziert, wer hat welche Bedürfnisse usw. Dies wird in die soziale Situation mit hineingetragen. Darüber hinaus wirken Status- und Machtspiele (Wer ist hier eigentlich der Boss? Wer hat hier etwas zu sagen?) und auch »heimliche Muster«.

Die Interaktionsdynamik auf der Bühne der Organisation

Die Organisation mit ihren offiziellen und inoffiziellen Spielregeln, Mustern, Bedürfnissen und Beschränkungen dient als Bühne für viele Spiele. Es werden offizielle Spiele gespielt – aufeinander bezogenes Verhalten, das nach offiziell genehmigten Spielregeln gespielt wird: Meetingabläufe, Oben-unten-Regelungen, koordiniertes Verhalten im Sinne von Abläufen oder Prozessen. Zusätzlich werden aber auch inoffizielle und verdeckte Spiele gespielt – diese Art der Spiele ist ein Teil dessen, was als Unternehmenskultur bekannt ist. Die offiziellen

Spielregeln – Verhaltensnormen, offizielle Ziele, klare Spielregeln und Abläufe – wie auch verdeckte und inoffizielle Spiele (Macht- und Status, Interaktionsdynamiken der Beziehungen, Unsicherheitszonen usw.) ermöglichen, fördern oder limitieren das Verhalten der Akteure.

Ein Momentum, das Akteure immer zu Spielen einlädt, sind Unsicherheitszonen. Dies sind Felder in der Organisation oder im Zusammenspiel, die nicht konkret und nicht transparent sind. Diese Offenheit – eine unklare Strategie; nicht definierte Zuständigkeiten oder Abläufe; durch Akteure bewusst geschaffene Freiräume etc. – lässt ein Stück Handlungsspielraum entstehen, der nicht vordefiniert ist. Dadurch müssen die Akteure miteinander zu verhandeln beginnen, um ihr Verhalten wechselseitig aufeinander abzustimmen.

In den meisten Kartenspielen z. B. werden immer wieder Unsicherheitszonen durch die Regeln mit eingebaut, um Spannung oder das Spiel an sich entstehen zu lassen: den Mitspielenden die eigenen Karten nicht zeigen; nicht ankündigen, was man ausspielen will oder was man sammelt. Ohne Unsicherheitszonen wäre die Attraktion des Spiels verloren.

Auch manche Abläufe aus der Vergangenheit sind über die Zeit zu »heimlichen« Spielen geworden: »Wir machen das immer so – warum weiß ich nicht mehr.« Ein Krankenhaus hatte immer Montags um 10:30 Uhr ein Meeting in der A-Abteilung, obwohl es für alle Beteiligten am Dienstag um 8:00 Uhr viel einfacher zu organisieren gewesen wäre. Durch die Spielanalyse sind die Krankenschwestern und Ärzte dahinter gekommen: Vor zehn Jahren hatte der alte Chef der Abteilung, Herr Dr. Mayer, – inzwischen seit vier Jahren in Pension –, eine Behandlung seines Rückenleidens immer Dienstagvormittags. Nach seiner Visite der Privatpatienten am Montag hatte er ab 10:30 Zeit. Daher wurde das Meeting so gelegt, dass der Chef der Abteilung Zeit hatte – am Montag ab 10:30 ...

Typen von Spielen – What's the name of the game?

Organisation entsteht durch das Zusammenspiel von dynamisch miteinander verzahnten Entscheidungen und Handlungen. Die oben skizzierten das Verhalten prägenden Dynamiken beeinflussen, wie Personen auf der Bühne der Organisation agieren, wie Entscheidungen getroffen werden, wie Strukturen lebendig werden oder nicht gelebt werden. Sie sind der Stoff, aus dem die »Montageregeln« bestehen, die zum Zusammenbau der Organisation benutzt werden und bestimmen, wie der Prozess des Organisierens vonstatten geht.

Diese bewusst und unbewusst gesteuerten Rezepte wollen wir als »Spiel« beschreiben, um Organisationssituationen und Change-Prozesse in reichhaltigerer Weise zu verstehen.

Welche Formen von Spielen gibt es und welchen Grundmustern folgen sie? Welche unterschiedlichen Spielregeln etablieren sich dabei?

Wir unterscheiden 5 idealtypische Gaming-Formen:

1) Flow-Spiele (als positive Spiele; Verstärker von Energie)
2) Psychodynamik-Spiele
3) Macht- und Statusspiele (inkl. Führer- und Gefolgschaftsdynamiken)
4) Psychodynamik-Auswirkungen auf die Kultur der Organisation
5) Heimliche Spielregeln der Organisation *(Spiele die durch Organisations-Kontexte ausgelöst wurden, wie Kulturmuster/Systemspiele, durch Zuschauer ausgelöste Spiele)*

Zur Beschreibung der Interaktionsdynamiken greifen wir auf »Spiele« im weitesten Sinne zurück: Als »Spiele« gelten hier alle Sportarten, Gesellschaftsspiele (wie Halma, Vier gewinnt, Mensch ärgere dich nicht usw.), Theaterstücke, Belletristik, Kino- und Fernsehfilme, Soap-Serien, aber auch Metaphern. Das Verbindende der Beschreibungen ist: Es muss auf einer Bühne/Spielbrett passieren; es hat bestimmte Spieler, folgt erkennbaren Spielregeln und öffnet neue, Lösungen anregende Blickwinkel auf das Verborgene der Organisation. Wir greifen für die Beschreibung auf alle bestehende Spiele, Filme und Theaterstücke zurück und nutzen diese als Folie.

1) Flow-Spiele – Leichtigkeit im gemeinsamen Tun und Gestaltung von Win-Win

Kennen Sie das auch: Sie arbeiten gemeinsam mit anderen an einer Problemstellung, und plötzlich beginnt es zu fließen, gemeinsam wird das Problem mit einer Anmut und Leichtigkeit gelöst.

Das Aufgehen im gemeinsamen Tun, voller Freude an der Tätigkeit, ist ein Kennzeichen für »Flow«. Flow meint »fließen, strömen« und vollständiges Aufgehen in einer Aufgabe. Unter der »Gaming«-Brille betrachtet, ist dies ein Spiel mit Spielregeln, die Win-Win und gemeinsames Tun auf gleicher Augenhöhe ermöglichen. Im Flow werden im gemeinsamen Zusammenspiel alle unterschiedlichen Ressourcen genutzt und wertgeschätzt. Je nach Situation, Problemlage, beteiligten Personen wird ein anderes Set von Handlungen nötig und ist ein anderes Zusammenspiel zu gestalten, um positiv und konstruktiv Lösungen zu entwickeln. Man setzt sich gemeinsame Ziele und erreicht sie dann auch. Die gemeinsamen Handlungen und die unterschiedlichen Ressourcen der Akteure verschmelzen zu einer Welle von Energie. Jedes Detail der Zusammenarbeit bezieht seinen Sinn und seine Energie aus dem klaren, gemeinsamen Ziel. In diesem Fall nimmt Business zweifellos »Seele« an.

Ein weiteres Kennzeichen dieser Spiele ist es, dass die Akteure sich auf gleicher Augenhöhe begegnen; sie wissen, was von ihnen erwartet wird (das Ziel ist klar); sie bringen das ein, was sie wirklich gut können (bringen ihre Talente ein).

Flow-Spiele sind in der Realität sehr häufig anzutreffen – gleichzeitig sind sie ein Referenzrahmen für »Lösungsspiele«, für ein optimales Zusammenspiel im Team, den Abteilungen und Organisationen.

2) Psychodynamik-Spiele als Ausdruck fehlgeleiteter Bedürfnisse

Kennen Sie auch ähnliche Situationen aus Ihrer Organisation?

Herr Müller und Herr Maier überlegen, wie sie das Projekt »top five« starten wollen. Sie diskutieren unterschiedliche Möglichkeiten und reden konsequent aneinander vorbei. Herr Müller versteht zum wiederholten Male nicht, was Herr Maier will: »Das verstehe ich jetzt nicht. Wie meinen Sie das?«

Da springt ihre Führungskraft Herr Dr. Ritzhoff ein: »Was Herr Maier sagen will, ist ...« Darauf unterbricht Herr Maier verärgert seinen Chef: »Mischen Sie sich da nicht ein, ich kann mich schon alleine verständlich machen.« Herr Dr. Ritzhoff erwidert: »Ich wollte ja nur klären helfen.« Und denkt sich: »Jetzt verstehe ich die Welt nicht mehr. Da will man nur vermitteln und ...«

Was ist hier gelaufen? Ein Spiel, genau.

Herr Ritzhoff startet aus der Retterposition: Er will helfen und springt ein, ohne darum gebeten worden zu sein. Er wird von Herrn Maier aus der Verfolgerposition heraus zurechtgewiesen und für diese Hilfe kritisiert.

Warum spielen Menschen Spiele auf der Bühne der Organisation?

Auf der Bühne der Organisation finden oft »psychologische Spiele« (Berne 1972) statt. Sie werden meistens unbewusst von den Organisationsbewohnern, den Mitarbeitern, gespielt. Das Ziel ist es, Aufmerksamkeit zu erlangen und diese – negativ oder positiv – auch zu erhalten, oder Eigenverantwortung abzuwälzen oder an Macht und Einfluss zu gewinnen. Jegliches Verhalten dient immer auch einer psychologischen Bedürfnisbefriedigung. Viele Führungskräfte lassen sich auf diese Spiele ein, ohne dies zu erkennen. Das »Mitspielen« bedeutet dann in der Regel meist für beide Seiten Ärger, einen enormen Zeitaufwand und somit die Behinderung effektiver Arbeitsabläufe.

Jede Person hat eine bestimmte Einstellung, ein bestimmtes Verhalten in der Welt, das sie aus ihrer besonderen Lebensgeschichte gewonnen hat. Die »innere Bühne« von Personen organisiert den Vorgang der Informationsaufnahme und -verarbeitung und bestimmt – meist unbewusst – das Verhalten in zwischenmenschlichen Situationen. Wenn Personen miteinander in Kontakt treten, tauschen sie Mitteilungen und Botschaften aus. Sie setzen dabei Sprache und ihren Körper ein, nutzen Worte, Gestik und Mimik in derselben Weise.

»Unerledigte Geschäfte« heißen in der Gestalttherapie (F. Perls) solche Konstellationen, in denen die Fixierung aus der Vergangenheit das Handeln im Hier und Jetzt prägen. Menschen handeln dann jetzt so, als ob die Vergangenheit heute wäre: Sie treffen Entscheidungen oder beziehen Personen oder Konstellationen mit ein, die längst abgeschlossen sein sollten. Eine alte Wunde, ein alter Streit, eine unbewältigte Abhängigkeit sind handlungsprägend im Jetzt.

Menschen tendieren dazu, ihre »unbewussten« Ziele und Bedürfnisse auch über »psychologische Spiele« zu erreichen. Spiele sind eine (aus der Kindheit) vertraute Form, um Zuwendung (stroke) und Aufmerksamkeit zu erhalten. Spiele sind eine vertraute Form der Zeitgestaltung. Vertrautes bringt Sicherheit. »Spiele« sind ein Set von aufeinander folgenden Verhaltensweisen, die einem bestimmten Spielplan folgen. Psychologische Spiele haben einen verführerischen Charakter, da ein oder mehrere Spieler dabei eine bestimmte Rolle einnehmen, durch die andere dazu eingeladen werden (sollen), die komplementäre Rolle einzunehmen. Spiele laufen nach einem bestimmten Drehbuch ab. Es gibt Spielregeln und verschiedene Rollen. Jeder Mitspieler nimmt eine bestimmte Rolle ein, wobei im späteren Verlauf mindestens einer der Spielpartner im späteren Verlauf des Dramas die Rolle wechselt. Im Rahmen dieser Rollen tauschen die »Spielpartner« nach frühkindlich gelernten Mustern Zuwendung und Beachtung aus. Teile der Situation im Hier und Jetzt (Erwachsenen-Ich) werden negiert, und es kommen vergangene Ereignisse ins Spiel. Jeder bevorzugt ganz für ihn typische Spiele, die der Einzelne in seiner Kindheit gelernt hat, um sich in seiner Familie durchzusetzen.

Während auf der offenen, sozialen Ebene Transaktionen auf der Erwachsenen-Ich-Ebene ablaufen, sind die verdeckten psychologischen Transaktionen vornehmlich auf der Eltern-Kind-Ebene. Die Spiele laufen nach einem bestimmten Drehbuch ab, wie in einem Film oder einem Drama. Voraussetzung ist, dass der Agierende einen Schwachpunkt beim Gegenüber vorfindet, z. B. Angst, Suche nach Anerkennung, Leidenschaft, Sentimentalität, Habgier, an dem er (unbewusst) »einhaken«, einen »Köder« anbieten kann.

Das »Dramadreieck« als Rollen im Spiel

Was wäre die Literatur ohne »gefährliche Liebschaften" oder Helden, die einen retten? Was wären Fernsehen und Kino ohne Dreiecksbeziehungen, ihre Dramatik und ihre Verwicklungen?

Aber auch der Organisationsalltag bezieht aus diesen Feldern seine Spannung. Ende der 60er-Jahre stellte Stephen Karpman das Dramadreieck mit den drei Positionen »Verfolger, Opfer und Retter« zur Klärung von Spielen vor. Stephen Karpman (1968) analysierte Märchen und Dramen nach typischen Handlungssequenzen und fand dabei drei charakteristische Spiel-Rollen heraus:

Opfer: Die Einstellung und das Verhalten einer Person, die vorgibt,
dass ihr die Kraft zum Problemlösen fehlt,
dass ihre Bedürftigkeit sie vom Problemlösen abhält,
dass ihre Denkfähigkeit nicht ausreicht.

Retter: Die Einstellung und das Verhalten einer Person, die das Denken, Bewerten und Problemlösen für andere übernimmt,
mehr für andere tut, als sie ihnen mitteilt,
Dinge für andere tut, die sie eigentlich nicht tun mag.

Verfolger/Ankläger: Die Einstellung und das Verhalten einer Person,
die andere herabsetzt, sie verletzt und übermäßig kritisiert,
die andere bestrafen will.

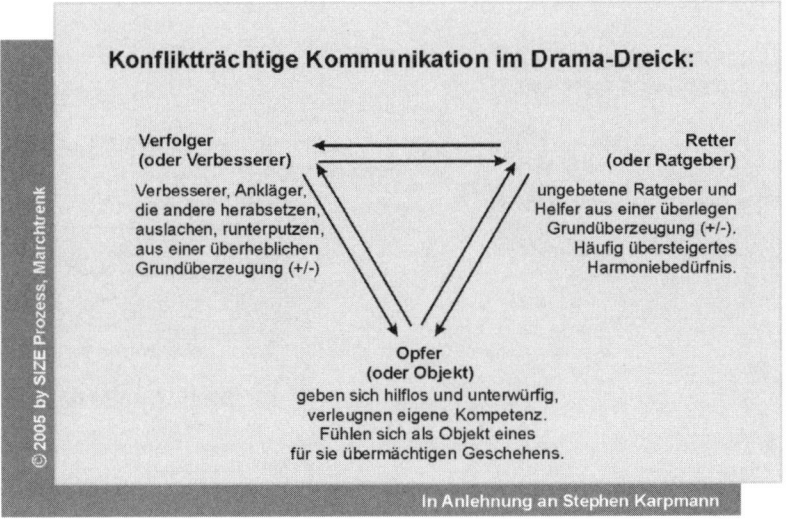

Konfliktträchtige Kommunikation im Drama-Dreick:

Verfolger (oder Verbesserer) ←→ Retter (oder Ratgeber)

Verbesserer, Ankläger, die andere herabsetzen, auslachen, runterputzen, aus einer überheblichen Grundüberzeugung (+/-)

ungebetene Ratgeber und Helfer aus einer überlegen Grundüberzeugung (+/-). Häufig übersteigertes Harmoniebedürfnis.

Opfer (oder Objekt)
geben sich hilflos und unterwürfig, verleugnen eigene Kompetenz. Fühlen sich als Objekt eines für sie übermächtigen Geschehens.

© 2005 by SiZE Prozess, Marchtrenk

In Anlehnung an Stephen Karpmann

Erläuterung der Grundpositionen (+/-) und (-/+)

+/-

Dieser Typus überschätzt die eigenen Handlungsmöglichkeiten und überschätzt die eigenen Fähigkeiten, blendet eigene Schwächen und Bedürfnisse aus,

übernimmt ungefragt Verantwortung für andere und glaubt zu wissen, was zu tun ist oder was »richtig« wäre, unterschätzt die Handlungsmöglichkeiten der anderen Person und unterschätzt die Fähigkeiten der anderen Person.

-/+

Dieser Typus unterschätzt die eigenen Handlungsmöglichkeiten und unterschätzt die eigenen Fähigkeiten, blendet eigene Fähigkeiten und Handlungsmöglichkeiten aus,

überlässt die Verantwortung für die eigenen Probleme der anderen Person und glaubt, dass die andere Person besser weiß, was zu tun ist oder was »richtig« wäre,

überschätzt die Handlungsmöglichkeiten der anderen Person und überschätzt die Fähigkeiten der anderen Person.

Wie laufen solche Dramaspiele ab?

In einem »psychologischen Spiel« in der Organisation besetzen die »Akteure« jeweils eine der drei Rollen. Die Beteiligten wechseln im Laufe eines Dramas in einer bestimmten Reihenfolge die Rollen – so wird der Retter zum Verfolger und das Opfer zum Retter.

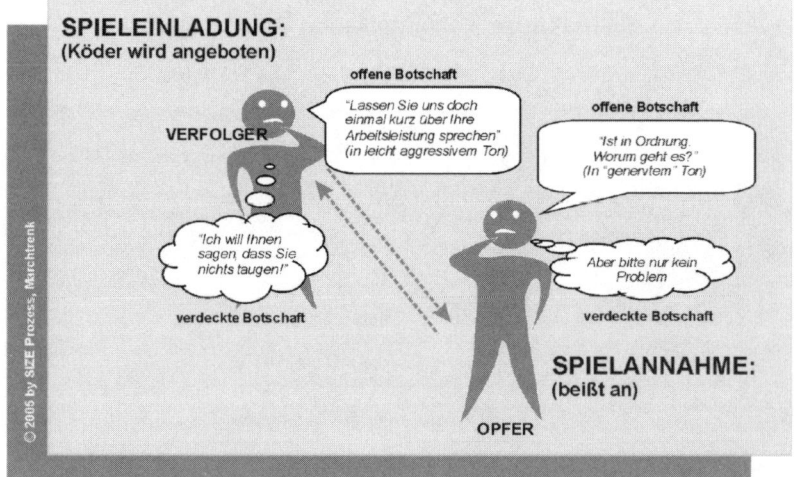

Jedes Spiel beginnt mit einer Einladung, die an einen anderen ausgesprochen wird. Sie ist gekoppelt an eine Über- oder Untertreibung der eigenen Fähigkeiten oder der eigenen Bedeutung. Fast immer ist dieses Angebot mit einer verdeckten Botschaft verbunden.

Das Reagieren auf verdeckte Botschaften ist Auslöser (»Köder«) eines so genannten Spiels: Das »was« einer Mitteilung unterscheidet sich vom »wie« einer Mitteilung und spricht andere Ich-Zustände an. Auf der verdeckten, psychologischen Ebene läuft etwas anderes ab als auf der offenen, sozialen Ebene.

Dieses Phänomen wird von Berne mit dem Gleichnis von den »T-Shirts« beschrieben, auf denen auf der Vorderseite die Botschaft der sozialen Ebene steht (etwa: »Hilf mir!«), und auf der Rückseite die Botschaft der psychologischen Ebene (»Du kannst mir nicht helfen!«, »Niemand kann mir helfen!«). Der zweite Spieler hätte in diesem Spiel z. B. auf der Vorderseite die Botschaft stehen »Ich helfe gerne!« und auf der Hinterseite »Dir kann man ja nicht helfen!«.

Spieler[34]	Spielzüge (»Transaktionen«)	Beobachtungen
Herr Müller	*»Mein Chef macht mich wahnsinnig! Er ist so unklar in seinen Zielen. Ich weiß nicht mehr, was ich tun soll.*	**Einladung/Köder:** Das Spiel beginnt mit einer Einladung, die hier lautet: »Hilfe!«
Frau Maier	*»Warum sprechen Sie nicht offen darüber mit Ihrem Vorgesetzten?«*	**Anbeißen (Spielinteresse):** Die unheilvolle Einladung gelingt natürlich nur, wenn der andere anbeißt. Reagiert die zweite Person auf die verdeckte Botschaft, hat sie das Spielangebot angenommen.
Herr Müller	*»Der versteht meinen Standpunkt nicht!«*	
Frau Maier	*»Vereinbaren Sie einen Termin für ein Gespräch mit ihm, um ihr Unbehagen anzusprechen!«*	
Herr Müller	*»Ja, das sagt sich so leicht, der hat ja nie Zeit!«*	**Reaktion:** Die folgende Sequenz lässt eine offene Gesprächsentwicklung nicht mehr zu.

---

34 Dies ist eine Überarbeitung eines Beispiels aus einem unveröffentlichten Skript von Fritz Zehetner (SIZE-Prozess).

		Die Kommunikation erweckt nun fast den Eindruck, als würden die beiden Gesprächspartner »haarscharf« aneinander vorbeireden und/oder wesentliche Teile des Problems oder der Wirklichkeit ausblenden.
Frau Maier	»Warum rufen Sie nicht seine Sekretärin Frau Maschke an und lassen sich einen Termin geben?«	
Herr Müller	»Daran habe ich auch schon gedacht, aber die ist zu mir so unfreundlich, da will ich nicht mehr anrufen!«	
Frau Maier	»Da müssen Sie eben mit Nachdruck darauf bestehen, dass Sie einen Gesprächstermin bekommen!«	
Herr Müller	»Ja, da haben Sie Recht, aber die ist so entsetzlich empfindlich, und ich habe dann unter ihrer schlechten Laune zu leiden!«	
Frau Maier	»Dann würde ich die Stelle wechseln.«	
Herr Müller	»Ja, aber eine Stelle, die so gut bezahlt ist, finde ich kaum mehr; außerdem brauche ich das Geld.«	
Frau Maier	»Ja, dann ist Ihnen nicht zu helfen!«	
Herr Müller	»Da sieht man, dass diese ganzen Modelle im Seminar auch nur Theorie sind und in der Praxis wenig taugen!«	**Endergebnis/Auszahlung:** Es erfolgt die angestrebte Endauszahlung, der Nutzeffekt des Spiels. Das Ziel von Herrn Müller könnte es gewesen sein, Frau Maier scheinbar für sich sorgen zu lassen und dabei dem Retter (Maier) nachzuweisen, dass niemand helfen kann und dass es mit den Ratschlägen auch nicht weit her ist. Ein »Ja, aber ...«-Spiel.

Spiele laufen immer wieder gleich ab und haben eine Wiederholungstendenz; jeder Mensch hat bevorzugte Spiele und spielt diese immer

 **Quer-Denker**
Spielmodell nach E. Berne 1972
Jedes Spiel läuft nach einem bestimmten Schema ab:

- Köder anbieten – »Trick«: Der Köder besteht darin, dass Spieler A bei sich, beim anderen etwas übersieht oder missversteht oder verzerrt darstellt. Dies ist ein »Köder«, der den Auslöser für das Spiel darstellt.
- Köder schlucken – »wunder Punkt«: Wenn Spieler B mit dem »Trick« an einem »wunden Punkt« getroffen wurde, dann steigt er in das Spiel mit ein.
- »Verdeckte Transaktion«: Nun entsteht eine Transaktion, bei der sowohl eine offene, als auch eine verdeckte Transaktion ablaufen.
- »Wechsel des Ich-Zustands«: Einer der Spieler wechselt vom scheinbar vernünftigen Ich-Zustand in einen, anderen Ich-Zustand und dabei wird die verdeckte Transaktion offenbar.
- »Verblüffung«: Der andere erkennt den Wechsel und reagiert auf das Gesprochene verblüfft bzw. verärgert. Damit endet in der Regel das Spiel.
- »Nutzeffekt«: In der Regel enden solche Spiele mit unguten Gefühlen. Aber Berne geht davon aus, dass diese unguten Gefühle unbewusst »erwünscht« und absichtlich herbeigeführt sind, da sie eine Art von Zuwendung darstellen.

Typische Dramarollen (Berne 1972, Karpman 1986)

Typische Verfolgerspiele sind:
- Sehen Sie bloß, was Sie angerichtet haben!
- Wenn Sie nicht wären...
- Jetzt habe ich Sie doch noch erwischt.
- Ich habe es Ihnen ja gleich gesagt.
- Meines ist besser, größer, schöner als deines.

Typische Opferspiele sind:
- Das begreife ich nie.
- Ich bin völlig überlastet.
- Warum muss das immer mir passieren?
- Ich bin viel zu blöd.
- Ja, aber...

Typische Retterspiele sind:
- Versuchen Sie es doch mal so.
- Lassen Sie mich das für Sie machen.
- Ich wollte Ihnen ja nur helfen.
- Ich will doch nur Ihr Bestes.

wieder durch. Oft nehmen sich Menschen vor, das nächste Mal ein anderes Verhalten an den Tag zu legen und wiederholen doch wieder ihr Verhaltensmuster.

Beispiel für ein Spiel aus der Verfolger-Rolle heraus[35]: »*Habe ich dich, du Schuft!*«

---

35 Dieses Beispiel ist aus einem unveröffentlichten Skript von Fritz Zehetner (SIZE-Prozess) übernommen worden.

Name des Spiels:	»Habe ich dich, du Schuft!«	Persönlichkeitsstil	Hohe Spielanfälligkeit Bewahrer, Aktiver
These	Motiv für das Spiel	Eröffnung	Interventionsmöglichkeit
Ich kann erreichen, dass du sich schlecht fühlst, denn ich möchte nicht an mein eigenes Problem denken müssen.	Versuch, das eigene Minderwertigkeitsgefühl auszugleichen. Der Triumph, »oben auf« zu sein.	Der Spieler legt alles darauf an, den/die anderen bei einem Fehler zu ertappen. Manifestiert wird das Spiel durch folgende Äußerungen: »Jetzt werde ich Sie festnageln.« »Auf diesen Moment habe ich gewartet.« »Ich hab ja gleich gewusst, dass ...«	Themen wechseln. Von Beginn an korrektes Verhalten und klare Vereinbarungen. »Es scheint Ihnen Genugtuung zu verschaffen, wenn Sie einen Fehler bei mir finden! Warum eigentlich?« »Willst du mit mir darüber reden, was dir Schwierigkeiten macht?« »Jetzt hast du mich erwischt!« (in humorvoller Übertreibung)«

3) Macht- und Statusspiele (inkl. Führer- und Gefolgschaftsdynamiken)

Mikropolitik gehört zum sozialen System Organisation. Es geht immer um Macht und Einfluss. Jedes Verhalten kann daraufhin beobachtet werden. Die formalen und informellen Spielregeln bilden den Ausgangspunkt für die machtorientierten Spiele. Häufig sind in Organisationen rivalisierende Lager (»tribes«) zu finden, die aus Führungspersonen mit unterschiedlichen Gefolgschaften bestehen. Im Rahmen dieser Spiele wird das Agieren in Dimensionen wie Herrschaft – Unterwerfung, Führer – Gefolgschaft, Konkurrenz – Kooperation als auch mehr oder weniger Status sichtbar. Diese Interaktionsdynamiken können sich sowohl zwischen einzelnen Organisationsbewohnern und auch zwischen »tribes« (Organisationsstämmen) abspielen. In Macht- und Statusspielen werden archaische Themen wie Treue, Macht, Identifikation mit Machtgestalten, gemeinsamer Kampf, Ehre, Gehorsamkeit und auch Unterordnung aus- und abgehandelt.

1. Macht- und Statusspiele

Wie wird Autorität hergestellt? Wer nimmt auf wen Einfluss? Wer kooperiert und konkurriert mit wem worüber? Wem wird warum Macht zugeschrieben?

Mikropolitik ist an situative Gegebenheiten gebunden, die ihre Entfaltung erst erlauben. Sobald in Organisationen Hierarchien, Situationen und Ziele nicht klar vorgegeben sind bzw. nicht klar gelebt werden, etablieren sich »Unsicherheitszonen«. Die Situationen sind mehrdeutig. Ambiguität (Mehrdeutigkeit) lädt ein zu Kämpfen um Definitionen und Festlegungen. Auf der Bühne der Organisation beginnen dann Kämpfe und Verhandlungen der unterschiedlichen Gruppen (Stämme; »tribes«) um die Verwirklichung ihrer Interessen entgegen anderer Interessenslagen. In diesen Unsicherheitszonen entstehen Spiele rund um Macht, Status, Prestige und Anerkennung. Diese Spiele dienen auch dem Streben, seine frühkindlich geprägten Bedürfnisse zu befriedigen.

Ein Mikropolitiker ist jemand, der im Rahmen solcher Unsicherheitszonen politisch handelt, um seine eigenen (teilweise unbewussten) Ziele zu erreichen. Er hat vor allem an Machtvermehrung und -absicherung Interesse. Er instrumentalisiert Menschen, Ideen, Arbeitsprozesse und Produkte für seine Ziele. Der Neid um Positionen und der Hunger nach Anerkennung stimulieren Wetteifer und Rivalität zwischen den Mitarbeitern oder den »tribes«.

Um Positionen durchzusetzen, Verhandlungen erfolgreich zu beenden ist die Anwendung von Macht das Mittel der Wahl. Nach Crozier u. Friedberg (1979, S. 43) ist Macht die Fähigkeit von Akteuren, Ressourcen – wie Expertenwissen, passende Beziehungen, die Kontrolle von Informations und Kommunikationskanälen sowie die Ausnutzung von Organisationsregeln – für die eigenen Interessen zu mobilisieren. Diese Ressourcen werden dann als Trümpfe im Spiel um Machtpositionen und Status eingesetzt.

So ist es in der Praxis meist eine sehr relevante Frage, wer z. B. die Ergebnisse der Projektgruppe dem Vorstand berichten darf oder wer auf Parkplätzen in der Nähe des Haupteinganges parken darf. Aber wenn es in Gruppen wie z. B. Projektteams keine klare Hierarchie gibt, Unsicherheitszonen vorherrschen, dann bildet sich schnell eine Hackordnung heraus.

2. Führer- und Gefolgschaftsdynamiken

Es gibt eine wechselseitige Dynamik zwischen Führer und Gefolgschaft: Ohne Gefolgschaft keine Führung. Was in dem einen latent ist, tritt in dem anderen manifest hervor (Foulkes 1964, S. 74). Gefolgschaft ist ein Prozess aktiver Partizipation – Teilhabe wird aktiv vom »Follower« gegeben, gewährt. Führung handelt vor allem vom Durchsetzen einer Vision und einer Strategie für die Zukunft und darum, Gefolgschaft für diese Gestaltung zu finden. Rund um die Aufgabe werden Abläufe für effektives Arbeiten gestaltet: wie Struktur, passende Koordination, zweckmäßige Rollen sowie Grenzen nach außen. Um dies zu ermöglichen benötigt Führung Macht und Autorität. Diese Autorität muss durch die Mitarbeiter gewährt und sanktioniert werden.

Es braucht darüber hinaus Insignien und Rituale der Macht, um Gefolgschaft symbolisch zu bestätigen und um Macht und Autorität symbolisch zu unterstreichen. Dies sind z. B. bestimmte Sitzordnungen bei Meetings (der Stuhl des Chefs), bewusstes Wartenlassen, große Büros, Parkplätze an strategischen Stellen, Schlüssel zum Vorstandsklosett, die Einladung an verdiente Mitarbeiter zur Strategiesitzung etc.

 **Quer-Denker:**
Hauptformen mikropolitischer Spiele

vgl. z. B.: Burns 1961, Crozier u. Freidberg 1979, Heinrich u. Schulz zur Wiesch 1988, Küpper u. Ortmann 2002, Mintzberg 1983, Neuberger 1995, Nullmaier, Pritzlaff u. Wiesner 2003

Spiele zum Aufbau von Macht

- Das Bündnis-Spiel: Um Interessenlagen gegen andere durchsetzen zu können, knüpft man ein Beziehungsnetz von Gleichrangigen, schließt Koalitionen.
- Das Experten-Spiel: In diesem wird überdeutlich das eigene Expertentum herausgestrichen, um unentbehrlich zu werden. Dies hilft den eigenen Geltungsbereich auszubauen.
- Das Budget-Spiel: Durch das Fordern von immer größeren materiellen und personellen Ressourcen wird die eigene Bedeutung und Stellung betont und ausgebaut. Die relativen Budgetanteile werden damit ein Indikator für die Machtverteilung in der Organisation.
- Das Dominanz-Spiel: Um andere einzuschüchtern, wird ein bestehender Einfluss breit zur Schau gestellt und mit Insignien der Macht (viele Anhänger, großes Büro, viele Sekretärinnen, große Firmenautos, Handy etc.)
- Das »Don Corleone« – oder »Sponsor-Protegé-Spiel«: Eine Person bindet sich an einen in der Organisation aufsteigenden Star oder an eine Persönlichkeit, die schon eine gewisse Machtposition erreicht hat. Das Ziel ist, dass diese für ihren Anhänger kämpft. Die Währung ist absolute Loyalität des Protegés.

Spiele, in denen der **Widerstand gegen andere** im Zentrum steht

- Die Akteure bedienen sich eines aggressiven Widerstands bis hin zu offener Rebellion.

- Sie bedienen sich einer subtilen Hinhaltetaktik.
- Eine extreme und für die Spieler risikoreiche Variante ist das »Jung-Türken-Spiel«:
Eine jüngere Generation hochrangiger Nachwuchskräfte stellt die bestehende Organisationsform zunächst in geheimen Treffen generell in Frage. Anschließend planen sie eine effektive Verschwörung zur Entmachtung der alten Eliten. Ein Scheitern an den alten Machtzirkeln und deren Gefolgschaften zieht das Ausscheiden aus der Organisation nach sich.

Astrid Schreyögg (Schreyögg u. Noss 1995) unterscheidet fünf Machtquellen, die Führungskräfte bei ihren Beeinflussungsversuchen gegenüber »Followers« nutzen können:

Macht durch Belohnung (reward power)
In diese Kategorie fallen materielle (z. B. Geldbeträge) oder immaterielle (z. B. anerkennende Worte) Zuwendungen. Sie wirken allerdings nur dann belohnend, wenn sie von denjenigen, die beeinflusst werden sollen, als attraktiv bewertet werden.

Macht durch Bestrafung (coercive power)
Diese Quelle der Macht gründet sich auf den Eindruck der Geführten, dass der Führer über Möglichkeiten verfügt, sie bei nichtkonformem Verhalten mit Nichtbeachtung, Verachtung, Abmahnung, Entlassung und Ähnlichem bestrafen zu können.

Macht durch Persönlichkeitswirkung (referent power)
Macht kann sich auch dadurch konstituieren, dass der Führungsperson seitens der Geführten außeralltägliche Persönlichkeitswirkungen im Sinne des Weber'schen (1921) Charismas zugesprochen werden, dass sie sich gerne mit ihr identifizieren, dass sie sie vorbehaltlos bewundern oder einfach das Bedürfnis haben, ihr zu gefallen.

Macht durch Expertentum (expert power)
Hierbei handelt es sich um Phänomene, bei denen den Führern von den Geführten besondere fachliche Fähigkeiten oder ein besonderes Wissen zugeschrieben wird.

Macht durch Legitimation (legitimate power)
Weber (1921) machte außerdem darauf aufmerksam, dass sich die Macht von Führungskräften in formal strukturierten Systemen auf

eine gesetzte Ordnung gründet, also auf anonymisierte Regeln im Sinne von Befehlsgewalt und Weisungsbefugnissen. Da die Geführten ebenfalls in diesen formalen Kontext eingebunden sind, haben sie qua System sogar die vertragliche Verpflichtung, sich von ihrem Vorgesetzten beeinflussen zu lassen. Im anderen Fall riskieren sie den Ausschluss aus dem System.

Die Suche des Führers nach Gefolgschaft und die Gewährung der Gefolgschaft und Autorität durch die Folgenden laden zu Spielen ein. Der Ausgangspunkt der Argumentation von Kets de Vries (1984) ist die paradoxe Beziehungsstruktur von Führungskräften und Mitarbeitern: Auf der einen Seite aktivieren Führungskräfte die Rationalität ihrer Mitarbeiter und richten sie auf Leistung aus. Auf der anderen Seite entsteht häufig unbewusst ein Informationsaustausch, der durch Emotionen, Wünsche und Fantasien der Mitarbeiter und Führungskräfte aufgeladen ist. Beispielsweise idealisieren einige Mitarbeiter ihre Führungskräfte, diese wiederum überschätzen teilweise ihre Macht.

Zur Beschreibung dieser Spiele können alle Spiele, die auf Wettkampf und Siegorientierung, Balance von Konkurrenz und Kooperation hinzielen, genutzt werden: Tennis, Fußball (zwei Mannschaften gegeneinander oder Zweikämpfe), Basketball etc. Der Spielstand am Schluss ist das Endergebnis, und es gibt Verlierer und Gewinner.

4) Psychodynamik-Auswirkungen auf die Kultur der Organisation

Gibt es prägende Verhaltensmuster in Unternehmen, die von Schlüsselpersonen verursacht werden und im Unternehmen zu einem bestimmen kollektiven Entscheidungsverhalten führen?

Wir meinen ja – und sehen es als eine besondere Form von »Spiel« an, das sich auf Jahre und Jahrzehnte verdichtet hat und seine Auswirkungen im Alltag spürbar werden lässt. Die Schlüsselpersonen umfassen Gründer, die Kerngruppe, die als mächtige Gruppe alle Entscheidungen mitprägt, wichtige Persönlichkeiten, die die Organisation geprägt haben ...

Aufgrund ihrer kulturprägenden Muster werden im Folgenden fünf Typen (Kets de Vries 1984) hervorgehoben. Wobei Kets de Vries vor allem das Pathologische dieser Organisationstypologien hervorhebt. Wir verstehen diese Beschreibungen als besondere Form von Spielen, die bestimmten Spielregeln folgen. Die Spielregeln etablieren sich aufgrund bestimmter Psychodynamiken, bekommen dann aber ein Eigenleben auf Organisationsdynamikebene.

Die Gaming-Perspektive eröffnet folgende Perspektiven: *Welchen Spielregeln folgen diese Spiele? Welche SIZE-Stile fühlen sich davon vor allem angezogen? Welche Persönlichkeitsstile fühlen sich eher abgestoßen? Wie spielen Psychodynamik und Organisationsdynamik zusammen? Was sind heimliche Gewinne? Welche Dynamik erzeugen solche Spiele nach innen? Welche nach außen in Richtung Markt? Was wird in der Organisation wahrgenommen? Was sind blinde Flecken, was wird negiert? Was könnte das »Lösungsspiel« sein? Was sind mögliche Hebel, um einen ersten Schritt in Richtung Veränderung zu ermöglichen?*

Folgende idealtypische Beschreibungen sind von Kets de Vries geprägt und werden von mir als Referenzrahmen, als »Spielbeschreibungen« genutzt:

1. Die **dramatische** Organisation wird durch Hyperaktivismus, Impulsivität, Abenteuerlust und Hemmungslosigkeit gekennzeichnet. Die Entscheidungsträger leben nicht in einer Welt der Tatsachen, sondern in einer der Verdächtigungen und Eindrücke. Die dramatische Atmosphäre richtet sich auf die Frage, wie die einmal gewonnene Aufmerksamkeit erhalten bleibt, und führt häufig zu zentralistischer Macht an der Organisationsspitze. Die Organisation operiert auf einer Vielzahl von Märkten, ohne sich tatsächlich auf die Marktbedingungen auszurichten: Vielmehr schafft sie sich ihre eigene Umwelt. Das narzisstische Bedürfnis der Führungsriege äußert sich in extremen Wachstumszielen, die mittels kühner und riskanter Operationen realisiert werden sollen.

2. Die **paranoide** Organisation äußert sich in einer Überbetonung der organisatorischen Kontrolle. Verdächtigungen und Misstrauen des Managements führen zur Errichtung von Budgetierungssystemen, Cost-Centers, Profit-Centers und der Installation umfangreicher Kostenrechnungsapparate. Diese Mechanismen reflektieren den Wunsch, permanent auf Notfälle vorbereitet zu sein. Das Misstrauen des Top-Managements richtet sich nach außen, wobei gleichzeitig die interne Diskussion den organisatorischen Informationsstand verbessern soll. Misstrauische Organisationen sind reaktiv, ohne überhaupt zu antizi-

pieren. Zudem äußert sich die Furcht vor Innovationen und Ressourceneinsatz in einem ausgeprägten Konservatismus.

3. Die **schizoide** Organisation leidet unter einem Führungsvakuum, da die oberste Führungskraft dazu neigt, sich zurückzuziehen. Sie legt ein mangelndes Gegenwarts- und Zukunftsinteresse an den Tag, ist uninvolviert und desinteressiert. Der Kernkonflikt besteht in dem Gefühl, dass Interaktionen mit anderen zum Scheitern verurteilt sind und Distanz den sichereren Weg darstellt. Oft wird die zweite Führungsebene zum Schlachtfeld, auf dem Chancen gesehen werden, die eigene Karriere voranzutreiben. Diese Kombination von Desinteresse auf der ersten und politischen Machtspielen auf der zweiten Ebene führt zu einer Nichtrealisierung strategischer und struktureller Ziele und verhindert eine effektive Koordination und Kommunikation. Informationen über die Umwelt werden nicht ermittelt, der Fokus der organisatorischen Aktivitäten wird aufgrund persönlicher Ambitionen ausschließlich nach innen verlagert.

4. Die **zwanghafte** Organisation wird durch ihre Rituale und Detailplanung geprägt. Im Vordergrund stehen Gründlichkeit, Vollständigkeit und Konformität, der Schwerpunkt liegt auf Kontroll- und Informationssystemen. Im Gegensatz zur misstrauischen Organisation ist hier aber die Aufmerksamkeit auf die internen Situationen gerichtet. Auch die Strategie wird explizit fokussiert und immer an einem eng begrenzten Bereich – beispielsweise Kostenreduktion – ausgerichtet. Diese Orientierung ist die Hauptrichtschnur der Organisation, unabhängig von der Umweltsituation. Wandel findet infolgedessen kaum statt.

5. Die **depressive** Kultur wird durch Inaktivität, Vertrauensdefizit und eine ausgeprägte konservative Inselhaltung charakterisiert. Die Atmosphäre wird durch Passivität und Ziellosigkeit geprägt und äußert sich in mangelndem Interesse an den Marktbedingungen und damit in einer ausgesprochenen Innenorientierung. Die dominanten Meinungsbildner leiten die Organisation aufgrund ihres mangelnden Selbstvertrauens und ihrer negativen Zukunftsperspektive ziel- und haltlos. Eine explizite Strategieformulierung findet nicht statt, genauso wenig wie ein sinnvoller strategischer Wandel. Dieser organisatorische Typus neigt besonders zur Selbstvernichtung und ist im Falle des Überlebens meist in saturierten Märkten zu finden.

6. Die heimlichen Spielregeln der Organisation

(Kulturmuster/Systemspiele, durch Zuschauer ausgelöste Spiele)
Durch alle Interaktionen und Entscheidungen in der Organisation entsteht eine bestimmte Organisationskultur. Nach Schein (1995) umfasst diese alle »basic assumptions«, Normen, Standards und die eigenen Rituale der Organisation und der in ihr agierenden »tribes«. Andere Aspekte der Kultur zeigen sich in der Mikropolitik. Alles in allem fasst »Organisationskultur« das zusammen, WIE man sich in einer Organisation zu verhalten hat und wofür man Anerkennung und wofür man Bestrafung bekommt. Kultur ist somit auch die Summe aller »heimlichen Spielregeln« einer Organisation.

Die Firma Mayer, ein erfolgreicher Zulieferer von Tiefziehteilen für die Automobilbranche, hat Kontakt mit mir als Berater aufgenommen. Das Problem war, dass trotz professionellen Projektmanagement-Tools interne Projekte nie endgültig abgeschlossen oder beendet wurden. Viele Projekte liefen bereits fünf Jahre so nebenbei, trotz eines geplanten Projektendes nach nur einem Jahr Laufzeit. Im Rahmen einer umfassenderen Kultur- und »Gaming-Analyse« wurde klar, dass es »ungeschriebene und heimliche Spielregeln« gab: Projektabschlüsse bedeuten in dieser Organisation nicht »Gewinn«. Nur diejenigen Projektmanager, die besonders viele Projekte gleichzeitig betreuten, bekamen Aufmerksamkeit und Anerkennung in dieser Organisation. Jeder Projektmanager, der ein Projekt beendete, betreute weniger Projekte und arbeitete entgegen der »heimlichen Spielregel«: »Machen Sie gleichzeitig so viele Projekte wie möglich. Anerkennung bekommen Sie aufgrund der Anzahl der laufenden Projekte.« Gaming zeigte, dass die »heimlichen Spielregeln« den Zielen des Top-Managements entgegenwirkten ... Das Spiel der Organisation brauchte neue Spielregeln.

Man kann Spielregeln kennen und befolgen, ohne dass sie ausdrücklich formuliert bzw. offiziell vorgestellt wurden. Sie sind nicht veröffentlicht, stehen in keinem Manual, in keiner Dienstanweisung, und trotzdem regeln sie das Verhalten.

Jedes Unternehmen ist auch das Resultat seiner ungeschriebenen Spielregeln und Gesetze. Diese »heimlichen Spielregeln« arrangieren Spiele, die das Miteinander in der Organisation regeln und beeinflussen. Unbeabsichtigte Nebeneffekte, »ver-rückte« Handlungen und auch unterschiedliche handlungsauslösende Kräfte sind durch diese »heimlichen Spielregeln« determiniert. Die Spielregeln verweisen auf die unter der Oberfläche des Rationalen wirkenden »selektiven Kulturen«. Diese entscheiden für das offizielle und »vernünftige« Arbeitsleben über Thematisierungschancen von Themen, die Durchsetzung von Entscheidungsalternativen bzw. der Entscheidungen selbst, und auch welche Handlungen gesetzt werden »dürfen«. In dem Umfang, in dem sich die Auswirkungen formaler Struktur verringern bzw. das Umfeld (wie z. B. der Markt) Dynamik und Schnelligkeit einfordert, gewinnen »selektive Kulturen« an Bedeutung zur Regulierung und Normierung von Handlungen. Organisationen sind durchzogen von Netzwerken von »heimlichen Spielregeln«, die das Verhalten und die Handlungen der Organisationsbewohner bestimmen und den Spielraum limitieren.

Anwendung von »Gaming« anhand des Einführungsbeispiels:
Durch das Schaffen von Ambiguität und »Unsicherheitszonen« – die Führungskräfte wussten nicht, was Dr. Mayer erwartete –, wurde ein Machtspiel und Kampf um eigenen Reviere – Produktion, Marketing, Controlling, Instandhaltung – gestartet. Das Spiel »Wer hat die größten Fürstentümer?« bzw. »Der Pate« (Mafia-Familie gegen Mafia-Familie) wurde etabliert. Die Spielregeln des »Paten-Spiels« lauteten: 1) Beeindrucke deinen Paten und gewinne seine Gunst. 2) Kämpfe gegen die anderen Familien.

Die Auswirkungen sind, dass jeder »Pate« vor allem um Machtvermehrung und -absicherung kämpft. Er instrumentalisiert dafür Menschen, Ideen, Arbeitsprozesse und Produkte für seine eigenen Ziele. Das Ziel des Gesamtunternehmens war aus den Augen geraten ...

Gateways & Rezepte für die Praxis
Fragen zum »inneren Theater« –
SIZE-Prozess, Grundbedürfnisse

- Was passiert in der als »Problem« definierten Situation? Welche Person liefert welches beobachtbare Verhalten?
- Welche Worte und Ausdrücke werden von welchen Akteuren vor allem benutzt? Auf welchen SIZE-Stil/ welche SIZE-Stile weist dies wahrscheinlich hin? Welche Ressourcen und Talente hat diese Person aufgrund seiner prägenden SIZE-Stile
- Gibt es Hinweise auf Verhalten unter Stress? Welche?
- Welche Antreibermuster werden sichtbar?
- Welches Grundbedürfnis kennzeichnet diesen Stil/diese Stile? Welcher »Hunger nach ...« treibt diese Person an?
- Was braucht dieser SIZE-Stil? Wie werde ich aufgrund dessen anschlussfähig/komme ich in Kontakt?

Gateways & Rezepte für die Praxis
Fragen zu Gaming

Um welche als Problem geschilderte Situation handelt es sich? Wer bringt welches Verhalten ein?

Spielbrett; Bühne
- Wo findet das Spiel meist statt (Büro, Meeting, Kantine, Gang, ...)?
- Wo überall findet dieses Verhaltensmuster noch statt?

Mitspieler, Akteure (Wer?)
Wo gespielt wird, gibt es Spielfiguren/Akteure. Sie haben unterschiedliche Funktionen im Spiel: diejenigen, die das Spiel anregen; die, die mitspielen; Spielmacher; andere gehen, wenn sie das Spiel nicht mögen; andere sehen zu usw.
- Wer sind die Mitspieler? Welche unterschiedlichen Rollen haben sie im Spiel?
- Welche SIZE-Stile sind aufgrund von den Verhaltensweisen und benutzten Worten erschließbar?
- Welche Ressourcen/Talente haben die Mitspieler aufgrund der SIZE-Stile? Welche Stressmuster werden sichtbar?

Erkennbare »Spiel«-Regeln (bewusst; unbewusst): Wie wird gespielt?
Spiele brauchen ein spezielles Setting, Mitspielende und Spielregeln. Die Regeln etablieren sich im Spiel – entweder sind sie allen bereits bekannt, oder sie werden (für ein neues Spiel) erst erschaffen.
- Offen kommunizierte Regeln und »ungeschriebene Gesetze«?
- Strategien und Gegenstrategien der Spieler?
- Wie werden wechselseitig Rechnungen präsentiert bzw. eingefordert?
- Wie sind die Machtverhältnisse und deren Einflüsse geregelt? Welche Machtspielchen werden gespielt?
- Hat jemand Unsicherheitszonen etabliert? Welche?

Sieger/Verlierer-Regel: Wer gewinnt wodurch?
- Worum geht es bei dem Spiel (Macht, Einfluss, Gewinn, Ansehen, Anerkennung, Beachtung etc.)?
- Gibt es unterschiedliche Ziele?
- Woran erkennt man, dass ein Spieler oder ein Team gewonnen hat?

Gewinne
- Welcher Spieler hat welche (offenen, versteckten) Gewinne?
- Wer ist Gewinner des Spiels?
- Wer ist heimlicher Gewinner (versteckte Gewinne)?

Gaming-Typologie?
- Flow-Spiele (als positive Spiele; Verstärker von Energie)
- Psychodynamik-Spiele als Ausdruck fehlgeleiteter Bedürfnisse

- Macht- und Statusspiele (inkl. Führer- u. Gefolgschaftsdynamiken)
- Psychodynamik-Auswirkungen auf die Kultur
- »Heimliche Spielregeln« der Organisation (Kulturmuster/Systemspiele, durch Zuschauer ausgelöste Spiele)

Name des Spiels: Was?
- Um welches Spiel handelt es sich aus unserer Sicht?
- Mit welchem Film/Bühnenstück/Fernsehserie lässt es sich vergleichen?
- Welche passende Metapher fällt als Name für die Interaktionsdynamik ein?

Im Anschluss an die Analyse und Hypothesenbildung gilt es, für die weitere Choreografie zu klären:

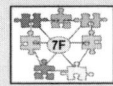

Ist das aktuell laufende Spiel das Spiel, das wir spielen wollen?

- **Wenn ja,** welches Ziel verfolgen wir?
Mit welchen Strategien lässt es sich eher gewinnen? Was passiert, nachdem sich Gewinner und Verlierer herauskristallisiert haben? Was sind die Kosten eines Sieges?

- **Wenn nein**, gilt es, das »Lösungsspiel« zu erfinden.

Welches Spiel würden wir lieber spielen? Nach welchen Regeln? Was wäre dann anders? Wer wäre dann Gewinner, wer Verlierer? Welche Kosten beinhaltet dieses Spiel? Wie müssten wir die Spielregeln verändern, um das neue Spiel zu beginnen? Was ist dafür der erste notwendige Schritt?

Welche Choreografie ist daher auszugestalten? Wer ist in welcher Form einzubinden? Welche Spielregeln sind zu verändern?

2. Zueinander von Struktur und Kultur – Fachlogik und Logik der Kultur verzahnt

Strategie, Struktur und Kultur sind verschiedenartige, aber sich wechselseitig bedingende Aspekte von Organisationen. Die Veränderung des einen bedingt zugleich die Veränderung bei den anderen Aspekten. Diese Auffassung unterstreicht die These, dass eine Trennung von Fach- und Prozessberatung sehr schwer durchzuhalten ist, wenn man als Manager und Berater nachhaltige Veränderungen bewirken will. Die Idee einer direkten Veränderbarkeit von Kultur, ohne etwas an der Idee des Geschäfts, den Strukturen oder am operativen Business zu verändern, ist kaum möglich.

Warum sollte man jedoch Kultur verändern? In der OE-Literatur aber auch in der Change-Management-Praxis des Reengineerings wird deutlich, dass die »softe« Kultur der harten Veränderung im Wege steht. Dirk Baecker meinte 1998 in einem persönlichen Gespräch an der Universität Wien, wenn man direkt auf die »deep culture«[36] einer Organisation einwirken könnte, hätte man ein sehr machtvolles Instrument und könne wohl alles bewirken. Aber was macht Kultur so mächtig? Strukturen sind im Unternehmen nicht sofort erkennbar – sie werden erst durch Handlungen der Akteure sichtbar. Strukturen regeln durch Erwartungserwartungen (Luhmann 1987) das Handeln. Strukturen, Abläufe, Prozesse sind über Entscheidungen direkt veränderbar. Das Durchsetzen von Entscheidungen, das Lebendigwerden der Strukturen hängt aber wieder von den Handlungen der internen Akteure ab. Kultur ist also ein »Zwischenprodukt« und immer zwischen allen Handlungen, zwischen allen Strukturen als »Vermittler« tätig. Kultur steckt in den Strukturen, Strategien, dem »way of working«, den Dienstleistungen und Geschäftsprozessen. Mit Herbert Schober (2000) vermute ich, »dass die ›wirkliche Unternehmenskultur‹ genau dort, an diesem nicht zu definierenden (Zwischen-)Raum angesiedelt ist. Sozusagen als Entschlüsselungs- und als Vermittlungsinstanz für die Widersprüche der Organisation und um als solche wirksam sein zu können, muss sie dem (Steuerungs-)Zugriff entzogen bleiben.«

Kultur ist nicht ohne »hard facts« denkbar. Kultur prägt diese »hard facts« mit. Denn: Organisation hat keine Kultur, sondern *ist* eine Kultur. Somit lässt sich Kultur nicht thematisieren, ohne über das »daily business« und ohne über Strategie und Struktur zu reden. Die Referenz auf das Unternehmen, das Amt, den Verein oder wie immer die Organisation als Organisation ausgeprägt ist und zu welchem Zweck sie in welchem Feld tätig ist, ist für die OE-Beratung hier entscheidend. Mit Jürgen Pelikan (1991) kann man Organisationsentwicklung über eine 4-Felder-Tafel beschreiben, deren eine Differenz auf Kurt Lewin und deren andere auf James Coleman zurückgeht:

- Lewin beschreibt, dass »Handeln durch Personen in Situationen passiert, d. h. also spezifisch die Differenz zwischen Organisationssituationen und handelnden Personen«.

---

36 Die Differenz zwischen »surface culture« und »deep culture« nach Geertz bezieht sich auf unterschiedliche Tiefendimensionen der Kultur. Deep culture prägt das Verhalten und befindet sich unter der Wurzel der Wahrnehmung, da sie unsere Wahrnehmung prägt. Man kann also sagen, dass deep culture unsere Beobachtungsdifferenzen steuert.

- Coleman benennt »den Unterschied zwischen Möglichkeitsstrukturen, die bestimmen, was überhaupt möglich ist, und selektiven Kulturen, die wählen aus dem, was möglich ist, wo Prioritäten gesetzt werden, wo Präferenzen gesetzt werden, wo Präferenzen sind, was belohnt wird«.

Jegliche gezielte Organisationsveränderung basiert auf der Etikettierung von bisherigen Zuständen der Struktur, Kultur, Strategie als nicht adäquat und daher verbesserungsfähig. Selektive Kulturen wählen aus, was von den möglichen Organisationsmöglichkeiten überhaupt Organisationssituation werden kann (und darf).

	Möglichkeitsstrukturen	selektive Kultur	Ansatzpunkte für Interventionen
Organisationssituation	Materielle und soziale Strukturen & Ressourcen	Standards, Normen, Werte	Organisations-bezogen
handelnde Personen	Wissen & Fertigkeiten	Motive, Einstellungen und Werte	Personen-bezogen
Ansatzpunkte für Interventionen	strukturell	kulturell	Organisationsentwicklung

vgl. Pelikan und Krajic (1994a); Scala u. Grossmann 1994

Die nicht auf Organigrammen sichtbaren Strukturen und verhaltenssteuernden kulturellen Muster haben sehr große Stabilität. Organisationsentwicklung als Veränderung von Strukturen meint nicht nur, neue Organigramme, neue Prozessabläufe zu gestalten, sondern meint auch, bisherige Spielregeln, Erwartungshaltungen, etablierte Denkweisen, das aktuelle Zusammenspiel zu irritieren und neu zu arrangieren.

Organisationen haben immer unterschiedliche Möglichkeiten, auf externe Anforderungen zu reagieren. Sie können viele Möglichkeitsstrukturen entwickeln, aber nach der Entscheidung für eine bestimmte Option muss diese in die bisher etablierte Operationsweise eingepasst werden. Diese Strukturebene ist Gestaltungsaufgabe der Organisation. Die selektiven Kulturen schränken den Gestaltungsspielraum ein: Nur diese Varianten sind anschlussfähig, nur jene Varianten dürfen angedacht werden. Gestaltung bedeutet, bereits etablierte Erwartungen und eingeschwungene Lösungen neu auszurichten und neu zu arrangieren. Auf der Strukturebene sind die Gestaltungsvarianten neue Stellen oder Abteilungen, neue Meetingstrukturen, andere Entscheidungsgremien und Entscheidungsregeln, neue Prozessabläufe, andere Kommunikationsbeziehungen, neue Spielregeln. Auf der Kulturebene bedeutet es, die eingeschwungenen alten wechselseitigen Erwartungshaltungen »aufzutauen« und neue Sichtweisen und damit neue Handlungen zu ermöglichen.

Gestaltungsmöglichkeiten auf der Kulturebene sind z. B.: neue Sichtweisen ermöglichen und ausprobieren, mit den im Change-Prozess frei werdenden Emotionen arbeiten und sie aufgreifen, Formen des »Sensing« – des Erspürens und Wahrnehmens von Realität über andere Zugänge (z. B. Trommeln, Unternehmenstheater) – gestalten. Das Zusammenspiel verändern, Möglichkeiten für informelle Kommunikation arrangieren; andere Formen der Informationsgenerierung von innen und von außen ermöglichen, die Art der Führung überdenken und neue Formen der Führung implementieren, Kommunikationsmuster reflektieren und neue gestalten, sind andere Dimensionen der Gestaltung.

Kultur ist immer das Ergebnis historischer Lernprozesse des Umgangs mit Lösungen in Bezug auf Zumutungen aus der Umwelt und in Bezug auf die Koordinationsform der Arbeit rund um das spezifische Ziel. Kultur normiert auf emotionaler Akteursebene, was gehasst und was geliebt wird. Sie wird interaktiv über einen Sozialisationsprozess, eng an die Arbeit gekoppelt, vermittelt. Zudem entscheidet Kultur über Thematisierung bzw. nicht Thematisierbarkeit, besteht aus unhinterfragten Selbstverständlichkeiten im Umgang miteinander.

Gateways & Rezepte für die Praxis
Arbeit an der »Kultur« in der Praxis der OE:
Welche Gateways bieten sich an?

• Kultur ist anthropologisch gesehen immer auch *Stammeskultur*, die ihre Formen der ritualisierten Selbstinszenierung und Bestätigung – auch über Emotionen – braucht. Emotionen sind offiziell nicht Teil der Organisation. Sie sind ein blinder Fleck des Organisierens. Die Formen der emotionalen Inszenierung, gepaart mit Selbstreflexion, sind im Stande, Veränderungssignale auszusenden und Veränderungsenergie zu bündeln. »Warum also nicht in Workshops, Open-Space-Veranstaltungen, Mitarbeiterbefragungen, Zukunftskonferenzen das Eigenlogische, Lebendige, das jenseits des Rationalitätskalküls Wirksame der Organisation sichtbar machen und feiern?« (Schober 2000, S. 14) und warum nicht die Strukturen und den »way of working« entlang beabsichtigter »Soft Facts« verändern, um die Kulturen einzuladen, sich zu verändern?

• Nach Ed Schein (1985) wird Kultur vor allem durch eine veränderte Herangehensweise der Führungskräfte an Entscheidungen geprägt. Kultur entsteht durch die Dinge, die Führungskräfte beachten bzw. nicht beachten, tun bzw. unterlassen, wofür sie sich einsetzen und welche symbolischen Handlungen sie setzen. Will man dem organisationsentwicklerisch folgen und passende Mittel zur Veränderung anbieten, dann geht es darum, die Führungskräfte zu befähigen, auf eine neue Art zu handeln und neue, darauf abgestimmte formale Gefäße zu schaffen.

• Kultur kann aber auch über die Veränderung der Haltungen der einzelnen Akteure bearbeitet werden, wie dies die Autoren der 5th Discipline vorschlagen: Arbeit an der »personal mastery« und in Gruppen über die mentalen Modelle und geteilten Visionen. Hier geht es darum, dass der Einzelne an seinen Haltungen, Grundüberzeugungen, seinen Brillen, durch die er die Welt betrachtet, arbeitet, um dann erst strukturelle Veränderungsprozesse zu inszenieren.

• Kultur und Emotionen: Alles im Leben, das mit Bedeutung verbunden ist (Geburt, Tod, Liebe, Sexualität, Streit), wird verknüpft mit »großen« Gefühlen. »Liebe, Lust, Wildheit und ein wenig Clownerie – wie kommt es, dass man in vielen Unternehmen darüber die Stirn runzelt? Dabei wissen wir, dass die besten (und schlechtesten) Dinge im Leben mit starken Gefühlen einhergehen« (Holmberg u. Ridderstrale 2000, S. 58) Es gibt keinen Wandel ohne Gefühle. »Wie die Einstellung der Betroffenen zur Veränderung sich gestaltet, ob das Vorhaben unterstützt wird oder ob es jemanden ›kalt lässt‹, ob Mitarbeiterinnen Widerstand leisten« (Janes, Prammer u. Schulte-Derne 2001, S. 14), ob sie es bekämpfen, ist wesentlich durch Emotionen und deren Beachtung im Beratungsprozess verknüpft. Die Form der Bearbeitung, des Ernstnehmens, des Aufgreifens der Emotionen, entscheidet über die Bewegung (e-motion: lat. movere): Entweder tragen die Emotionen das Neue (Bewegung hin zum Neuen) oder sie stellen sich dem Neuen entgegen (Bewegung weg vom Neuen) (siehe Janes, Prammer u. Schulte-Derne 2001, S. 14). »Der Drahtseilakt heißt: Verständnis zeigen, Brücken bauen, anknüpfen an positiven, gemeinsamen Schienen, Erfahrungen, Zukunftsvisionen, Position beziehen« (Heitger 2000, S. 19). Die relevante Frage hier ist: Wie Emotionen aufgreifen, bearbeitbar machen?

3. Das unternehmerische Element der OE – das Neue unternehmerisch umsetzen

In der Managementtheorie und -praxis wird der Kontext des Wirtschaftens als dynamisch, komplex und kaum noch vorhersehbar beschrieben (vgl. z. B. Castell 2000). Ebenso gilt dies für die Beschreibungen von Veränderungsprozessen in Organisationen. Beiden Feldern ist gemeinsam, dass Akteure in die Lage versetzt werden müssen, sich ergebende Chancen schnell zu erkennen und innerhalb kurzer Zeitfenster strategische Entscheidungen mit langfristigen Auswirkungen zu treffen, die am Markt (im Unternehmen) reüssieren können. Die Faszination zu wecken, die andere veranlasst, gewohnte Bahnen zu verlassen und sich unkalkulierbaren Risiken zu stellen, weist auf das Unternehmerische hin.

Gerry Hamel 2001 widmet sich in seinem Buch *Das revolutionäre Unternehmen* der Frage, wie Unternehmen die Fähigkeit zu radikaler, fortwährender Innovation entwickeln und umsetzen können. Hamels Antwort: Unternehmen müssen eine Vielfalt von Ideen ermöglichen, einen offenen Markt für deren Austausch schaffen und dafür sorgen, dass bahnbrechende, unkonventionelle, vielleicht unvernünftig erscheinende Ideen ihre Chance zur Umsetzung bekommen. Das Buch wird so zu einem Appell, verrückte Ideen, Experimente und kühne Ventures nicht nur zuzulassen, sondern sie als Strategie, die ein Entstehen und Umsetzen von Neuem ermöglicht, entschieden zu fördern.

Die Metapher des Unternehmerischen für Organisationsentwicklung fokussiert auf das Erspüren von möglichen unternehmerischen Chancen, auf das Aufgreifen dieser Möglichkeiten für unkonventionelle, fantasievolle unternehmerische Initiativen und auf das kreative Zerstören des Bestehenden, um das Neue in die Welt zu bringen. Die Metapher des Unternehmerischen zeigt zudem die Notwendigkeit auf, dass Konzepte erst unternehmerisch umgesetzt werden müssen, bevor sie in der Organisation Realität werden können – und verweist dabei auf die Notwendigkeit von unternehmerischen Akteuren und auf das unternehmerische Risiko eines solchen Unterfangens. Und somit verweist dieses Konzept auf Personen als Energieträger. Das Neue in die Welt zu bringen kann durchaus misslingen – aber mit diesem Risiko lebt der Unternehmer am Markt und auch in der Organisation.

Welche Handlungsanleitungen lassen sich daraus ablesen und für welche Gestaltungsebenen ist eine »unternehmerische« Organisationsentwicklung notwendig?

Wenn man die These des Unternehmerischen in der Organisationsentwicklung ernst nimmt, wird die Frage nach den leitenden Differenzen relevant, in denen sich das Unternehmerische aufspannt. Aus meiner Sicht sind dies die zwei folgenden Differenzen: Organisationssituation und handelnde Personen; Rahmenbedingungen und interne Ausgestaltung des Rahmens. Die erste Differenz greift wiederum auf Kurt Lewin zurück, der meint, dass Handeln durch Personen in Situationen passiert. Die zweite Differenz greift die Idee der »schöpferischen Zerstörung« von Schumpeter auf und fragt, welche Rahmenbedingungen es braucht, um eine schöpferische Zerstörung im bestehenden Rahmen der Organisation ermöglichen zu können.

Wie wird das unternehmerische Moment in Veränderungsprozessen des Unternehmens sichtbar? Unter welchen Voraussetzungen und woher ist Neues zu erwarten?

Veränderungen können nicht von einem Ort außerhalb der Organisation eingeführt werden, sondern müssen von ihr selbst hervorgebracht und unternehmerisch umgesetzt werden. Die Veränderung des Unternehmens vollzieht sich reflexiv, das Unternehmen muss sich selbst entwickeln. Nur die Manager, internen Berater und Mitarbeiter als »change agents« können gewährleisten, dass die im Beratungsprozess entwickelten Lösungen und neuen Varianten durch neue Handlungen in neue Routinen umgesetzt werden. Veränderung braucht unternehmerische Initiative und unternehmerische Menschen innerhalb der Organisation, um das Neue in die Welt zu bringen. Das Unternehmerische braucht Spielräume, um diese dann unternehmerisch besetzen zu können. Dies geht über das Beteiligen der Betroffenen hinaus und meint, dass es Spielräume und gestaltete Freiräume für das Lebendigwerden des Unternehmerischen braucht. Darunter werden Einladungen an die internen Akteure verstanden, Entrepreneur in Sachen Veränderung und Implementierung des Neuen zu werden. Unternehmerische Veränderung braucht Anschlusspunkte auf der Personen- und der Strukturebene. Das Unternehmerische sollte durch Interventionen auf der Interaktionsebene *und* der Strukturebene innerhalb der Organisation verankert werden. Dies bedeutet: Eigeninitiative von Akteuren zu ermöglichen und zu fördern. Unterstützung durch strukturell verankerte »Nester des Unternehmerischen« über eine »Entrepreneurial Structure« (»Verstetigungsstruktur«) in der Organisation zu gestalten. Es bedarf unternehmerischer Überlebenseinheiten in der Organisation, damit das Neue durch unternehmerisches Handeln verankert wird.

Dies kann u. a. für die Praxis bedeuten:

- Eine unternehmerische Vision für den Veränderungsprozess entwickeln.
- Klarlegen, dass das Unternehmen Organisationsentwicklung erst dann erfolgreich ist, wenn die Idee (das unternehmerische Konzept) gemeinsam mit den Betroffenen auch umgesetzt worden ist und gelebt wird.
- Projekte und Subprojekte als eigene Unternehmungen definieren und mit Ressourcen ausstatten.

- Projektleiter und Mentoren sind die Unternehmer des Neuen.
- Dafür sorgen, dass gewohnte Bahnen verlassen werden können und neugierig nach dem Neuen gesucht werden kann.
- Sichere Räume für kreatives Ideenentwickeln, das Spielen mit möglichen Möglichkeiten zulassen und gestalten.
- Unternehmerische Organisationsentwicklung wird umso wirksamer, je mehr Personen an einem Strang ziehen, je konkreter die zu erwartenden Gewinne und möglichen Verluste auf der Sach- und Gefühlsebene geklärt sind.
- »Entrepreneurial Structures« für die Implementierung gestalten.
- Ankerpunkte und Embodyment im Entstehungsprozess des Neuen mitdenken und für die Implementierung einrichten.

Die Chancen, das unternehmerische Element lebendig werden zu lassen, sind eher gering, wenn:

- viele Vorgaben von außen (den Beratern) bzw. vom Management kommen, die den Spielraum des Unternehmerischen einengen,
- der Veränderungsprozess zu sehr beraterisch gesteuert wird und es kaum Spielräume zur Selbständerung gibt,[37]
- wenn das Ziel des Beraterauftrages ist, nichts zu verändern bzw. feststehende Entscheidungen von außen »objektiv« zu bestätigen.

---

37 Dies gilt nicht, wenn die Berater für die Sicherung des Spielerischen gegenüber den operativen Anforderungen des Alltags stehen (aus einem Gespräch mit Heinrich W. Ahlemeyer im Mai 2002).

V. Tales from the field – Choreografien von vier Change-Projekten in der Praxis

Es liegt daran, dass die Tüchtigen ständig versuchen, das wenige
von der Welt zu verändern, was sie kennen.
Eines Tages werden sie die Welt entdecken, statt sie zu verbessern.
Und nicht mehr vergessen, was sie schon entdeckt haben.
Sten Nadolny, Die Entdeckung der Langsamkeit

Dieser Abschnitt versteht sich als Fieldbook, also als eine Sammlung von »dichten Beschreibungen«[38] und Berichten aus der Werkstatt der Veränderung. Viele Beschreibungen und viele Sichtweisen sind notwendig, um die Komplexität von Veränderungsprozessen zumindest in Ansätzen zu erfassen. Die vorgestellten Fallstudien verstehen sich als eine begrenzte Momentaufnahme, als eine Fotografie, im Film der Unternehmenstransformation, die auch die Stimmen unterschiedlicher Akteure in dieser Momentaufnahme sichtbar zu machen versuchten. Die Reflexion der Fallstudien fokussiert vor allem auf Besonderheiten der Gestaltung des Veränderungsprozesses mit seinen unterschiedlichen praktischen Designs und auf ungewöhnlich gestaltete Impulse, das Neue in der Organisation zu verankern.

Die »Fallstudien« umfassen vier Berichte beraterbegleiteter Unternehmensentwicklung von unterschiedlichen Unternehmen aus dem deutschsprachigen Europa (Deutschland, Österreich, Schweiz). Die Consulting-Unternehmen, die die Fälle begleiteten, haben ihre Wurzeln in unterschiedlicher Tiefe in der Organisationsentwicklung, dem Change Management und der systemischen Beratung.

Alle vier Fallstudien beschreiben Veränderungsprozesse, die die Aspekte Kultur, Struktur und Strategie gleichzeitig bearbeiten und in denen sowohl Fachaspekte als auch prozessorientierte, reflexive Gestaltungen relevant waren. Gemeinsam ist den Fallstudien, dass es sich um angeschlossene beraterbegleitete Organisationsentwicklungsprozesse handelt, die rund um ein komplexes Fachthema gestaltet wurden:

---

38 Nach Geertz (1983) werden bei »dichten Beschreibungen« möglichst detaillierte Protokollierungen und Schilderungen von Situationen vorgenommen, um die Welt gelebter Erfahrung für den Leser zugänglich zu machen.

1. **»Führung Neu – Zug um Zug« Führungsgrundsätze für das Geschäftsfeld Technischer Support der Bundesbahnen«** berichtet von einem in sich eigenständigen Teilprojekt eines umfassenden Veränderungsprozesses der Bundesbahnen: dem Veränderungsprozess zu einem neuen Führungsverständnis und der Entwicklung von Führungsgrundsätzen.

2. **»Zukunft 2000: Vom Kommunalbetrieb zum kommunalen Dienstleister«** skizziert den Veränderungsprozess eines Kommunalbetriebes – der SKAG (Südstadt Kommunalbetriebe AG) – einer mittelgroßen Stadt zu einem kundenorientierten Dienstleister.

3. **»Herausforderung kultiviertes Private Banking – Veränderungsprozess der Bank Moné«** beschreibt den Veränderungsprozess eines traditionsreichen Bankhauses ausgelöst durch eine neue Strategie (vom allgemeinen Bankgeschäft zum »Private Banking«) und eine neue Gestaltung der Geschäftsprozesse.

4. **»Projekt FOKUS: Business Process Reengineering der C. A. M. AG«** beschreibt den Strukturveränderungsprozess eines sich in Familienbesitz befindlichen international agierenden Maschinenbauunternehmens hin zu einer prozessorientierten Organisation.

Alle Fallstudien werden *anonymisiert* dargestellt – d. h. sowohl Personen, Rahmenbedingungen, Firmennamen, Beratungsunternehmen etc. wurden soweit wie möglich verfremdet dargestellt. Die Logik und Typik der Organisation, des Anliegens, des Vorgehens, der Hypothesen wurden beibehalten.

1. »Führung Neu – Zug um Zug«: Führungsgrundsätze für das Geschäftsfeld Technischer Support der Bundesbahnen

Die gesamteuropäische Neuorganisation der Bahnindustrie veränderte das Umfeld und die Wettbewerbssituation der Bundesbahnen weitestgehend. Die Bundesbahnen Gesellschaft (BBG) wurde durch das Inkrafttreten des neuen Bundesbahnengesetztes als staatseigener Betrieb ausgegliedert und wurde damit (zumindest nominal) ein eigenständiges Unternehmen. Im Rahmen dieser Teilprivatisierung wurde die BBG in 11 selbstständige Business Units eingeteilt. Einer dieser 11 Business Units ist der Unit »Technischer Support« (BBG TSUP).

Das Kerngeschäft des Business Unit Technischer Support (BBG TSUP), der ehemalige Werkstättenbereich der Bundesbahnen, umfasst folgende Aufgabenbereiche: Reparatur und Service, Umbau, Neubau und Refurbishment von Lokomotiven, Personen- und Güterwagen. Der BBG-Unit verfügt über eigene Werkstätten und kann auf jahrelange Erfahrungen im Reparaturbetrieb und bei der Komponentenfertigung verweisen. Das reicht von der Fertigung von Stahl- und Aluminiumteilen über duroplastische Werkstoffe und Laminatplatten für den Innenausbau bis hin zur eigenen Sitzproduktion für Eisenbahnen. Der BBG TSUP beschäftigt ca. 5100 Mitarbeiter (davon ca. 4000 in der Produktion) und umfasst 34 Standorte und 4 Geschäftsbereiche. Der TSUP ist stark dezentralisiert, und es gibt als jeweilige Zentrale sechs Hauptstandorte in den größeren Städten Deutschlands[39]. Das Headquarter des BBG TSUP ist in der größten dieser Städte untergebracht. Der TSUP musste sich von der staatsnahen Bundesbahn hin zum modernen Dienstleister entwickeln, um das Kerngeschäft den neuen Herausforderungen gemäß erfolgreich abzuwickeln.

Dies bedeutete, dass sich der TSUP in Strategie und Organisation radikal ändern musste, um auf die externen Herausforderungen die passenden Antworten liefern zu können. Die Veränderung betraf vor allem die erstmalige Kundenorientierung: Die neuen Kundengruppen umfassten interne Kunden der BBG (Güterverkehr, Personenverkehr, Traktion) und externe Kunden (unterschiedliche größere Industrieunternehmen im In- und Ausland).

Das große Change-Projekt »Profis am Zug« und als ein Teil davon die Führungsgrundsätze »Führung Neu«

Die Umstrukturierung des Bereiches der TSUP wurde öffentlich ausgeschrieben, und der damals mit seinem Konzept siegreiche Berater Dr. Norbert Schreiner wurde vom zuständigen Vorstand auf die intensivste mögliche Art mit der Umsetzung betraut: Er wurde zum Geschäftsführer des TSUP ernannt und sollte die Umsetzung seines erarbeiteten Konzepts selbst in die Hand nehmen. Das Change-Projekt »Profis am Zug« ist von ihm als Geschäftsführer gestartet worden,

---

39 Länder, Orte und Firmennamen sind anonymisiert.

um die strategische Neupositionierung des TSUP zu ermöglichen und zu gestalten. Das Projekt »Profis am Zug« umfasste gleichzeitig die strategische Neuausrichtung, die dazu notwendige Entwicklung einer adäquaten Aufbau- und Ablaufstruktur und eine Veränderung der Kultur. Dies besagt für die Praxis: eine neue Organisation mit neu definierten Leistungsprozessen einzuführen und gleichzeitig diese mit einer »Umstellung im Verhalten der Mitarbeiter und Führungskräfte« zu unterstützen (Kundendenken, Marktnähe, betriebswirtschaftliches Denken, das »Neue« mit neuen Ideen und Handlungen zu füllen). Eines dieser Projekte, die eine Umstellung des Führungsdenken und -handelns unterstützen sollten, war die Erarbeitung und Einführung von Führungsgrundsätzen. Diese sollten nach den Vorstellungen des Spitzenmanagements folgende Voraussetzungen erfüllen: Sie sollten TSUP-spezifisch sein, ein neues Führen (im Gegensatz zum alten hierarchischen Führungsstil) ermöglichen und für alle Führungsebenen gleich formuliert sein.

Ziele der Beratung »Führung Neu – Zug um Zug« laut Auftrag

Das Ziel dieses Projektes im Rahmen des Gesamtveränderungsprozesses »Profis am Zug« war es, eine Veränderung eines »Verwaltungsbetriebes« hin zu einer dienstleistungsorientierten Organisation durch das Erarbeiten und Implementieren von Führungsgrundsätzen zu unterstützen.

Ziel war es daher auch, von einem bisher eher autoritären Führungsstil zu einem Führungsstil zu finden, der auf Zuschreibung von Eigenverantwortung und eigenverantwortlichem Handeln basiert.

Zentrale Widersprüche der Organisation – Typik und Kultur des TSUP

Das Unternehmen und die Unternehmenskultur waren und sind stark geprägt durch die Geschichte des Unternehmens: lange Tradition als verstaatlichter Betrieb, enge Koppelung an das politische System, dessen Entscheidungsträger und auch an die Gewerkschaften. Technische Lösungen sowie Reparaturen sind das Kerngeschäft des TSUP. Die bekannte Metapher von Bo Hedberg »Die Organisation als Palast« beschreibt die in Jahrzehnten gewachsene Organisation der Bundesbahnen sehr treffend: massive Bauweise, auf lange Dauer angelegt, mächtige Säulen und dicke Mauern, lange Gänge und Wege, klare hierarchische Unterstellungen, starre Regeln und ritualisierte

Handlungen. In manche Etagen und Zimmer darf man nur mit Zugangsberechtigung hinein. Pracht und Prunk nach innen und außen, viele Angestellte und Diener zeigen auch symbolisch, wie gut man sich etabliert hat. Die Organisation ist geprägt von einer hierarchischen funktionsteiligen Struktur, vielen gesetzlichen und innerorganisatorischen Regelungen (»Gesetze«). Es gibt wenig selbstverantwortliche Eigenständigkeit und unternehmerisches bzw. kundenorientiertes Handeln der Mitarbeiter.

Die Organisationskultur war vor allem von vier prägenden Merkmalen geformt: der engen Koppelung der Organisation an die Politik, dem Monopolstatus als Anbieter, beamteten Mitarbeitern und von der technischen Grundlogik der Arbeit.

- Die enge Koppelung der Organisation an die Politik wurde durch politische Vorgaben in der strategischen Ausrichtung und durch die paritätische Besetzung des Top-Managements (nach parteipolitischen Interessensphären) sichtbar.
- Die enge Koppelung solcher Organisationen an die Politik zeigt sich insbesondere im Top-Management: Sehr viele Entscheidungen wurden erst nach Vorselektionen über politische Opportunität getroffen; die Logik der Politik, Entscheidungen erst dann zu treffen, wenn im Vorfeld darüber (politischer) Konsensus erzielt worden war, prägte das Managementverhalten in den Bundesbahnen.
- Da der Gestaltungsspielraum für den Einzelnen in der Organisation sehr gering war und die Logik der Politik vorherrschte, wurde die Mitgestaltungsmöglichkeit der Einzelnen an die Gewerkschaft delegiert. Diese sollte im politischen Spiel des Herbeiführens von Entscheidungen die Anliegen der Akteure gegenüber der Politik und des Top-Managements vertreten.
- Der Monopolstatus brachte es mit sich, dass sich das Unternehmen wenig nach den Anforderungen des Marktes und der Kunden orientierte – die Kunden mussten sich eher nach den bestehenden Gegebenheiten richten. Dies führte zu einer Betonung von Stabilität und Unbeweglichkeit der Organisation. Dynamik, schnelle Reaktionen, unternehmerisches Denken waren für das Überleben der Organisation nicht relevant. Führung bedeutete vorwiegend, das Bestehende zu verwalten und

zu pflegen. Es ging kaum darum, Neues zu gestalten und umzusetzen. Der Beamtenstatus führte auf Personenebene zu einem ähnlichen Ergebnis: Die Stabilität der Organisation wurde als positiv erlebt, da sie Sicherheit gab – man konnte erwarten, dass die Arbeit von heute im Großen und Ganzen auch die Arbeit von morgen sein würde. Es gab in der Organisation wenig Erfahrung mit Veränderung. Wandel wurde eher bedrohlich erlebt.

- Die Arbeit im TSUP war (und ist) geprägt von Technik und technischen Lösungen. Die Logik der Maschine beeinflusste auch die »mental maps« der Mitarbeiter: Es gab im gemeinsamen Tun immer die klare Differenz zwischen richtig und falsch – es gibt eine (nur eine!) richtige Lösung; es gibt nur einen richtigen Ablauf, nur einen richtigen Weg zur Lösung. Es gab kaum Handlungsspielräume in Bezug auf die Durchführung der Arbeit. Alles, was nicht mit Daten und Fakten belegbar war, erhielt weniger Aufmerksamkeit in der Organisation.

Führung und Führungsgrundsätze:
Das Geschäft des Organisierens läuft über Führung
Führung im Unternehmen ist jede zielbezogene, interpersonelle Verhaltensbeeinflussung mithilfe von Kommunikationsprozessen und gleichzeitig eine Dienstleistung für die Überlebensfähigkeit von Unternehmen. Die Kernfrage jedes Führungsprozesses ist: Welche permanenten Problemfelder sind durch Führung zu gestalten, um die Überlebensfähigkeit einer Organisationseinheit bzw. eines Projektes dauerhaft zu sichern?

Die allgemeine Funktion von Führung ist es, Strukturen für Aushandlungsprozesse und Zielvereinbarungen zu schaffen. »Es braucht strategische Führung, die vorausdenkt, eine operative Führung, die strategische Vorgaben mit den weitgehend autonom operierenden dezentralen Einheiten in Beziehung setzt, und es braucht Teamführung« (siehe Grosmann u. Scala 1997). Führung wird nicht primär gegenüber Einzelpersonen wahrgenommen, sondern gegenüber einem sozialen System. Leitung ist dabei immer eine Intervention in soziale Systeme. Dabei sind Entscheidungen die Hauptquelle der Interventionen; Entscheidungen sind das Kerngeschäft von Führungskräften.

Führungsgrundsätze sind Aussagen zum Soll-Verhalten von Führungskräften und umreißen einen Soll-Standard. Mit Führungsgrundsätzen versuchen Unternehmen, Führung über die Ausrichtung an einheitlichen Zielvorstellungen zu vereinheitlichen und auf eine einheitliche Kultur des Führens und Leitens zu fokussieren. Führungsgrundsätze (FGS) enthalten Aussagen über Werte, Einstellungen und Prinzipien, die Orientierung und Haltepunkte für das alltägliche Führungshandeln geben sollen. Führungsgrundsätze transportieren keine Rezepte oder ein »How-to-Do«, sondern dienen als Leitlinien für Führungshandeln.

Der Ablauf des Beratungsprojektes

Das Beratungsprojekt »FGS« (Führungsgrundsätze) war im Rahmen des Gesamtprojektes »Profis am Zug« ein kleiner Teil und ausschließlich auf die Erarbeitung und Einführung von Führungsgrundsätzen fokussiert. Das Beratungsteam der ZUG Consulting wurde vom Personalmanger engagiert und versuchte, den TSUP bei der selbstständigen Erarbeitung der Führungsgrundsätze zu begleiten und zu unterstützen.

Chronologie Bundesbahn
TSUP-Führungsgrundsätze (FGS)

Jahr	Monat/Datum	Eckpunkt
1995		Start des Veränderungsprozesses »Profis am Zug«
1998	Mai	Vorüberlegungen des Personalchefs und der Geschäftsführung, ob und wie FGS zu entwickeln sind.
	Juni	drei Vorgespräche mit ZUG Consulting, dann Auftragserteilung
	9. Juni	Sitzung des Steuerungsteams (GF, Personalchef, 2 Consultants von ZUG): Vorklärung, wie die Projektstruktur sein könnte, welche Personen an den FGS mitwirken sollen etc.
	2. und 3. September	1. Klausur des Projektteams FGS
		Zwischenarbeiten der Projektteammitglieder
	15. September	Redaktions- und Planungsmeeting
	28. und 29. September	2. Klausur des Projektteams FGS
	September	ZUG Consulting, Personalchef und Geschäftsführung: Entscheidung für RTSC-Konferenz als »Rollout«

	8. Oktober	Das Eventplanungsteam (EPT) startet, den Großgruppenevent im November vorzubereiten.
	27. Oktober	2. Event-Planungsteam-Meeting
	16. bis 18. November	FGS-Großkonferenz (Multiplikatoren-konferenz) in St. Kurzweil mit insgesamt ca. 360 TeilnehmerInnen
	Dezember	Projektreview mit dem Steuerungsteam
	Oktober	Projektreview mit dem Steuerungsteam
1999	Januar	Steurungsteam trifft sich und bespricht den weiteren Projektverlauf.
	Januar bis Februar	Insgesamt 4 Ein-Tages-RTSC-Konferenzen mit jeweils 2 Geschäftsfeldern der BBG, Verteilung der FGS jeweils an ca. 100 Teilnehmer
	Februar bis September	Dienststellenbesuche der Geschäftsführung bei den einzelnen Dienststellen: Das Leben der FGS war ein Thema unter vielen anderen
	Oktober	Projektreview mit dem Steuerungsteam
2000	Januar	WS-Reihe: 6 Workshops »1 Jahr FGS beim TSUP« je Geschäftsfeld

Veränderungsarchitektur – Welche Strukturen und Phasen umfasste der Veränderungsprozess?

Die Prozessarchitektur legte den Rahmen für den Prozess der Veränderung fest. Folgende Hypothesen leiteten die Berater der ZUG Consulting und den Auftraggeber, die Prozessarchitektur so zu gestalten.

 **Hypothesen der Berater (lt. Interview)**

zum Projektstart:

- Bürokratische zentralistische Führungs- und Kommunikationsmuster bestimmten bisher den TSUP und bestimmten die Spielregeln, nach denen bisher gespielt wurde. Führung war bisher eher auf Verwaltung als auf Gestaltung fokussiert.
- Im Unternehmen ist es unklar, was Führung bedeutet. FGS könnten ein Ansatzpunkt sein, Führung klarer werden zu lassen.
- Es werden Führungsgrundsätze erarbeitet, die zur Organisation passen, und nicht FGS, die nur von anderen Unternehmen kopiert werden.
- Die Führungsgrundsätze müssen in einem Rahmen erarbeitet werden, der den Blick auf vergangene Erfolge und die zukünftige Ausrichtung gleichermaßen ermöglicht.
- Es bedarf konkreter Implementierungs- und Transferschritte, um die FGS lebendig werden zu lassen. Diese geben wir als Berater vorerst nicht vor, sondern lassen sie während des gemeinsamen Weges entstehen.

Die Choreografie

Die Prozessgefäße im Rahmen des Veränderungsprozesses FGS umfassten:

- ein Steuerungsteam (zwei Berater der ZUG Consulting begleiteten die Auftraggeber (Geschäftsführung und Personalchef))
- ein Projektteam (zehn vom Personalleiter ausgewählte Führungskräfte von unterschiedlichen Hierarchieebenen)
- ein Event-Planungsteam (ausgewählte Interne mit Begleitung der Berater)
- die FGS-Konferenz (ca. 230 Mitarbeiter, Geschäftsführung, Personalchef und ZUG Consulting) zur endgültigen Ausgestaltung der FGS
- eintägige FGS-Konferenzen mit jeweils zwei Geschäftsbereichen des TSUP zum Rollout
- mehrere regionale eintägige Review-Workshops mit jeweils zwei Geschäftsbereichen des TSUP in unterschiedlicher Besetzung

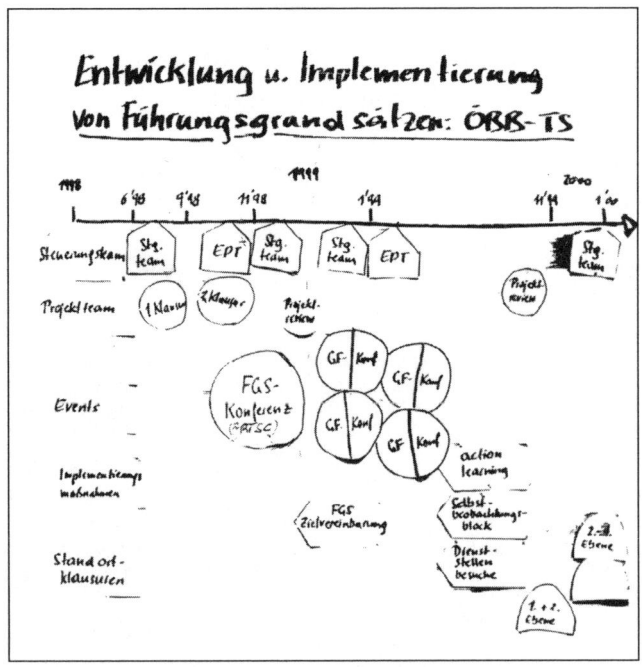

		Interventionschoreografie *Tools dieser Fallstudie*
1	Steuerungsfunktion	Steuerungsteams (Geschäftsführer, Personalchef, zwei Consultants von ZUG)
2	Funktion der Ausgestaltung operativer Gefäße	Steuerungsteam, Projektteam zur Ausarbeitung der FGS, Event-Planungsteam zur Vorbereitung der Großgruppe; Großgruppen-(RTSC-)-konferenzen, eintägige FGS-Konferenzen
3	Entwicklungsfunktion (Variation)	Im Projektteam und dann Rollout über Großgruppe (RTSC)
4	Funktion der Selektion	Vorabselektion: durch Großgruppen Selektion: Steuerungsteam nahe an Linie (GF im Team)
5	Kommunikations- und Abstimmungsfunktion	Großgruppen-(RTSC)-Konferenzen) eintägige FGS-Konferenzen
6	Implementierungsfunktion	FGS-Zielvereinbarungen Selbstbeobachtungsblock Dienststellenbesuche durch GF Führungspraxis-Workshop-Reihe (eintägige Review-Workshops) nach einem Jahr
7	Qualifizierungsfunktion	Lernen auf Personenebene durch Selbstbeobachtungstagebuch Lernen auf Organsiationsebene tw. durch Review-WS

Der Ablauf des Veränderungsprojektes

Herr Dr. Heizer, Personalchef des TSUP, kannte die ZUG Consulting von einigen für die BBG durchgeführten Trainings und wollte sie für eine Führungskräfteentwicklung engagieren. Im Vorgespräch mit den Beratern Dr. Kohl und Frau Dr. Heiliger konkretisierte sich die Idee, Führungsgrundsätze zu entwickeln, die künftig als Basis für die Führungskräfteentwicklung dienen könnten. Die Arbeit an Führungsgrundsätzen sollte gewährleisten – so der Geschäftsführer Dr. Schreiner –, dass im TSUP an allen Standorten und auf allen Ebenen eine gleiche Richtschnur zur Führung vorhanden ist. Die FGS sollen die angestrebte Unternehmens- und Führungskultur widerspiegeln.

Das FGS-Projektteam

Die Teilnehmegr des FGS-Projektteams wurden von Herrn Dr. Heizer ausgewählt und für das Team rekrutiert. Ziel war es, möglichst viele Unterschiede der Führungsebenen des Unternehmens über die Teilnehmer im Team sichtbar zu machen: unterschiedliche Regionen, unterschiedliche Hierarchieebenen, unterschiedlich lange Zugehörigkeit zum Unternehmen. Das Projektteam bestand dann letztendlich aus 12 Teilnehmern inklusive dem Personalchef Dr. Heizer und dem Geschäftsführer Dr. Norbert Schreiner. Dieses Team erarbeitete in zwei zweitägigen Workshops und Zwischenarbeiten (arbeitsteiligen Redaktions- und Planungsmeetings) die Grundstruktur und Erstformulierung der Führungsgrundsätze.

Die Form der Erarbeitung, die Workshopdesigns umfassten beim ersten Meeting folgende Punkte:

- Führung bei dem TSUP
- Zeitreise (Blick zurück, Standortbestimmung, Visionieren: Blick nach vorne)
- Entwicklung und Formulierung eines ersten Entwurfes

Im zweiten Meeting wurden die FGS konkretisiert und auch schon überlegt, was dies an konkreten Führungshandlungen bedeuten könnte. Das Workshopdesign erinnert in seiner praktischen Ausgestaltung an die Designschritte einer Future Search von Marvin Weisboard.

Im Anschluss an die Erarbeitung des Erstentwurfes überlegte das Steuerungsteam, wie ein Rollout für die FGS gestaltet werden könnte.

Paradoxien und theoretische Brille:
Future Search (Zukunftskonfernz)
nach Marvin Weisbord
(Weisbord u. Janoff 1995)

Die Zukunftskonferenz nach Marvin Weisbord besteht aus fünf Schritten, die im Originaldesign alle etwa einen halben Tag lang dauern. Im ersten Schritt beschäftigt man sich mit der Vergangenheit, im zweiten mit der Gegenwart (einmal außen, einmal innen), im dritten mit der Zukunft (Vision und Ziele), im vierten mit dem Konsens über die Ziele und im letzten mit der Planung von Maßnahmen, den ersten Schritten. Sie ist wie ein Trichter, man beginnt sehr breit mit einer umfassenden Analyse der Realität und verengt sich dann zusehends bis hin zu dem, was ab dem folgenden Tag zur Unterstützung der Vision geschehen soll.

Aufgaben, die bearbeitet werden:
- Wir würdigen die Vergangenheit.
- Wir erkunden die Gegenwart und zukünftige Trends.
- Wir entwickeln die ideale Zukunftsvorstellung (meist mithilfe von gespielten Sketches, Szenen).
- Wir suchen den gemeinsamen Nenner (»Common Ground«).
- Wir erstellen Aktionspläne für die gemeinsame Zukunft

Der Vorschlag der ZUG Consulting: RTSC-Konferenzen als Rollout

Die ZUG Consulting hatte zum Zeitpunkt der FGS-Erarbeitung mehrere Ausbildungslehrgänge zur Thematik Großgruppenkonferenzen angeboten. Die Consultants waren von den Entwicklern der Methoden und deren Wirksamkeit sehr beeindruckt und hatten kurz zuvor eine Realtime-Strategic-Change-Konferenz (RTSC) mit einer »Governmental Organization« durchgeführt. Ausgehend von den zwei Fragen »Wie kommen die FGS in die Breite?« und »Wie können die FGS in die Linie verankert werden?« wurden mehrere Möglichkeiten zum Rollout der FGS diskutiert. Der Vorschlag der Consultants, das Rollout der FGS über eine Großgruppenkonferenz durchzuführen, wurde anfangs von Dr. Schreiner und Dr. Heizer nicht sehr begeistert aufgenommen.

Herr Dr. Heizer betonte im Interview, dass er vorerst sehr verunsichert war, so viele Leute gleichzeitig in einem Raum zu haben, ohne zu wissen, was genau passieren wird bzw. könnte. Gemeinsam mit den zwei Beratern der ZUG Consulting erarbeiteten Dr. Schreiner und Dr. Heizer in mehreren Meetings Hypothesen, welche Handlungen und Aussagen sie im »worst case« der RTSC erwarten könnten. Zudem überlegten sie, welche Reaktionen und Impulse sie von welchen Personengruppen in der RTSC erwartete. Vor allem beschäftigten sie sich mit möglichen Chancen und Risiken einer solchen RTSC-Konferenz in Bezug auf den Transfer. Laut Herrn Dr. Heizer wurden 90 % der RTSC auf der Basis von Hypothesen vorgeplant. Im Endeffekt ließen sich die beiden Führungskräfte auf das Wagnis RTSC ein.

Die RTSC-Konferenzen wurden von einem Event-Planungsteam vorbereitet. Das Event-Planungsteam bestand aus ausgewählten Vertretern des FGS-Teams und einigen andern Mitarbeitern des TSUP (unter anderem auch Personen aus dem Sekretariat), die dann die operative Umsetzung der Planung übernahmen. Dieses Team hatte die Aufgabe, die RTSC-Events vorzubereiten und vor Ort die Logistik und die Betreuung der Teilnehmenden zu übernehmen.

RTSC-Konferenz – ein Event für die Führungsgrundsätze?

Der Ablauf der RTSC-Konferenzen beim TSUP:

Teilnehmer an der Konferenz (insgesamt jeweils ca. 130 Personen)
- zwei Berater der ZUG Consulting
- der Geschäftsführer Dr. Schreiner; der Personalchef Dr. Heizer

- Querschnitt der Führungskräfte des Unternehmens
- Personalvertretung

Ablauf – »roter Faden«
- Vorstellung der Ist-Situation (inkl. einer Erklärung der Notwendigkeit der FGS) durch die Geschäftsführung
- dialogische Bearbeitung an 8er-Tischen (Was sehe ich auch so, was nicht? Was löst dies aus?)
- Vorstellung der FGS durch das Projektteam
- Diskussion der einzelnen FGS an den Tischen; Ergebnispräsentation im Plenum
- Überarbeitung der FGS durch die Führungskräfte
- Präsentation im Plenum
- Letztversion erstellt durch das oberste Management, das Projektteam und Freiwillige
- Vorstellung der Letztversion
- Diskussion der FGS in homogenen Gruppen (je Abteilung und Standort):
  – Was müssen wir tun, damit die FGS lebendig werden?
  – Welchen Führungsgrundsatz nehmen wir als Schwerpunkt für dieses Jahr?
  – Was müssen wir tun (unterlassen), damit wir erkennen, dass wir diesen Führungsgrundsatz bei uns leben?
- Gemeinsamer Abschluss

An diesem RTSC-Event nahmen neben Vertretern der Führungskräfte aller Ebenen und Regionen auch der Personalchef und der Geschäftsführer teil. Der Geschäftsführer Herr Dr. Schreiner war am Vormittag des RTSC-Events anwesend. Er eröffnete die Veranstaltung als Auftraggeber und machte deutlich, warum die FGS für den TSUP wichtig sind und auf welche Herausforderungen am neuen Markt sie Antwort sein könnten.

Ziel der ersten dreitägigen Konferenz war es, die FGS zu vergemeinschaften und ein gemeinsames »Wording« zu finden. Die Teilnehmer saßen nach einer vorgegebenen Sitzordnung zu acht an im Raum verteilten Tischen. Nachdem die Rohfassung der FGS präsentiert wurden, sind sie an den Tischen diskutiert worden: Was ist klar? Was unklar? Wo fehlt mir noch etwas? Welche Formulierung passt für mich nicht? Je Tisch wurden Delegierte bestimmt, die die Ergebnisse der Tische in die Letztformulierung einbringen sollten. Am ersten Abend bis spät in die Nacht wurden vom Projektteam gemeinsam mit den Delegierten der Tische und Freiwilligen die FGS fertig ausformuliert. Am nächsten Tag wurden die überarbeiteten FGS präsentiert.

Frau Dr. Heiliger machte zu Beginn des zweiten Tages in ihrer Moderation deutlich, dass die Führungsgrundsätze so etwas wie die Verfassung des Unternehmens sein, handlungsleitend für das Management der BBG wirken sollten. Die Personalvertreter missverstanden diese Aussage und haben sie auf die gesetzliche Grundlage bezogen. Die gesamte Personalvertretung – fünf Personen – verließ geschlossen den Raum.

Die Spannung kurz nach diesem Auszug war für die Geschäftsführung und Herrn Dr. Heizer unerträglich[40]: Folgten die Mitarbeiter? Blieb nur das oberste Management sitzen? Ist die alte Kultur noch so stark? Aber die meisten Anwesenden waren über das Missverständnis und die Reaktion erstaunt und arbeiteten nach kurzer Irritation weiter. Zudem war der soziale Druck zu bleiben anscheinend größer als der, sich offen mit der Personalvertretung solidarisch zu zeigen.

Am Nachmittag kam Bewegung in den RTSC: Die 150 Teilnehmer setzten sich getrennt nach Geschäftsfeldern in Sesselkreisen zusammen. Die Aufgabe war, einen Führungsgrundsatz auszuwählen, um diesen anschließend in konkrete Handlungen zu übersetzen. »Woran erkenne ich, dass ich diesen FGS lebe?«»Woran erkennen wir als Abteilung, dass wir diesen FGS leben?«»An welchen Handlungen und Unterlassungen konkret ist es ersichtlich?« – waren einige der Fragen. Zusätzlich wurde je Geschäftsfeld festgelegt, wie die Information weitergegeben werden würde: In welchen Meetings wird was an Information weitergegeben?

Von Januar bis Februar 1999 wurden die Ergebnisse der Konferenz zusammengeführt und die FGS endredigiert. Im Anschluss wurden durch eine externe Werbeagentur FGS-Broschüren und FGS-Poster gestaltet. Die FGS-Broschüre wurde an alle Führungskräfte verschickt und die Poster an gut frequentierten Stellen aufgehängt. Zudem wurde ein »Selbstbeobachtungstagebuch« entwickelt, das es den Führungskräften der TSUP ermöglichen sollte, sich jeden Tag in Bezug auf die FGS einzuschätzen und schriftlich mittels Skalen und Zielbeschreibungen zu bewerten.

Im Februar erfolgten dann noch drei eintägige RTSC-Konferenzen mit jeweils zwei Geschäftsbereichen des TSUP, auf denen die Führungsgrundsätze und das Selbstbeobachtungs-Tagebuch verteilt und konkrete Vereinbarungen über die Implementierung getroffen wurden.

---

40 laut den Interviews vom Februar 2001

Multiple Insights
zur Wahrnehmung der RTSC- Konferenz durch einzelne Akteure

Sichtweise Berater
Die Konferenzen sind sehr gelungen. Auch als die Personalvertreter geschlossen auszogen, wurde weitergearbeitet. Die Großgruppe hat sehr viel Energie erzeugt.

Sichtweise Personalchef
Auf diese Weise hatten wir noch nie gearbeitet – aber es war ein großer Erfolg. Die FGS wurden diskutiert und verabschiedet. Die FGS wurden auf dieser Veranstaltung vergemeinschaftet.
Was mich beeindruckt hat, war das Engagement und der Mut der Teamleiter, auch vor Hunderten von Menschen zu reden.

Sichtweise Teamleiter
Die Veranstaltung war sehr informativ. Wir haben zu acht an den Tischen gearbeitet – sogar der Chef und die obersten Führungskräfte arbeiteten gemeinsam mit uns an diesen Formulierungen.

Sichtweise Nicht-Teilnehmer (Personalvertretung)
Mir wurde berichtet, dass die Großgruppe von sehr informativ und gut gestaltet bis zu sehr »esoterisch« erlebt wurde. Ein »Einschwören« auf bestimmte Aussagen hat stattgefunden.

Implementierung der FGS –
die Arbeit an den Ankerpunkten in der Organisation

Die Implementierung erfolgte über den üblichen Führungsrhythmus des TSUP: von TOM-Besprechungen (Team Objective Meetings) einmal pro Jahr über monatlichen Meetings des Geschäftszweiges, bis hin zu den üblichen wöchentlichen Besprechungen der Abteilungen und Teams.

Es wurden top-down – ausgehend von der Geschäftsfeldleitung in die Abteilungsleiterebene, über die Geschäftszweigebene bis zur Teamebene – vierteljährlich je Ebene jeweils zwei FGS ausgewählt. In den Meetings wurde ausgehend von der Frage »Wie schaffen wir es, unsere FGS-Ziele zu erreichen?« jeweilig festgelegt, an welchen Zielen und welchen Führungstätigkeiten man die Erreichung der zwei ausgewählten Führungsgrundsätze messen werde. Laut den Interviewten lag die Schwierigkeit insbesondere darin, die »weichen« FGS messbar zu machen, messbare Kriterien zu formulieren. Nach der Auswahl der zwei FGS und der Formulierung der Messkriterien versuchten die Führungskräfte, die FGS zu leben, nach ihnen zu handeln.

Embodyment zur Implementierung der Führungsgrundsätze (FGS)

- **Selbstbeobachtungstagebuch**

Dieses Selbstbeobachtungstagebuch sollte die Führungskräfte dazu animieren, sich selbst und ihr Führungshandeln zu beobachten und zu reflektieren. Der Fokus auf der sachlichen Ebene der Selbstbeobachtung waren die ausgewählten FGS und das tägliche Führungshandeln im operativen Geschehen. Ein weiterer Fokus war die Qualität der Führungshandlungen auf zukünftige Ziele ausgerichteten Zweck des Tagebuchs war es, eine gestaltete Reflexion und die Fokussierung der Aufmerksamkeit auf Ziele und Ressourcen zu ermöglichen und zu forcieren. Der Selbstbeobachtungsblock basiert auf den Erkenntnissen ressourcen- und lösungs-orientierter Kurzzeitberatung nach Steve de Shazer und Milton Erickson.

- **Dienststellenbesuche durch den Geschäftsführer**

Zwei Jahre lang versuchte Dr. Schreiner, jede Dienststelle mindestens einmal pro Jahr zu besuchen. Neben allgemeinen Themen, sprach er immer wieder die Führungsgrundsätze an und diskutierte mit Führungskräften und Mitarbeitern über den Fortgang der Implementierung der ausgewählten Leitsätze. Damit wurde von Seiten der Geschäftsführung auf einer symbolischen Ebene sichtbar gemacht, dass die FGS dem Unternehmen wichtig sind. Dr. Schreiner übernahm damit aber auch eine unternehmerische Funktion, um die FGS im Unternehmen lebendig werden zu lassen.

- **Geplante Verknüpfung der FGS mit dem Mitarbeitergespräch**

Zur Zeit der Interviewserie (2000 – 2001) wurde eine Verknüpfung der FGS mit dem Mitarbeitergespräch im Unternehmen vorbereitet. Ziel war es, die bestehenden Führungsinstrumente für die Implementierung und regelmäßige Reflexion der FGS zu nutzen. Über eine gelungene Koppelung der einmal pro Jahr stattfindenden Mitarbeitergespräche und den Review über das Leben bzw. das beobachtete Leben der FGS konnte ein Lebendigwerden der FGS im Unternehmen unterstützt und ermöglicht werden.

- **Geplante Verzahnung der FGS mit dem zurzeit der Interviewserie entstehenden neuen Entlohnungssystem**

Den Grad der Orientierung an den FGS als einen Teil der variablen Anteile des neuen Entlohnungssystems zu gestalten, würde im Unternehmen sehr klar sichtbar werden lassen, welches Verhalten belohnt und welches nicht belohnt wird. Über die geplante Verknüpfung des Führungshandelns mit der Vergütung von Leistung wird auch noch einmal die Funktion der Führung als Dienstleistung für die Organisation betont. Diese Form des Embodyment würde sehr nachhaltig das Verhalten der Führungskräfte zur Veränderung anregen, wobei die Kriterien, nach denen die FGS für die Entlohnung wirksam werden, im Unternehmen sehr gut geklärt sein müssten.

Stories & Artefakte von Geschichten

Bitte tragen Sie täglich nach der Arbeit Ihre persönlichen Beobachtungen Ihres eigenen Führungsverhaltens ein:

SELBST-BEOBACHTUNGS-TAGEBUCH

Datum:

Meine Zufriedenheit mit meinem eigenen Führungsverhalten (in Bezug auf die FGS) am heutigen Tag ist:

$$1 \quad\quad\quad\quad\quad\quad\quad\quad 10$$

Was habe ich heute besonders gut gemacht:

Was ist mir heute weniger gut gelungen:

Worauf werde ich morgen besonders achten, um meinem gesteckten Ziel näher zu kommen:

Technische Services

Führungspraxis-Workshop-Reihe: 1 Jahr Erfahrung mit den FGS – Entrepreneurial Structures für die FGS

Nach einem Jahr wurden Review-Meetings in Form von Führungs-praxis-Workshops mit den jeweiligen Führungskräften der Standorte durchgeführt. Ziel war es, das eigene Erleben, die Einschätzungen in Bezug auf die konkrete Umsetzung der FGS zu evaluieren und reflektieren. Die Praxisworkshops hatten folgendes Grunddesign:

- Rückblick auf die Umsetzung der FGS (Helden- und Horrorge-schichten)
- Klärung, welche Wirkungen und Ergebnisse erzielt wurden
- Einschätzung, wie einfach/schwierig die einzelnen FGS mess-bar sind
- Input: Die Landkarte der Personen bestimmt das Verhalten, das Verhalten gibt Rückschlüsse auf die Landkarte.
- Übersetzung der FGS in beobachtbares Verhalten (z. B. Erar-beitung der Frage:»An welchen Handlungen erkennen meine Mitarbeiter, dass ich z. B. den FGS ›Wir sind stark als Team‹ lebe bzw. dass ich ihn keinesfalls lebe«?) Motto dieser Sequenz war: FGS messbar zu machen, heißt, innere Landkarten in Verhalten zu übersetzen.
- Zielarbeit: Was müssen wir noch tun, um das gesteckte Ziel zu erreichen? Maßnahmenplanung und Vereinbarungen.

 **Rückblick:**

Die Umsetzung der FGS:
1. Bitte erzählen Sie einander Ihre Erfahrungen mit der Umsetzung der Fas
- als Heldengeschichte
- als Horrorgeschichte

2. Fassen Sie zusammen
- Wie ist es uns gelungen, Helden- bzw. Horrorgeschichten zu schaffen
- Was waren die Wirkungen der Helden-bzw. Horrorgeschichten

Messkriterien für FGS
1. Woran werden meine MA erkennen, dass ich diesen FGS lebe
Woran erkennen meien MA, dass ich den FGS keinesfallls lebe

2. Woran erkenne ich, dass meine MA den FGS leben
Woran erkenne ich, dass meine MA diesen FGS keinesfalls leben

Ziel der Workshop-Reihe war es laut Dr. Kohl, dass der soziale Prozess »Führung« beobachtbar wird und dass die Führungskräfte ihr Verhalten gemäß den FGS ausrichten können. Mit diesem Workshop kamen die FGS wieder in den Fokus der Aufmerksamkeit, und es wurde das Tun und aktive Unterlassen reflektiert, um diese FGS lebendig zu machen.

**Stories &
Artefakte von Geschichten**

Wir sind für Veränderungen bereit!

KN:
- Ich unterstütze neue Projekte
- Bereitschaft zu neuen Tätigkeiten
- Ich suche nach Lösungen

- Festhalten an der Vergangenheit
- Im Neuen ein Problem sehen
- Gerüchte unterstützen

MA:
- Übernimmt andere Aufgaben
- Aktive Mitarbeit
- bringt Lösungsvorschläge ein

- »Früher war alles besser«
- Passives Verhalten

Kurze Reflexion des Veränderungsprozesses
Der Fokus der Reflexion liegt hier auf überraschenden Ergebnissen und Impulsen. Es geht um die Beschreibung und Beurteilung von fokussierten Beobachtungen, nicht um die Gesamtreflexion der Fallstudie auf allen möglichen Ebenen.

Die Ergebnisse des Projektes: Erfolge und Schwierigkeiten
Der TSUP arbeitete zwei Jahre lang daran, die FGS als relevanten Faktor zur Veränderung des Führungsverhaltens im Unternehmen zu implementieren. Gesamt gesehen, ist dieses Projekt sehr erfolgreich und konnte seine Ziele gut erfüllen.

Im Folgenden verwende ich die Beobachtungsfolie Entscheidungskommunikation/Interaktion[41], um sichtbar zu machen, auf welcher Seite der Differenz Veränderungen beobachtbar wurden.

- *Ergebnisse auf der Ebene der Entscheidungsstruktur*
Die FGS sind durch den Führungsrhythmus implementiert und als regelmäßiges Thema in die Meetings der Führungskräfte aufgenommen

---

41 siehe dazu den Begriff der Organisation im Teil VIII Theorie-Landkarten

worden. Die geplante Koppelung der FGS an das Entlohnungssystem und das Mitarbeitergespräch waren zum Zeitpunkt der Interviews im Gespräch und würde zu einer engen Koppelung der FGS an die Entscheidungsstrukturen führen.

- *Ergebnisse auf der Ebene der Interaktion*
Die FGS werden in der ersten und zweiten Führungsebene als wichtige Richtschnur für Führungshandeln genannt. In mehreren Interviews wurden Indizien sichtbar, wo die FGS als Referenzfolie für »richtiges Führen« (»Das steht so aber nicht in den FGS«) von Mitarbeitern genannt werden. Dies kann man als Hinweis dafür sehen, dass die FGS als Leitlinie für das Führen genutzt werden. Ob die FGS adäquat gelebt bzw. angewandt werden und wie weit sich die TSUP-Führungskräfte daran orientieren, ist durch die Interviews weder beobachtbar noch erschließbar gewesen.

- *Schwierigkeiten im Bereich der Führungsinteraktion auf Teamleiterebene*
Meine These ist mit Bezug auf die geführten Gespräche, dass die Teamleiterebene wenig bzw. kaum mit den FGS erreicht wurde. Als erstes Indiz dafür werte ich Aussagen in den Interviews mit Teamleitern und Mitarbeitern, die darauf verweisen, dass die FGS im konkreten Führungshandeln der Teamleiter keinen Unterschied zur Zeit vor der Einführung der Grundsätze machen. Das zweite Indiz ist, dass der Fokus der Teamleiter und deren Mitarbeiter ausschließlich auf die operative Arbeit gelegt wurde (»Wenn die Arbeit passt, dann passt auch die Führung«).

Führung erfolgt auf TSUP-Teamleiterebene kaum über die Gestaltung von Kommunikationsarrangements (Scala u. Grossmann 1997), wie z. B. Strukturen für Aushandlungsprozesse und Zielvereinbarungen zu schaffen. Führung gestaltet hier vor allem die an der täglichen Arbeit orientierten Koordinations- und inhaltlichen Kooperationsaufgaben. Zielorientierte Kommunikationsarrangements – wie es z. B. über Zielvereinbarungen (mbo) oder Mitarbeitergespräche möglich wäre – werden kaum genutzt. Führung ist sehr an Personen orientiert – in der vorherrschenden Personalisierung werden die Eigenarten von Personen als Probleme definiert. Führungsinterventionen passieren eher auf der persönlichen Ebene und über Spiele von Nähe und Distanz, Zuneigung zeigen oder Abneigung bekunden.

Um über eine situative und personenorientierte Führung hinaus zu einer strukturelle verankerten, zielorientierten Führung zu kommen, müssten im TSUP noch zusätzliche Implementierungsschritte inszeniert werden. Die Arbeit an sich ist auf der Ebene der Teamleiter und ihrer Mitarbeiter sehr operativ, handwerklich und technisch orientiert. Die FGS sind sehr abstrakt formuliert und noch nicht an die Logik der täglichen Arbeit gebunden. Die These, die wir hier im Anschluss an E. Schein (1995) vertreten, ist, dass auf der Ebene der Teamleiter die FGS zu lose[42] an das spezifische Ziel und den operativen Fluss der Arbeit gekoppelt wurden. Auf dieser Ebene wurden die FGS und das konkrete Führungshandeln zu wenig mit Handwerkszeug und Skills unterstützt, um sich als praktische Leitlinie im täglichen Führungshandeln der Teamleiter etablieren zu können.

Interventionschoreografie und die Funktion der Steuerung

Die Choreografie des Projektes »Führung Neu – Zug um Zug« war sehr funktional gestaltet und sehr »klein« gehalten. Die Grenzziehungen (inhaltlich, Beteiligung, Zeit) sind an der Frage der Organisation, den Zielen der Geschäftsführung und den situativ entstandenen Anforderungen orientiert gewesen. Die Steuerung erfolgte über das Steuerteam mit den Beratern, dem Geschäftsführer und dem Personalleiter. Dieses Gefäß erarbeitete im hypothesengeleiteten Experimentieren den Rhythmus und die Bewegungschoreografie immer im gemeinsamen Tanz von internen Anforderungen und gestalteten Lösungen. Der gewählte Tanz umfasste: Erarbeitung der Varianten im Kreise ausgewählter Führungskräfte, Rollout über Beteiligung vieler im RTSC, Follow-up-Workshops nach einem Jahr Erfahrung mit den FGS.

Die Einführung von Variation (welche FGS) erfolgte über gemeinsame Reflexion in Form zweier an das Instrument der Future Search (Weisbord 1995) angelehnten Workshops. Die Vorabselektion der gestalteten Varianten (»FGS-Rohfassung«) wurde im RTSC-Meeting in St. Kurzweil unter Beteiligung von ca. 230 Personen ermöglicht. Das Instrument RTSC ist dafür sehr gut geeignet und kann durch seine Inszenierung sowohl selektive Beteiligung, kritische Würdigung als auch Dialog über die Varianten leisten. Die Freigabe der FGS (Selektion durch Entscheidung) erfolgte durch die Geschäftsführung. Die Koppelung an die Entscheidungsstruktur der Organisation wurde durch den Auftrag und über die Einbindung des Geschäftsführers abgedeckt

---

42 vgl. die Differenz von strikter und loser Koppelung z. B. von K. Weick (1985)

und damit sehr eng an die übliche Form der Entscheidungsfindung der Organisation gekoppelt.

Das Instrument RTSC kam als Möglichkeit in Betracht, da die ZUG Consulting zu dieser Zeit sehr viel mit den Instrumenten der Large Group Interventions (RTSC, Future Search, Open Space) im Trainings- und Ausbildungsbereich gearbeitet hatte und interessiert daran war, es »live« anzuwenden. Die Verstetigungsstruktur (»Entrepreneurial Structure«) wurde über die Follow-up-Workshops gestaltet und konnte die Aufmerksamkeit sehr gut auf die FGS und deren Anwendung in der Praxis fokussieren. Das beschriebene Workshopdesign ermöglichte es, dass die soziale Situation »Führung« und die dazu notwendigen Handlungen und Unterlassungen in den Blick der Führungskräfte der TSUP gekommen sind.

Wenn man die Beobachtungen auf Teamleiterebene ernst nimmt, dann hat ein Gefäß gefehlt, das diese Belange aufgreift und bearbeitbar macht. In der Choreografie wurden keine Orte ausgestaltet, an denen Beobachtungen über die Implementierungstiefe und -erfolge stattgefunden hätten und die Arbeit mit den Teamleitern und deren Mitarbeitern stattfinden hätte können. Dies hat – vorausgesetzt meine Beobachtungen und Zuschreibungen stimmen – im Rhythmus der Choreografie der FGS-Einführung gefehlt.

Implementierungsfunktion

Die Implementierung und das Embodyment möchte ich mit der Differenz anschlussfähig/nicht anschlussfähig beschreiben. Dies soll auf die Frage »Was erzielte nachhaltige Wirkungen in der Organisation?« Antwort geben können.

• *Andockfähigkeit*

Die Implementierung über den bestehenden Führungsrhythmus ermöglichte eine enge Koppelung an die bestehenden Strukturen und auch eine Verschränkung von Struktur und Kultur. Die »weichen FGS« wurden im Rahmen der bestehenden »harten« Führungsstruktur bearbeitet. Auch das Embodyment über die Mitarbeitergespräche und das Entlohnungssystem ermöglichen das Erzeugen und das Leben der FGS auf allen Ebenen. Zusätzlich wurden über das haptische Ergebnis, die FGS-Broschüre, Ergebnisse angreifbar gemacht, greifbare Ergebnisse gestaltet.

- *Keine Wirkung erzielt*

Grundsätzlich erscheint mir das Tool »Selbstbeobachtungstagebuch« die Funktion der Reflexion gut zu erfüllen, auch die Fokussierungen auf Ressourcen und Ziele sind für eine FGS-Einführung passend. Das Selbstbeobachtungstagebuch wurde hier aber einheitlich als nicht passendes Tool für diese Organisation beschrieben. Auch der Personalleiter, Dr. Heizer, der sicherlich einer der unternehmerischen Akteure[43] in diesem Veränderungsprojekt war, meinte im Interview, dass er das Tagebuch maximal zweimal verwendet hatte. Die Teamleiter haben es laut Interviews noch weniger genutzt.

Unsere Hypothese hierzu ist, dass diese spezielle Organisation wenig Tradition im Lesen und Schreiben als Führungsaufgabe hat. Das spezifische Ziel dieser Organisation ist u. a. das Reparieren von Waggons und Zügen, eine handwerkliche Tätigkeit. Die tägliche Arbeit wird über kommunikative Absprachen eingeteilt. Reflexion wäre in dieser Organisation eher über kommunikative Gefäße lebbar gewesen. Beratung kann dafür geeignete Settings etablieren: z. B. Lernpartnerschaften von zwei bis drei Führungskräften oder monatliche 2-Stunden-Review-Meetings mit Führungskräften.

Quer-Denker:
Die Choreografie des TSUP –
Thesen und Schlussfolgerungen:

- Im Anschluss an G. Morgan (1998) vertreten wir die These, dass die inneren Bilder und die Landkarte der Berater den Prozess der Erarbeitung strukturieren. Sowohl die Leitdifferenz »Führung nicht geklärt« als auch die RTSC als Methode zur Implementierung prägten die Wahl der sozialen Gefäße wie auch deren Besetzung. Die Sichtweisen des Top-Managements wurden in der Gestaltung berücksichtigt – sie waren aber nicht leitend für die Ausgestaltung der operativen Gefäße.

- Die Erarbeitung der FGS in einem kleinen, mit Führungskräften besetzten Gefäß war aufgrund der inhaltlichen Ziele (Führungsgrundsätze), aber auch in Bezug auf die Koppelung der Ergebnisse an die Organisation optimal. Durch die Besetzung des Projektteams mit dem Geschäftsführer und dem Personalchef ist eine enge Koppelung an die Entscheidungsgremien gelungen. Durch die Besetzung mit Führungskräften aus unterschiedlichen Ebenen und Regionen sind genügend unterschiedliche Sichtweisen berücksichtigt worden.

- Im Anschluss an Janes, Prammer u. Schulte-Derne (2001) folgen wir der Hypothese, dass eine klare Übertragung der Verantwortung auf alle Füh-

---

43 Dieser Indikator wurde mithilfe des »Kodierens« aus den vier Fallstudien gewonnen.

rungskräfte für die Umsetzung und Implementierung des Neuen erfolgsentscheidend ist. Durch die RTSC-Konferenz ist dies gelungen. Eine »Erste-Reihe-fußfrei-Haltung«, bei der alle Verantwortung den Beratern bzw. dem Top-Management übertragen wird, ist nicht entstanden.

- Die Koppelung der Ergebnisse an den Führungsrhythmus unterstützte die Verankerung im TSUP. Wir vertreten im Anschluss an Luhmann (2000) die These, dass Veränderung nur dann wirksam ist, wenn sie an die Entscheidungskommunikation der Organisation ankoppeln kann.

2. »Zukunft 2000: Vom Kommunalbetrieb zum kommunalen Dienstleister«

Die Südstadt Kommunalbetriebe AG (SKAG) und ihre rund 650 Mitarbeiter versorgen eine mittelgroße Stadt im deutschen Sprachraum mit ca. 110.000 Einwohnern mit Telekommunikation, Elektrizität, Erdgas und Wasser, betreiben Anlagen zur Abwasserreinigung, das Kanalnetz, Abfallwirtschaft sowie Bäder und Saunabetriebe.

Ausgangssituation/Problemstellung

Die Neuorganisation der Energiewirtschaft in Europa veränderte den Rahmen, den Kontext der Kommunalbetriebe im deutschsprachigen Raum radikal – vom Monopolanbieter zum Markt, vom geringen Druck auf Veränderung zum Druck des Marktes, vom Abnehmer zum Kunden.

Die SKAG umfassenden Dienstleistungsbetriebe wurden aufgrund finanzieller Probleme der Organisation 1995 aus der Stadtverwaltung ausgegliedert und die Kommunalbetriebe in eine AG umgewandelt. Die Strategie der »Multi Utility« (breites Angebot an kommunalen Dienstleistungen) wurde beibehalten, aber auf die spezifischen Markterfordernisse fokussiert. Im Anschluss wurde 1996 in Zusammenarbeit mit einer Schweizer Organisationsberatungsfirma eine neue Organisationsstruktur geschaffen, die auf einer Diversifikationsstrategie (strategische Geschäftsfelder), Serviceorientierung und auf einer Orientierung an Wirtschaftlichkeit basierte. Dieses Strukturprojekt hatte das Ziel, die Aufbau- und Ablauforganisation zu optimieren und ca. 100 Mitarbeiter einzusparen. Dieser Mitarbeiterabbau wurde über einen »natürlichen Abgang« – d. h. keine Neuaufnahmen in den Jahren von 1996 bis 2000 – gestaltet. Im Rahmen der Neustrukturierung wurden die meisten der bestehenden Führungspositionen neu ausgeschrieben. Die bisherigen Führungskräfte konnten sich auf die neu entstandenen Posten bewerben. Laut Auskunft des Managements wurden ca. 20 Leitungsposten durch Externe neu besetzt.

Nach diesem Veränderungsprojekt beschlossen die Vorstände, dass sie eine Organisationsentwicklung für den Bereich Kultur in Auftrag geben wollten, um auch auf der Ebene der »Soft Facts« die strukturelle und strategische Veränderung zu unterstützen und weiterzutreiben.

Ziele der Beratung

Das Ziel dieses Projektes sollte eine Veränderung hin zu einer gelebten Kundenorientierung, hin zu einer klaren Identität unterstützen. Die neue Struktur und Strategie sollten durch diese kulturelle Ausrichtung lebbar werden. Es sollten die Bereiche Kundenorientierung, das Führungs- und Problemlöseverhalten sowie die Kommunikations- und Kooperationsfähigkeit weiterentwickelt und der Strategie angepasst werden.

Zusätzliche Ziele des Projektes

- Bewusstwerden des derzeitigen Ist-Zustandes.
- Entwicklung gemeinsamer Vorstellungen über die Zukunft.
- Feststellung und Bearbeitung von Blockaden, die die gewollte Organisationsänderung behindern.
- Aufbau einer möglichst breiten Akzeptanz im Führungskreis – trotz der mit dem Änderungsprozess verbundenen Machtverschiebungen.
- Werte und Einstellungen sowie Muster der Kommunikation hin zu Kundenorientierung verändern.

Zentrale Widersprüche und Dilemmata der SKAG

Das Unternehmen und die Unternehmenskultur sind ähnlich geprägt wie die des TSUP: lange Tradition als eigener Betrieb der Kommune und eine sehr enge Koppelung an das politische System. Hier trifft die Palast-Metapher von B. Hedberg (1981) den Kern: massive Bauweise, auf lange Dauer ausgelegt, klare hierarchische Unterstellungen, starre Regeln und ritualisierte Handlungen.

Die zentralen Dilemmata sind gekennzeichnet durch die enge Koppelung an das politische System, das Spannungsfeld zwischen alter Logik und Dynamik des Marktes und der Notwendigkeit der gleichzeitigen Umorientierung von Strategie, Kultur und Struktur.

- Die enge Koppelung an das politische System wird bei Kommunalbetrieben insbesondere in der Besetzung des obersten Managementteams und der Abhängigkeit der Managemententscheidungen von der politischen Logik sichtbar. Kommunalbetriebe waren (und sind) bis zur Einführung des Marktes und der Aufgabe des Monopolstatus der Kommunen eng an das politische System gekoppelt. Entscheidungen konnten nur aus der politischen Logik Regierung/Opposition bzw. Macht/keine Macht heraus getroffen werden. Dies bedeutet, dass Entscheidungen nicht von der Sachlogik geprägt waren, sondern vor allem von einer politischen Logik (Was bringt diese Entscheidung an politischem Kapital?), und die Entscheidungen in politischen Gremien vorbereitet und zum Teil auch dort getroffen wurden. Insbesondere bei Ausgliederungen ist die Diskussion geprägt vom Ringen um die Beantwortung der Frage: Was muss hoheitlich bleiben, was kann Marktmechanismen überlassen werden?

  Auch jetzt ist die Koppelung an die Kommunen und damit an das politische System über die Eigentümerstruktur der AG weiterhin gegeben, der Unterschied besteht darin, dass das Unternehmen sich am turbulenten Markt beweisen und dort bestehen muss und zudem Vertreter der Politik als Aufsichtsräte fungieren.

- Das Spannungsfeld der bisherigen Logik und der Logik des Marktes wird in der SKAG auf unterschiedlichen Ebenen sichtbar: Der frühere Abnehmer der Leistungen wird zum Kunden mit Ansprüchen und der Möglichkeit zu wählen.

  Bisher war die Organisation eher von Stabilität und der Tendenz des Bewahrens des Bestehenden geprägt. Der radikale Kontextwechsel hin zum dynamischen Markt erzeugt Unsicherheit auf allen Ebenen, da es kaum Erfahrungen mit Veränderung, dynamischen Anforderungen, schnellen Informationen etc. gab.

- Die Besetzung des »Executive Teams« (Vorstände) manifestiert auch das Spannungsfeld auf der Top-Ebene: Ein Vorstand, Herr Dr. Ritzenhoff, ist gelernter Jurist und Politikprofi und verankert in der regionalen Politik. Der zweite Vorstand, Herr Dr. Beckmann, ist als gelernter Techniker Marktprofi und wurde von einem international agierenden Chemieunternehmen, wo er auch für ein asiatisches Joint Venture einige Jahre lang als alleiniger Vorstand fungierte, rekrutiert.

Der Ablauf des Beratungsprojektes

Das Beratungsprogjekt war in zwei größere Abschnitte geteilt: In der Phase 1 »SKAG Neu 2« ging es um die Vorbereitung und die teilweise Umsetzung der in den jeweiligen Projekten generierten Ideen. In der anschließend durchgeführten Phase 2 (»Dialog 2001«) war primär die Umsetzung der in der Phase 1 vorbereiteten Ideen und gestalteten Varianten das Ziel.

 **Chronologie SKAG NEU 2**

Jahr	Monat/Datum	Eckpunkt
1997	1. April	Angebotspräsentation LOG
	30. Juni	1. Staffmeeting
	8. September	Vorstandsgespräch bzgl. Projekt
	17. September	Interviews Betriebsleiter; Projektleiter; Vorstand
	22. September	Interviews Kernteam
	30. September	2. Staffmeeting
	5.–7. Oktober	Startworkshop mit dem Kernteam; 6 Projektgruppen werden definiert.
	10. Oktober	Kernteampräsentation an Vorstand
	10. November	Projektvorstellung und Freigabe durch den Vorstand Bildung der Projektgruppen
1998	28. Januar	Kernteamsitzung, Vorbereitung Resonanzgruppe
	06. Februar	1. Resonanzgruppen-Organisationsteam
	Februar	Durchführung 1. Mitarbeiterbefragung
	16. März	Präsentation Mitarbeiterbefragung im Kernteam
	26.03.	1. Resonanzgruppe – Ergebnisse der Mitarbeiterbefragung
	04.05.	Staffmeeting – Ergebnisse Mitarbeiterbefragung (MAB)
	24.06.	Misstrauensvotum gegen Berater vom Projekt »Identität und Wir-Gefühl«
	Anfang September	Vorbereitung der 2. persönlichen Aussendung Wir wollen mehr Wertschätzung geben und erhalten.
	16.09.	Tag der Projekte
	29.10.	2. Resonanzgruppe
	24.11.	Endgültige Konfliktlösung der Gruppe Identität und Wir-Gefühl
	25.11.	Leitbildentwicklung – Fertigstellung des Leitbildes; Endredaktion Personalmanagement-Projektleitfaden

	17.12.	Projektabschluss KAG neu II
	17.12.	Projektabschluss SKAG neu 2
1999	22.01.	Staffmeeting
	05.03.	Auflösung des Kernteams
		Start Phase 2 »Dialog 2001«

Entscheidung für die Beratergruppe LOG-Consulting

Herr Dr. Fritz Karl, Mitarbeiter der SEE AG Consulting, einer Unternehmensberatungsfirma der SEE AG, eines großen Chemiekonzerns, wird im Frühjahr 1997 vom technischen Vorstand der Südstadt Kommunalbetriebe AG angefragt, ob er ein Entlohnungsprojekt in der SKAG begleiten könne. Herr Dr. Karl trifft sich daraufhin mit dem Vorstandsvorsitzenden und versucht in einem Vorgespräch, das Ziel eines eventuellen Auftrages zu klären. Dabei wird für beide deutlich, dass ein Entlohnungsprojekt für die SKAG erst nach einem Kulturveränderungsprozess Erfolg versprechend sein kann. Herr Dr. Karl verweist auf die LOG-Consulting, die aus seiner Sicht die Erfahrung und das Know-how haben, ein derartiges Kulturveränderungsprojekt durchzuführen. Die LOG-Consulting könne gemeinsam mit der Beratungsfirma SEE AG Consulting und einem Partner der LOG-Consulting die SKAG bei diesem Projekt beraterisch begleiten.

Die SKAG lädt im nächsten Monat die LOG-Sozietät[44] und drei andere Beratungsfirmen zu einer Projektpräsentation ein. Ziel war es, die passende Beratungsfirma auszuwählen und das Kulturprojekt zu starten. Die LOG-Consulting konnte die Vorstände, den Personalleiter und den Leiter der Stabstelle »Organisation« in der Präsentation für ihre Konzeption und von ihrem Ansatz überzeugen und bekam den Auftrag zur Begleitung des Kulturveränderungsprozesses erteilt. Es haben anschließend Vorgespräche der Beraterfirma LOG-Consulting mit Herrn Dr. Kirchhuber (Leiter der Stabsstelle Organisation) und dem Personalchef Herrn Dr. Ferien stattgefunden, in denen abgeklärt wurde, wie die Beratung operativ ablaufen wird und welche Personen in die in der Präsentation bereits vorgestellten sozialen Gefäße involviert werden.

---

44 Diese Sozietät bestand aus zwei Vertretern der SEE AG Consulting (einer eigenständigen GmbH eines Industrieunternehmens), einem Vertreter und einer Vertreterin der LOG-Consulting und einem Vertreter der systems consulting. Das Beratungsteam wird im Folgenden nur mehr LOG-Consulting genannt.

Prozesschoreografie – welche Strukturen und Phasen hatte der Veränderungsprozess?

Im Anschluss an Lohmer (2000) vertreten wir die These, dass die Konzeption eines Veränderungsprozesses ein kreativer Akt ist. Er erfordert soziale Fantasie, Kenntnis der spezifischen Kultur des Unternehmens, aber auch Wissen um die Inhalte (Hard und Soft Facts) sowie die Methoden und Instrumente zur inhaltlichen Erarbeitung von Veränderungen. Die Ausgestaltung der Projektarchitekturen und Designs in den einzelnen Workshops basierten auf den Annahmen (Hypothesen) der Berater, die die Gestaltung der Choreografie auf diese Hypothesen abgestellt haben.

 **Hypothesen der Berater**
zum Projektstart

- Bisher definieren bürokratische zentralistische Führungs- und Kommunikationsmuster das System und bestimmen die Spielregeln. Die organisatorischen Beobachtungen werden von der Leitunterscheidung »oben – unten« gelenkt.
- Hohe Arbeitsplatzsicherheit der Mitarbeiter reduziert die Betroffenheit und den Energetisierungsgrad für eine Veränderung – wobei hier über Visionsbildung bzw. Führungsgrundsätze eine Gegensteuerung möglich wäre.
- Die Sicht der Mitarbeiter und einzelner Führungskräfte ist geprägt vom Bild, dass Veränderungsbedarf nur bei den anderen zu erkennen ist: »Veränderungsbedarf ist bei den anderen zu finden, bei mir selbst passt alles«; »ich habe ja schon immer »Kundenorientierung« gelebt, aber die anderen«...
- Die einzelnen Geschäftsbereiche der SKAG-Kommunalbetriebe sind vom »Ganzen« abgetrennt, es ist keine Verbindung sichtbar.
- Die starke operative Orientierung (entgegen einer reflexiven Orientierung) erzeugt Ergebnisdruck und Aktionismus, belässt aber das Muster beim Alten.
- Das Kernteam ist ein wichtiger Schlüsselakteur in Bezug auf Veränderung des Musters der Organisation. Das Kernteam ist ein Schlüsselfaktor für den Erfolg, da es die neuen Sichtweisen erarbeiten, reflektieren und insbesondere vorleben sollte.
- Die Berater müssen sowohl Veränderung als auch Bewahren repräsentieren.
- Projekte sollen vom Kernteam definiert werden, von ihnen und damit aus dem »Inneren« kommen.

Choreografie des Veränderungsprojektes

Die Choreografie dieses Beratungsprojektes entspricht einem Projektablaufplan mit Milestones und zeitlich fixierten sachlichen Inhalten (Steuergruppensitzung, Dialoggruppe, Coaching etc.). Die folgende

Abbildung veranschaulicht diesen Projektplan. Die Prozessgefäße im Rahmen des Prozesses »SKAG Neu 2« waren:

- Dialoggruppe (Kernteam mit den zwei Vorständen als Auftraggeber)
- Kernteam (Personen aus allen Hierarchieebenen vom Leiter der Stabsstelle Organisation ausgewählt, zehn Männer und zwei Frauen)
- Resonanzgruppen-Meeting (150 Personen aus der Organisation)
- Einzelne Projekte
- Workshops in den unterschiedlichen Kommunikationsgefäßen (Projekte, Kernteam, Resonanzgruppe usw.)

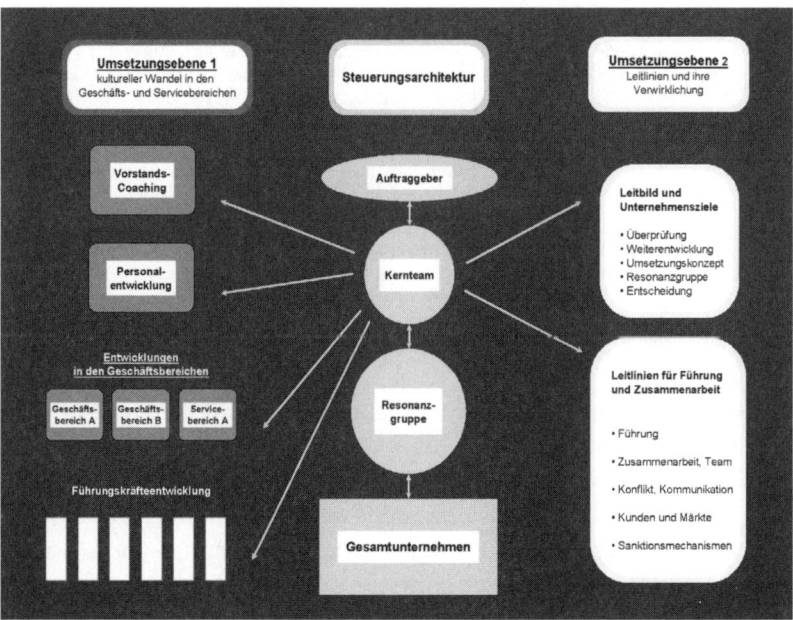

| ![7F] | Interventionschoreografie |
| | *Tools dieser Fallstudie* |

1	**Steuerungsfunktion**	Zwei Vorstände als Auftraggeber (im Dialogteam)
		Schriftliche Aufträge
		Executive Team Coaching auch zur Steuerung genutzt
		Kernteam steuert Change-Prozess

2	Funktion der Ausgestaltung operativer Gefäße	Dialoggruppe (Kernteam mit den zwei Vorständen als Auftraggeber) Kernteam *(Personen aus allen Hierarchieebenen vom Leiter der Stabsstelle Organisation ausgewählt, zehn Männer und zwei Frauen)* Resonanzgruppen-Meeting Einzelne Projekte *(Fraktalbesetzung)* Workshops in den unterschiedlichen Kommunikationsgefäßen *(Projekte, Kernteam, Resonanzgruppe usw.)*
3	Entwicklungsfunktion (Variation)	Im Start-Workshop wurden die Themen definiert, an denen gearbeitet wurde Kernteam Einzelne Projekte
4	Funktion der Selektion	Steuergruppe Dialoggruppe (mit den zwei Auftraggebern) Koppelung an die Organisation auch über Executive Team Coaching
5	Kommunikations- und Abstimmungsfunktion	Resonanzgruppen-Meeting
6	Implementierungsfunktion	Im Rahmen der Abschlussveranstaltung den Vorständen übergebene Projektordner mit den Beschreibungen der gestalteten Varianten und der Umsetzungsvorschläge der einzelnen Projekte Anschlussprojekt: *3 Umsetzungsprojekte werden vom Vorstand in der Dialogplattform genehmigt; zusätzliche Bereichsentwicklungs-Workshops*
7	Qualifizierungsfunktion	Lernen auf Organisationsebene durch die Mitarbeiterbefragung und auch über Executive Coaching wurden Reflexionsschleifen gestaltet. Lernen auf Personenebene: *zwei Führungskräfte-Trainingsmodule*

Das operative Management des Projektes erfolgte auf Beraterseite über eine prozessorientierte Steuerungs- und Planungsform. Kennzeichen hierfür war die »rollende Planung«, die auf die Veränderungen der Ziele im Zeitablauf, auf Auswirkungen der Interventionen etc. einging und die Planung danach ausrichtete. In Staffmeetings (dem Treffen aller beteiligten Berater mit teilweise externer Moderation) wurden auf der Basis von unterschiedlichsten Informationen Hypothesen gebildet, um jeweils ein adäquates Interventionsdesign zu kreieren. Die Arbeit der Beratergruppe LOG-Consulting war gekennzeichnet durch die kontinuierliche gemeinsame Reflexion und Planung des Beratungsprozesses in so genannten Staffmeetings. LOG-Consulting arbeitete im Rahmen der vorgegebenen Beratungsarchitektur »prozessorientiert« – dies bedeutete, dass sie ihre Beobachtungen, Eindrücke, Informationen durch das Kernteam (oder andere Vertreter der Organisation), Stand der Projekte, fachliches Wissen (Projektmanagement, Strategie) einbrachten und kontinuierlich reflektiert haben. Darauf aufbauend, bildeten sie Hypothesen und analysierten die Informationen, um weitere Schritte für das Beratungsprojekt zu planen. Meist erfolgten auch kurzfristige Änderungen des Projektablaufes bzw. des Workshop-Designs aufgrund der neuen Informationen. Die Kurzfristigkeit von Planung ist unter anderem auch ein Grund, warum Berater in den Pausen von Workshops zusammen an einem Tisch sitzen und sich von dem Klientensystem separieren.

 **Hypothesen der Berater**

zur Funktion der einzelnen Gefäße der Beratungschoreografie
(aus dem Angebot der Beratung und aus persönlichen Gesprächen)

Geplante Funktionen des Kernteams
- eine Managementfunktion: Das Kernteam muss die nötigen Entscheidungsalternativen vorbereiten, Entscheidungen treffen und für deren operative Umsetzung Sorge tragen. Zudem muss es über Feedback-Schleifen das Vorgehen steuern.
- eine Auftraggeberfunktion: Es initiiert und steuert die Subprojekte.
- eine Reflexionsfunktion: um die Ereignisse im Beratungssystem und im Unternehmen zu reflektieren, zu bewerten und Konsequenzen abzuleiten
- In den Kernteamsitzungen sollen diese Aufgaben besprochen und ein Rahmen für Reflexion geboten werden, um zu sehen, ob die Unternehmenstransformation in die richtige Richtung läuft bzw. wo Steuerungsbedarf gegeben ist.

Geplante Funktionen der Dialoggruppe
- Grundsätzlich wird in der Dialoggruppe mit relevanten Umwelten kommuniziert, und es erfolgt ein gegenseitiger Austausch von Information.
- Im konkreten Projekt wurde in der Dialoggruppe der gesamte Vorstand eingeladen, um diesem als Auftraggeber über den Fortschritt des Projektes zu berichten und um Abstimmungen treffen zu können.

Geplante Ziele und Funktionen der Resonanzgruppe
- möglichst viel Diversität in einen Raum zusammenzubringen, um sichtbar und beobachtbar zu machen, welche Aussagen, Meinungen, Information in der SKAG vorhanden sind.
- Feedback einholen, wie der Veränderungsprozess und die Projekte eingeschätzt werden und wie sie wirken.
- möglichst viele Organisationsmitglieder zu informieren und emotional zu beteiligen (von Information zu Beteiligten).

Subprojekte
- Über Subprojekte kann das Kernteam operativ tätig werden.
- Durch Subprojekte werden Themen innerhalb der Organisation bearbeitbar. Sie erarbeiten Konzepte, Entscheidungsgrundlagen etc. Zudem wird über die Subprojekte die Beteiligung der Mitarbeiter an der Organisationstransformation erweitert.

Der Kick-off des Veränderungsprojektes »SKAG Neu 2« als wichtiger Meilenstein

Der Start eines Projektes prägt in Folge die weiteren sozialen Handlungen, da sich zu Beginn Erwartungen festigen und auch Standards im Umgang miteinander definieren. Dort werden schon viele Vorentscheidungen, viele Orientierungsrahmen (wie ist die Arbeitsaufteilung zwischen Beratung und Mitarbeitern, wer ist wofür zuständig, wie ist der Umgang miteinander etc.) für die folgende Zusammenarbeit generiert.

Vorbereitung zum Startworkshop
Ende Juni 1997 werden im Rahmen eines Meetings der LOG-Consulting – Dr. Heinz und Dr. Meyer – mit dem internen Projektleiter, Herr Dr. Kirchhuber, und dem Personalchef der SKAG, Dr. R. Ferien, der Startworkshop und die Auswahl der Kernteammitglieder vorbereitet. Die Vorbereitungsgruppe – die zwei Berater, die zwei internen Projektleiter (Dr. Kirchhuber, Dr. Ferien) und zu ausgewählten Fragen auch der Vorstand – traf sich, um für das Veränderungsprojekt wichtige Rollen und Funktionen (z. B. interner bzw. externer Projektleiter und damit verbundene Erwartungen) zu besprechen und um die Mitglieder des Kernteams festzulegen. Zusätzlich wurden die Interventionsebene des Vorstandscoaching und der Mitarbeiterbefragung als Evaluierungsinstrument besprochen und die Vorgehensweise festgelegt.

Die Ziele für das erste Kernteam-Meeting wurden im um die Vorstände erweiterten Rahmen festgelegt. Die Vorstände sollten als Auftraggeber zu Beginn des ersten Meetings des Kernteams dabei sein, im Anschluss sollte das Kernteam mit den Beratern alleine arbeiten.

Der Vorschlag der Berater zur weiteren Vorgehensweise war folgender:

Es werden zur Vorbereitung im Vorfeld Interviews mit Mitarbeitern und Kernteammitgliedern der SKAG durchgeführt, um die Sichtweisen der Mitarbeiter und über die Interviews erschließbare kulturelle Muster besser kennen zu lernen.

Zudem dienten laut einem Gespräch mit Dr. Heinz, dem LOG-Consulting Projektleiter, diese Interviews auch zum wechselseitigen Kennenlernen, zum Aufbauen von Sicherheit auf Seiten der Mitarbeiter und auch der Berater – sozusagen zum wechselseitigen »sozialen Andocken«.

Der Startworkshop

Hypothesen der Berater
Ziele des Startworkshops:

- Auftragsübernahme des Kernteams: eigene Funktionen, Ziele definieren und übernehmen.
- Projektstruktur erarbeiten, Ziele vereinbaren.
- Projektarchitektur mit Leben füllen.
- Identifikation des Kernteams mit seinen Funktionen ermöglichen.
- Von einer Gruppe zum Team werden.
- Persönliches Commitment jedes Einzelnen ermöglichen.
- Weichenstellung für die nächsten Schritte schaffen.
- Wandel erfahrbar (begreifbar) machen.
- Sichtbar machen, dass sich das ändern wird, was »wir als Kernteam« ansprechen werden.

Die Auftraggeber (die zwei Vorstände der SKAG, Dr. Beckmann und Dr. Ritzenhoff) stellten am Sonntag in der Abendeinheit die Metaziele des Veränderungsprojektes vor und kommunizierten nochmals den Auftrag an die zwei LOG-Consulting-Berater und die Kerngruppe. Danach moderierten die Berater, Dr. Heinz und Dr. Meyer, eine dialogische Austauschrunde an. Ziel war eine Bearbeitung der Informationen der Vorstände in Kleingruppen, offene Fragen sollten geklärt werden.

Am nächsten Tag arbeiteten die Kerngruppenmitglieder an der genauen Definition des Auftrages. Zudem versuchten sie, mögliche Inhalte und Ziele für die folgende Projektarbeit zu konkretisieren. Daneben arbeitete das Kernteam in Kleingruppen an den Fragen, welche leitenden Werte in Bezug auf Kultur jetzt prägend sind und welche Themen bearbeitet werden müssten, um Veränderung (hin zu prägenden Soll-Werten) im Sinne des Auftrages zu erreichen.

Am Dienstag wurden die entstandenen Themenstränge priorisiert und zu Kernthemen zusammengefasst. Danach wurden rund um die entstandenen Kernthemen Projektgruppen gebildet. Die Kernthemen wurden auf jeweils ein Flipchart geschrieben und das Plakat im Raum aufgehängt. Die Kernteammitglieder ordneten sich freiwillig den Themen zu, je nach Energie für und Neugier auf das Thema. Zwei bis drei Mitglieder des Kernteams sollten in jeder Projektgruppe vertreten sein, jeweils ein Mitglied des Kernteams übernahm die Projektleitung der thematischen Projekte.

Das Prozessdesign des Kick-off-Meetings im Zeitraffer vom 5.10. bis 7.10.1997

So, 5.10.97 (abends)
Ziele des Workshops, Rollen, Spielregeln
Input Vorstand: Warum jetzt? Ziele des Veränderungsprojektes
Grundzüge der Projektarchitektur
Input Vorstand: Auswahlkriterien für Kernteam und Zielvorgaben
Feedback der Teilnehmer
Offene Fragen an den Vorstand

Mo, 6.10.97
Kernteam ohne Auftraggeber
Vorstellrunde
Chancen und Risiken des Projektes in der Gruppe
Unternehmenskultur jetzt: Welche Werte prägen uns jetzt?
Die leitenden Werte für die Arbeit des Kernteams,
Gruppenarbeit über den konkreten Auftrag des Vorstandes an das Kernteam
(Was war der Inhalt; Vision – dazu nötige Schritte (»weg von – hin zu«) gegenüberstellen))

Di, 7.10.1997
Wetterbericht
Präsentation der Ergebnisse der Abendarbeit
Auflistung möglicher Projekte
Auswahl von 6 Subprojekten
Nächste Schritte und Termine
Vertiefung der Subprojekte
Beraterteam
Wie sehen wir uns als Kernteam – Bild
Reflexion und Abschluss

Für die Auswahl weiterer Projektgruppenmitglieder wurden von Vertretern des Kernteams und den Beratern Kriterien definiert und die Personen dann durch Dr. Kirchhuber nominiert. Das Kernteam konkretisierte im Laufe der Folgewoche die Projektaufträge für die einzelnen Projektgruppen und legte diese dem Vorstand zur Entscheidung vor. Die Projekte wurden nach kleinen Korrekturen durch die beiden Auftraggeber genehmigt und die Ziele und Aufträge in der Organisation kommuniziert.

Das Kernteam übernahm die Steuerungsfunktion für die Subprojekte, die einzelnen Projektgruppen sollten an konkreten Ideen und Maßnahmen für die geplanten Ziele des Gesamtprojektes arbeiten. Die Projektgruppen trafen sich alle 2 Monate in Meetings mit externen Beratern, um die Ergebnisse abzustimmen und zu reflektieren. Zwischenzeitlich arbeiteten die Projektgruppen alleine, ohne externe Begleitung, am Projektauftrag.

Das Kernteam arbeitete mit externer Begleitung im Rhythmus von sechs bis acht Wochen, um Zwischenergebnisse zu reflektieren, fachliche Inputs zu besprechen, die Projekte zu steuern etc.

Die Subprojekte

Folgende Subprojekte wurden im Rahmen des Kick-off-Meetings gebildet und definiert:

- *Identität und Wir-Gefühl*
Ziel: Stärkung der Identität, Weiterentwicklung der Teamfähigkeit (Gemeinsamkeiten – Unterschiede)
- *Informationskultur*
Ziel: Schaffung von Wissensbeständen bei allen Bediensteten, aber auch den Kunden-Informationsfluss verbessern
- *Projektmanagement*
Ziel: Schaffen von Know-how über Projektmanagement, projektorientiertes Arbeiten selbstverständlich machen
- *Kundenorientierung*
Ziel: Entwickeln von Gedanken und Maßnahmen, die bei kundenorientiertem Verhalten notwendig sind.
- *Leitbildentwicklung*
Ziel: Zusammenfassung der wesentlichen Werte und quantitativen Unternehmensziele in einfachen und allgemein verständlichen Formulierungen, die die SKAG in Zukunft prägen sollen
- *Führung und Zusammenarbeit*
Ziel: Entwickeln von Grundsätzen der Führung und Zusammenarbeit, neue Managementsysteme entwickeln
- *Vorstandscoaching*
- *Mitarbeiterbefragung (vor und nach dem Projekt)*
Ziel: Sichtbarmachen der Veränderung, Sichtbarmachen der Einschätzung der Mitarbeiter der SKAG vor und nach dem Projekt

Die Arbeit und Ziele der Subprojekte

Im vorgegebenen Rahmen der Projektarchitektur wurde kontinuierlich in den einzelnen Subprojekte an den entstandenen Themen gearbeitet. Die Subprojekte waren durch den jeweiligen Projektleiter mit dem Kernteam verbunden.

Das Kernteam, das fortdauernd durch Dr. Heinz und Dr. Meyer begleitet wurde, überprüfte in seinem zweiten Meeting die Projektaufträge für die einzelnen Arbeitsgruppen. Die Auftragsklärung, das Setzen von Milestones und auch die Klärung der Inhalte und Aufgaben waren wiederkehrende Teile der beraterbegleiteten Arbeit des Kernteams. Durch diese Form der Arbeit erfolgte ein laufendes Ausrichten an den Zielen und neu entstandenen Erfordernissen über eine rollende Planung. Dies bedeutete für die Arbeit des Kernteams, Ziele und Zielerreichung, mögliche Varianten, Zwischenergebnisse, beabsichtigte und unbeabsichtigte Auswirkungen auf die Organisation etc. in Bezug auf die Projektaufträge und das Gesamtziel zu reflektieren. Die hier entwickelten Ideen, Ergebnisse, Impulse wurden von den Projektleitern aus dem Kernteam zurück

in die Projekte getragen und dort aufgegriffen. Die einzelnen Projekte wurden durch jeweils einen Berater (bzw. eine Beraterin) der LOG-Consulting begleitet und moderiert. In den Projektgruppen führte man alle ein bis zwei Monate Workshops mit den externen Beratern durch, dazwischen arbeiteten die Projektgruppen für sich alleine.

Ziel war es, den Projektaufträgen möglichst gut nachzukommen. Neben der inhaltlichen Arbeit galt es, immer wieder zu reflektieren, wo das Projekt stand, neue Maßnahmen zu planen und anstehende Aufgaben im Projektteam arbeitsteilig abzuarbeiten. Ein Austausch zwischen den einzelnen Projektgruppen fand über das Kernteam kontinuierlich und für alle Mitarbeiter der Projekte und für ausgewählte Mitarbeiter der SKAG in den zwei Resonanzgruppen-Meetings (März, November) statt. Hier wurde versucht, über unterschiedliche Kommunikationskanäle (analoge Medien wie Schauspiel, Pantomime etc. und auch über Dialoge mit Nicht-Beteiligten) Informationen zu den Projekten zu geben sowie Fragen und Informationen für die Weiterbearbeitung in den Projektgruppen einzuholen.

 **Multiple Insights**
Zu den Projekten

Sichtweise interner Projektleiter

Im Kernteam sind Projektgruppen mit Schwerpunkten für das Unternehmen gebildet worden. Dann wurde gemeinsam im Kernteam definiert: Was sind die Aufgaben der einzelnen Projekte, mit welchen Zielsetzungen, was ist der Auftrag? Dies wurde mit dem Vorstand abgestimmt, und dann wurden die einzelnen Projektgruppen mit Personen »gefüllt«.

Sichtweise der Kernteammitglieder

Beim ersten Meeting des Kernteams wurden die Themen für die Projektgruppen ausgewählt und priorisiert. Die Kernteammitglieder haben sich freiwillig den Themen zugeordnet. Das Kernteam hatte eine Steuerungsfunktion, die einzelnen Projektgruppen arbeiteten die Maßnahmen aus.

Multiple Insights
Zu den Projekten

Sichtweise der am Prozess beteiligten MitarbeiterInnen
Die Information erfolgte zu Beginn sehr zufällig, und es war sehr diffus, was passieren wird.

Sichtweise der nicht beteiligten MitarbeiterInnen
Von einzelnen Teams hat es über den Zwischenstand Veröffentlichungen gegeben.
Man hat aber insgesamt sehr wenig über den Veränderungsprozess erfahren und fühlte sich nicht informiert.
Die Information ist nicht weit genug gegangen, sie kam hauptsächlich zu denen, die an den Projekten in irgendeiner Form beteiligt waren.
Einzige Ausnahme waren die Resonanzgruppen – durch diese Veranstaltungen fühlten sich die Nicht-Beteiligten teilweise informiert.

Projektbeispiel Leitbildentwicklung

Der Projektauftrag des Leitbildprojektes lautete »Zusammenfassung eines qualitativen Leitbildes in einfachen und verständlichen Formulierungen auf Basis der wesentlichen Werte und qualitativen Unternehmensziele, die die SKAG in Zukunft prägen sollten«. Im durch Frau Dr. H. Gard begleiteten Projekt wurde nicht auf bestehende Leitbilder von anderen Unternehmen aufgebaut, sondern ein eigenes entwickelt. Das Projekt war als ein Prozess für die Gestaltung eines für die SKAG adäquaten Leitbildes angelegt. Es wurde nicht versucht, ein bestehendes Leitbild einer Firma zu kopieren bzw. abzuschreiben. Der Weg sollte das Ziel sein. Aus Sicht von Frau Dr. Gard können Werte erst dann vermittelt werden und in ein Leitbild einfließen, wenn diese Werte auch innerhalb des Projektteams klar und verständlich sind, dort zum Teil bereits gelebt werden.

Die Projektgruppe erarbeitete zuerst ein Leitbild für sich als Team, um von diesem eigenen Leitbild aus allgemeinere Leitthemen für das Leitbild der SKAG zu finden. Dies hieß für die Akteure des Projektteams vor allem zu Beginn des Projektes, auf einem schwierigen und emotional fordernden Weg eigene Werte, eigene Normen, eigene Handlungsmuster zu hinterfragen, zu analysieren und zu reflektieren. Im Anschluss daran galt es herauszufinden, welche Werte, Normen, Dogmen, Tabus, Handlungsmuster die SKAG zur Zeit prägen und beeinflussen könnten.

Es wurde ein partizipativer und iterativer Weg zur Formulierung der Endfassung des Leitbildes gewählt: Im Projekt wurde ein Erstentwurf des Leitbildes formuliert, dieser immer wieder mit dem Vorstand und den anderen Projektgruppen abgestimmt und reflektiert, um dann anschließend im Projektteam ein passenderes Leitbild auszugestalten.

Dieser Weg war laut den Interviews mit Betroffenen und der Beraterin Dr. Gard nicht ohne Krisen und dem Überwinden von Defensivroutinen zu meistern. Gerade die Arbeit an mentalen Modellen, Grundannahmen über sich selbst und auch das zu betreibende Geschäft, öffnete viele bisher als unhinterfragbar geltende Annahmen. Sie hinterfragte die bisherige Klarheit, die gemeinsame Identität, die bisherigen Grenzziehungen.

Das Ergebnis des iterativen Weges wurde als A-4-Broschüre und als kleines handliches Buch im »Westentaschenformat« für den täglichen Gebrauch professionell gestaltet und gedruckt. Laut den Interviews (08/2000) gibt es Mitarbeiter, die immer ihr Leitbild-Büchlein dabei haben und in Diskussionen darauf hinweisen: »Im Leitbild steht aber etwas anderes, und jetzt verhalten wir uns so oder so.«

Die Arbeit mit dem »Corporate Executive Team« als wichtige Intervention

Mitte November 1997 wurde das bereits im Erstangebot angesprochene Vorstandscoaching begonnen. Die zwei Vorstände des Unternehmens, Dr. Ritzenhoff und Dr. Beckmann, wurden von den zwei Projektleitern der LOG-Sozietät, Dr. Meyer und Dr. Heinz, beraten und begleitet. Die Inhalte des Coaching reichten von der Arbeit an konkreten Fällen, an konkreten Problemen und Fragen bis hin zur Bearbeitung von Fragen der Zukunft und der zukünftigen strategischen Positionierung. Ziel dabei war es, die Sichtweisen wechselseitig abzugleichen, neue Sichtweisen aufzubauen und die Handlungen gemäß den Zielen der Veränderung zu reflektieren und zu verändern (bzw. gleich zu lassen und zu verstärken). Die LOG-Consulting-Berater arbeiteten dabei nicht mit dem im Einzelcoaching üblichen Ansatz, vor allem die Einzelpersonen zu stärken. Ziel hingegen war es, das Führungsteam als soziales System zu professionalisieren, die Selbststeuerungsfähigkeit des Top-Managementteams zu stärken. »Dabei trägt die Arbeitsform des ›Executive Coaching‹ der gewachsenen Erfolgsverantwortung der

Entscheider an der Unternehmensspitze Rechnung. Sie ermöglicht sachlich, zeitlich und sozial eine neue, eine höhere Entscheidungsqualität« (Ahlemeyer u. Schöppl 2002).

SKAG Dialog 2001 »Fit für die Zukunft« – Umsetzung der erarbeiteten Vorschläge

Der im Rahmen der Abschlussveranstaltung den Vorständen übergebene Projektordner mit den Beschreibungen der gestalteten Varianten und der Umsetzungsvorschläge der einzelnen Projekte diente als Basis für die Entscheidung, ob und wie das vom Projektteam Erarbeitete umgesetzt werden sollte.

Am 28. Januar 1999 beschloss der Vorstand, Dr. Ritzenhoff und Dr. Beckmann, wesentliche Projektvorschläge aus den einzelnen Arbeitsgruppen aufzugreifen und zur Realisierung freizugeben.

Die beiden Berater, Dr. Heinz und Dr. Meyer, erzählten in Gesprächen, dass sich die Vorstände lange Zeit nicht für eine Fortführung der Veränderung im großen Ausmaß erwärmen konnten. Die Berater mussten die beiden Vorstände auf die Schwierigkeit, Kultur zu verändern, hinweisen und mit ihnen gemeinsam auf Gaming-Kosten-Nutzen-Relationen fokussieren. Dies sollte klarlegen, dass vor allem die kontinuierliche Weiterarbeit eine gute Voraussetzung für das Absichern des begonnenen Kulturveränderungsprozesses ist.

Ziel der Phase 2 »Dialog 2001 – Fit für die Zukunft« war es, die begonnenen Lernimpulse und Initiativen des Kulturprojektes weiterzutreiben und zu fokussieren. Die beiden Vorstände beschlossen – beraten von Dr. Heinz und Dr. Meyer –, ein Umsetzungsteam einzusetzen, das die Einzelaktivitäten koordiniert, aufeinander abstimmt und in regelmäßiger Abstimmung mit dem Vorstand im Rahmen der Dialogplattform die Implementierung koordiniert und berät.

Dies bedeutete für die Gesamtprojektstruktur keine wesentliche Änderung, nur der Teil »Resonanzgruppe« als Informations- und Feedback-Meeting wurde in dieser Phase nicht mehr weitergeführt. Laut Information von Dr. Meyer wollten die Berater dieses Gremium beibehalten, um die Einbeziehung und Information der Mitarbeitenden zu gewährleisten. Die Vorstände meinten aber, dass diese Art der Kommunikation in der Implementierungsphase nicht mehr notwendig wäre. Dies ist ein deutliches Indiz dafür, dass sich die Defensivroutinen, die alten Muster der Organisation bemerkbar machten. Auftrag an die Berater war es ja, die »ineffiziente« Kommunikation als Problem zu bearbeiten.

Die Berater konnten hier laut Dr. Meyer wenig gegensteuern und sich auf mikropolitische Verhandlungen mit den Vorständen einlassen, da die Weiterführung des Gesamtprojektes an sich auf eher wackeligem Fundament stand.

Hypothesen der Berater
zur Projektfortführung:

Die kontinuierliche Entwicklung von Führung und Zusammenarbeit ist einer der Erfolgsfaktoren, um die bisher geleistete Arbeit im Prozess des Kulturwandels abzusichern und weiterzuführen.
Vorbereitung und Durchführung von SKAG–spezifischen Führungskräftetrainings, insbesondere zu den Themen Mitarbeitergespräch, Zielvereinbarung und Teamentwicklung sind zur Verankerung nötig.
Das Umsetzungsteam ist wichtiger Schlüsselakteur in Bezug auf Veränderung des Musters der Organisation.
In Bezug auf Identität ist auf das Gemeinsame und auch auf die Differenz zwischen den Geschäftsbereichen und der Kommunalbetriebe AG als Ganzes zu achten.
Projekte sollten von einem erweiterten Kernteam begleitet werden, um andere Sichtweisen und Strömungen zu berücksichtigen.

Chronologie SKAG Neu 2

Jahr	Monat/Datum	Eckpunkt
1999	05.03.	Phase II
		Installation des Umsetzungsteams
	19.03.	Beginn der Arbeit des Umsetzungsteams
	März	3 Umsetzungsprojekte beginnen zu arbeiten:
		Führung und Zusammenarbeit, ein Ansprech-
		partner, Kundengespräche
	23.04.	3 Umsetzungsprojekte werden vom Vorstand in
		der Dialogplattform genehmigt
		Projektname: »Dialog 2001, Fit für die Zukunft«
	Juni	Training für Kundengespräche
	24. u.	2. Mitarbeiterbefragung wird durchgeführt
	25. Juni	

	Juli	Projekt Kundengespräche wird gestoppt
	5. u. 6. Juli	Bereichsentwicklung MS 1. Teil
	Juli/Aug.	Führungskräfte-Trainingsmodul 1
	31. August	Erste Ergebnisse der zweiten Mitarbeiterbefragung
	August	Führungsleitlinien werden zum Abschluss gebracht
	14. Oktober	Bereichsentwicklung MS 2. Teil
	November	Projekte Strategie und Struktur werden ins Leben gerufen
	November	Bereichsentwicklung Wasser
	November	Führung u. Zusammenarbeit –Führungskräfte-Trainingsmodul 2
	16.12.	Staff-Meeting
2000	16.3.	Dialogplattform: Bericht über die Umsetzungsergebnisse
	April	Bereichsentwicklung Wasser 2. Teil
	April	Führungskräfte-Trainingsmodul 3
	26. April	Letztes Sitzung Führung und Zusammenarbeit
	10. Mai 2000	Abschluss-Veranstaltung »Unternehmensentwicklung für die Zukunft« bzw. »Dialog 2001«

Für die Phase 2 wurde ein Umsetzungsteam ins Leben gerufen. Das Umsetzungsteam wurde mit bereits erfahrenen und einigen neuen Akteuren besetzt. Auch die Personalentwicklerin, die zwischenzeitlich aufgenommen worden war, ist dem Umsetzungsteam zugeteilt worden. Auch in dieser Phase erarbeitete das Umsetzungsteam (das neue Kernteam) seinen Auftrag und die Spielregeln, nach denen es im gemeinsamen Projekt arbeiten wollte, selbst. Der Auftrag wurde im Anschluss mit den Verständen akkordiert.

Um die Ergebnisse der ersten Phase der Veränderung zu sichern, die Modernisierung der Unternehmenskultur fortzuführen, sind im ersten Meeting des Umsetzungsteams eine Reihe von Einzelprojekten vorgeschlagen worden:

• Projekt: Kundenorientierung
• Fortführung des Projektes: Führung und Zusammenarbeit
• Projekt: Ein Ansprechpartner
• Fortführung des Vorstands-Coaching
• Fortführung des Projekts Mitarbeiterbefragung (Teil 2)
• Einzelne Akzente in der Bereichsentwicklung setzen

- Durchführung eines Führungskräfte-Workshops »Vorstand – Geschäftsbereichsleiter«

Das Umsetzungsteam hatte den Auftrag, an den vorgeschlagenen Maßnahmen und Projekten weiterzuarbeiten und passende Varianten umzusetzen. Die vereinbarten Maßnahmen wurden im Umsetzungsteam zur Diskussion gestellt, und man legte fest, wer was mit wem gemeinsam umsetzen könnte. Die Projektteams wurden teilweise so belassen, wie sie in Phase 1 ausgestaltet waren, teilweise wurden sie anders zusammengesetzt. Die einzelnen Projektgruppen hatten die Aufträge und Ziele vorgegeben. Das Umsetzungsteam war das Verbindungsglied zu den einzelnen Projekten und Initiativen. Im Umsetzungsprojekt sind vor allem Impulse gesetzt worden, die die Umsetzung der schon ausgearbeiteten Varianten unterstützten bzw. direkte Umsetzungsprojekte wie die Einführung des Mitarbeitergesprächs, die Vorbereitung der Zielvereinbarungen, diverse Ausbildungen.

Das Projekt Kundenorientierung wurde nach dem ersten Projektmeeting abgebrochen. Die Fokussierungen des Projektes auf Kunden, Marketing, Vertrieb überforderte das Unternehmen, und die Organisation war noch nicht reif für eine Bearbeitung. Laut einem Gespräch mit Dr. Heinz traf dieses Projekt den wunden Punkt bzw. blinden Fleck der Organisation. Er bezeichnete den Abbruch des Projektes später (08/2002) als Fehler, da dadurch das Thema Kundenorientierung weder im Innovationsprojekt noch in der Organisation einen Ort zur Bearbeitung fand. 2002 wurde von Seiten der SKAG der Bereich Vertrieb (und damit auch Kundenorientierung, Kundendenken) an ein externes Unternehmen outgesourced.

Zusätzlich zur Umsetzung der Teilprojekte wurden im November 1998 mehrere extern begleitete Projekte zur Bereichsentwicklung gestartet. Diese Projekte wurden jeweils von Frau Dr. Gard und Herrn Dr. Meyer begleitet. Ziele der Projekte waren: die Identität der Bereiche in Bezug auf das Gesamtziel zu stärken, das Handeln gemäß der Identität der SKAG zu fördern und zu ermöglichen, die Differenz und das Gemeinsame von SKAG und den Geschäftsbereichen zu klären und das Zusammenspiel Teil-Ganzes zu gestalten. Hier wurde die Kultur sehr eng an die Leistungsprozesse der SKAG gekoppelt, bearbeitet. Ferner wurden maßgeschneiderte Führungskräfte-Trainings in Modulform im ersten Quartal 1999 gestartet, um die Ideen zur Verhaltensänderung (Führung und Zusammenarbeit, Leitbild, Identität ...) auch in veränderte Handlungen umzusetzen. Diese Führungskräftetrainings wurden von einem externen (Dr. Meyer) und der Personalentwicklerin Frau Dr. Bruck begleitet und durchgeführt. Die Phase 2 wurde im Mai 2000 mit einer Präsentation vor ca. 70 Führungskräften abgeschlossen. Die Präsentation umfasste den gesamten Projektverlauf, die einzelnen Ergebnisse und Erfolge, aber auch die To Do's, um weiterhin erfolgreich an der Kulturentwicklung zu arbeiten. Auch diese Veranstaltung wurde großteils dialogisch gestaltet.

Kurze Reflexion des Veränderungsprozesses
Der Hauptfokus der Reflexion liegt auch bei dieser Fallstudie auf überraschenden Ergebnissen und Impulsen und nicht auf der Ebene der Gesamtreflexion aller Ergebnisse.

Die Ergebnisse des Projektes: die Erfolge
Verhaltensänderungen und Veränderungen von Grundannahmen über sich selbst, das eigene Geschäft und auch der Markt brauchen Zeit und Möglichkeiten, sich entwickeln zu können, um zur »neuen« Selbstverständlichkeit zu werden. Gerade bei Kulturveränderung ist nach Ed Schein der Zeitfaktor relevant – Kultur ist nur langfristig veränderbar. Die Interviews wurden im August 2000 durchgeführt, relativ knapp nach Ende des Veränderungsprojektes – nur die Ergebnisse, die zu diesem Zeitpunkt beobachtbar bzw. erschließbar waren, werden hier sichtbar.

Im Folgenden verwende ich die Beobachtungsfolie Entscheidungskommunikation/ Interaktion, um deutlich zu machen, auf welcher Seite der Differenz die Erfolge bzw. Schwierigkeiten beobachtbar wurden.

Erfolge auf der Ebene der möglichen Interaktion im Rahmen der Organisation

Anderer, offenerer Umgang miteinander
Auf der »Soft-Seite« sind durch den Veränderungsprozess Spielregeln geschaffen worden, die einen anderen Umgang der Mitarbeiter miteinander ermöglichen. Dies ist aus meiner Sicht darauf zurückzuführen, dass der gesamte Prozess auf eine Art und Weise durchgeführt worden ist, der nicht dem bisher typischen Kulturmuster der SKAG

entsprochen hat und der dadurch das erfolgreiche Experimentieren mit neuen Verhaltensmustern ermöglicht hat. Dieser neue Umgang wird von den Interviewten insbesondere an der neuen Meetingkultur, an einem partiell anderen Verständnis von Führung (bei manchen Führungskräften) festgemacht. Zudem wurde darauf hingewiesen, dass sich durch die Projekte viele Personen besser bzw. auch erstmalig kennen gelernt haben.

Neue Sprachspiele (Markt, Kunden ...) in der Kommunikation der SKAG

Ein Indikator für veränderte Kultur ist L. Wittgenstein (*Tractatus logico-philosophicus*) folgend die Verränderung des Sprachspiels.»Was es, scheinbar, geben *muss*, gehört zur Sprache. Es ist in unserem Spiel ein Paradigma; etwas, womit verglichen wird. Und dies feststellen, kann heißen, eine wichtige Feststellung zu machen; aber es ist dennoch eine Feststellung unser Sprachspiel – unsere Darstellungsweise – betreffend.« (Wittgenstein §50) Paraphrasierend könnte man sagen, dass nach Wittgenstein alles, was existiert, nur in und durch Sprache existiert und das das »Wie« dieses Vorhandenseins durch das (jeweilige) Sprachspiel festgelegt wird. Also indem gerade in einer bestimmter Weise von bestimmten Dingen bzw. Ereignissen gesprochen wird. Eine Veränderung des Sprachspiels kann auf neue Mental Maps, sich neu entwickelnde Realitäten hinweisen. Eine Veränderung des Sprachspiels der SKAG kann daran festgemacht werden, dass die Bedeutung von Wörtern und Begriffen in bestimmten Kontexten neue Relevanz bekam, bzw. über die Beobachtung, dass manche Wörter überhaupt neu in die Kommunikation aufgenommen wurden. In den Interviews wurde über »Kunden« gesprochen, und es wurde deutlich vom Begriff »Abnehmer« (so wie der Kunde früher definiert war) Abstand genommen. Aus den Interviews war herauszulesen, dass das »mind set« der Interviewten begonnen hat, sich zu verändern, dass ein neues Bild (bzw. neue Bilder) der SKAG möglich wurden[45]. Die SKAG arbeitet mit Kunden auf Märkten und muss sich in ihren Leistungen nach den Wünschen der Kunden ausrichten. Die Kernaussage in vielen Interviews war, dass die Mitarbeiter sich ändern, marktwirtschaftlicher denken müssen, dass die Wirtschaftlichkeit im Vordergrund steht

---

45 Zitat einer Führungskraft: »Früher war sehr viel Unausgesprochenes im ganzen Unternehmen, eine ›Beamtenburg‹, jetzt sind die Leute flexibler.«

und der Versorgungsauftrag eher in den Hintergrund rückt[46]. Diese neuen Sprachspiele sind aus dieser Sicht Indikatoren für eine erste Veränderung in Richtung Kundenorientierung.

Erfolge auf der Ebene der Entscheidungskommunikation

Führung statt Verwaltung

Die Leistung einer Organisation besteht darin, die Arbeit (hier: kommunale Dienstleistungen) möglich und fortsetzbar zu machen, ohne dabei zu vergessen, wie Unsicherheit (durch den Markt, durch Konkurrenz) durch Entscheidungen in Sicherheit transformiert wird. Der These von Krainz-Dürr (2001) folgend haben Kommunalbetriebe (bzw. alle Organisationen mit enger Koppelung an Politik und Verwaltung) ein mangelhaft entwickeltes Verständnis von sich selbst als Organisation. Sie verstehen sich nicht als ein System, das sich selbst von einer gewünschten Zukunft her gestalten kann. Dementsprechend wird Führungshandeln weniger als absichtsvoll eingesetztes Instrument zur Gestaltung und Steuerung eingesetzt. Führungshandeln gerinnt eher in vielfältige bürokratische Rituale der Verwaltung und Regulierung. Die Aufrechterhaltung dieser Rituale wird von den exponierten Repräsentanten dieser Ordnung (den Führungskräften) sehr intensiv gepflegt. Das Organisatorische (hier: das Verwaltete) steht in der Gefährdung, auf der Ebene der Interaktion unterlaufen zu werden. Und gerade dort, wo dies passiert, wird auf das Organisatorische (»die Vorschrift«, »den Dienstweg«) verwiesen. Laut den Interviewten entwickelte sich in der SKAG ein neuer, ein anderer Führungsstil. Es entstand ein Wissen darüber, welcher Handlungsspielraum für Führung und Gestaltung möglich ist. Die Interviewten meinten, dass sich ein Bewusstsein bei den Führungskräften entwickelt hat, das weg von einer Kultur der Anweisungen hin zur Gewinnung von Mitarbeitern für Ziele geht[47].

Ein weiteres Indiz ist, dass Führung immer mehr thematisiert wird und dass ein Unterschied zu »Verwalten« gesehen und auch eingefordert wird. Die Nutzung der Führungsgrundsätze für die Personalentwicklung und ihre Übersetzung in relevante Handlungen sind

---

46 Zitat eines Mitarbeiters: »Im Hinblick auf den Markt, der auf die SKAG zukommt, müssen wir daran arbeiten, dass die alte Struktur aus dem Zeitalter der Stadtwerke, die wir mitgenommen haben, langsam verändert wird.«

47 Zitat: »(...)Führung war ein ganz großer Schwachpunkt – vor allem in der Form, wie etwas mitgeteilt worden ist. (...) dies hat sich verändert.«

ein weiteres Indiz für eine (erste) Veränderung hin zum bewussten Umgang mit Führung.

Viele gestaltete Varianten des Innovationsprojektes in die Linie übergeben[48]

Es wurden viele in den Projekten vorbereitete Produkte in die Verantwortung der Linie übergeben (z. B. wurden von der Personalentwicklungsabteilung Impulse und konkrete Anregungen aus dem Projekt Identität und Wir-Gefühl und aus dem Projekt Leitbildentwicklung aufgegriffen). Die Führungskräfte, die an den unterschiedlichen Projekten beteiligt waren, haben sich teilweise selbst als Mentoren definiert und die Verantwortung für die Umsetzung und das Herstellen von Verbindlichkeiten übernommen. Hier wurde auch die Wichtigkeit des Unternehmerischen für die Umsetzung des Neuen sichtbar. Mit dem Transfer bzw. der Unterstützung des Transfers kann weitgehend gewährleistet werden, dass das »Neue« in die Realität der Organisation Einzug hält und durch die Mentorenrollen der Führungskräfte auch verankert werden kann.

Executive Team Coaching geht noch weiter – Indiz für angestrebte Kulturveränderung?

Transformationsprozesse brauchen Personen, die sichtbar die angestrebten Veränderungsziele verkörpern und symbolisch vorleben, und auch Personen, die den Weg der Veränderung unternehmerisch unterstützen. John P. Kotter (1996) spricht in diesem Zusammenhang von einer tragfähigen Führungskoalition, die für den Rest der Organisation sichtbar am gemeinsamen Willen zur Veränderung festhält, und zwar mehr durch das gezeigte Verhalten als durch die deklarierten Absichten.

In der SKAG zeigen die Vorstände, dass ihnen Veränderung wichtig ist und dass sie bei sich selbst nicht halt machen. Das Vorstandscoaching – eigentlich als Teil des Veränderungsprojektes definiert – dauert bis dato noch immer an und wurde (laut den Beratern) von den Vorständen als sehr funktional erlebt. Damit wurden die Veränderung und die angestrebten Ziele (Marktorientierung, Kundenorientierung) über die Vorstände in Teilen vorgelebt.

---

48 siehe die Differenz Parallelorganisation/Linie im Abschnitt V, Kap. 3

Alte Muster – neue Wege:
beobachtbare Spannungsfelder und Probleme

Nutzt man die drei Dimensionen der Bewertung der Stärke von Kulturen als Beobachtungsschemata (Klocke 2002)

- Prägnanz (eindeutige und umfassende Orientierungsmuster)
- Verbreitungsgrad (Anteil der Mitarbeiter, die sich nach den Orientierungsmustern richten)
- Verankerungstiefe (Internalisierungsgrad, Selbstverständlichkeit)

und vergleicht diese mit dem Ergebnis aus den Interviews, dann lässt sich insbesondere auf den Ebenen Verbreitungsgrad und Verankerungstiefe auf eine (noch?) geringe Stärke der neuen Kultur schließen.

ALT – NEU nebeneinander

Bei Veränderungen ist es typisch, dass neue Identität und alte Identität gleichzeitig in der Organisation gelebt werden. Die alte Identität ist vertraut, die neue hat noch nicht ihre Verankerung gefunden. Um die neue Identität zu stützen, sollte die Fokussierung der Aufmerksamkeit auf die neue Struktur und Kultur gerichtet sein. Alle Aufmerksamkeit sollte dem Befolgen der neuen Muster gewidmet sein, damit die alten Muster keine Signale empfangen, wieder Leben eingehaucht zu bekommen. Neue Identitäten entstehen erst durch das gemeinsame Arbeiten und Erleben. Gleichzeitig scheint noch nicht klar zu sein, ob sich die neue Identität weitestgehend gegen die alte durchsetzen kann. Einige Verhaltensmuster, die nicht unbedingt zur neuen, angestrebten Kultur passen, sind für die Interviewten noch beobachtbar: Ein Beamter z. B., der nur auf Anweisung handelt, entspricht nicht dem Bild der kundenorientierten Organisation und auch nicht dem Bild des selbstständigen Mitarbeiters.

Altes Muster: »Wir haben schon immer – aber die anderen ...«

Die Beobachtungspräferenz der Interviewten liegt vor allem auf Schwächen und Defizite (was alles nicht erreicht worden ist, bzw. das Erreichte wird als »Das hatten wir ja schon immer« beschrieben). Die Defizite werden vor allem an anderen (Personen bzw. Abteilungen) festgemacht. Dieses Muster (will man der Beobachtung der Berater Glauben schenken) ist typisch für die Organisation, es war bei ihr schon vor dem Kulturentwicklungsprozess zu erkennen. Dieses Festmachen von Veränderungsbedarf an anderen, hemmt, sich selbst zu entwickeln, da man blind gegenüber dem eigenen Veränderungsbedarf bleibt. Dieses Muster scheint ein dominantes »Pattern of Action« der Organisation zu sein und verstellt die Beobachtung 2. Ordnung (wie sind wir und was lernen wir daraus?). Hier vertrete ich die These, dass die in der SKAG bereits begonnenen Lernprozesse auf der Ebene der Haltungen und daraus resultierenden Handlungen mit weiteren Impulsen unterstützt werden sollten. Eine beraterische Intervention müsste eine kritische Reflexion auf den eigenen Veränderungsbedarf ermöglichen.

Transfer des Neuen – noch nicht alle Mitarbeiter und Führungskräfte leben die neuen Muster und Haltungen

Die neuen Verhaltensmuster sind in der »Laborsituation« im Kernteam und in den Projekten entwickelt worden. Es waren ca. 70 Mitarbeiter in das Veränderungsprojekt eingebunden. Die im Projekt Beteiligten versuchten – sich ihrer Vorbildwirkung bewusst –, die neue Kultur so gut wie möglich zu leben. Trotzdem wurde der Transfer zu den insgesamt 650 Mitarbeitern, die nicht alle direkt am Projekt beteiligt waren, als schwierig beschrieben. Das Produkt »Lern- und Veränderungsprozesse« im Bereich Organisationskultur ist schwer messbar und wird nicht sofort sichtbar. So meint z. B. der Projektleiter: »Ein Problem bezüglich Informationsfluss und Involvement waren die Mitarbeiter, die nicht in den Projekten bzw. im Kernteam mitgearbeitet haben. Diese waren der Meinung, dass die Projektgruppen es leicht haben: nur im Kreis sitzen, nicht viel machen. Etwas Griffiges, Genaues haben sie nicht beobachten können.«

Hier wird auch auf das Problem von Veränderungsprozessen durch Parallelorganisationen verwiesen: Das Neue, die veränderten mentalen Landkarten, Haltungen, Herangehensweisen, die in Projekten und Arbeitskreisen entstanden sind, müssen in der Linie verankert werden, um in der Organisation Wirkung zeigen zu können.

Interventionschoreografie und Steuerung des Veränderungsprojektes

Die Choreografie des Projektes entsprach einer »**State of the Art**«-**Gestaltung** (s. z. B. Königswieser u. Exner 2002, S. 45 f.) **einer systemisch inspirierten Parallelorganisation** mit einer Steuergruppe, Subprojekten, »Sounding Board«/Resonanzgruppe und einer Dialoggruppe mit den Vorständen. Der Grad der Komplexität der Projektorganisation wurde der komplexen (und paradoxen) Aufgabe, Kultur aktiv zu verändern, gerecht. Den Aufbau einer Parallelorganisation als Gegenstück zur hierarchischen Organisation zu gestalten, war als Intervention sehr passend zum Organisationstypus gewählt. P. Heintl und E. Krainz (2000) beschreiben in ihrem Buch *Projektmanagement. Eine Antwort auf die Hierarchiekrise?*, dass der Aufbau von Projekten mit den bisherigen eingefrorenen Lösungen kollidieren und neue Differenzen als Information für die Organisation möglich machen kann: Hierarchie vs. Team; Abteilungsdenken vs. projektförmiges interdisziplinäres Zusammenarbeiten; übliche Arbeitsformen vs. neue Methoden und Tools. Zudem kann über dieses Entgegenstellen von gestalteter projektförmig organisierter Interaktion die Organisation »flüssig« gemacht werden – mit Lewin gesprochen: »aufgetaut« werden. Zeitlich befristete, hierarchie- und abteilungsübergreifende Zusammenarbeit, neue Arbeitsformen etc. ermöglichen, dass Veränderung in der Organisation angestoßen wird. Dies scheint in der SKAG gut gelungen zu sein – wobei auch der große Druck vom Markt Veränderungsbedarfe angestoßen und dynamisiert hat.

Die Form der Choreografie und auch die Bearbeitung der kulturrelevanten Themen lassen auf eine **lose Koppelung zur operativen Arbeit der Organisation** schließen. Die Arbeit an der veränderten Kultur mit dem Label »moderner Dienstleister« erfolgte vor allem in der ersten Phase des Projektes auf einer »Metaebene«. Bearbeitet wurden die Themen: Identität, Führung, Projektarbeit, Informationsfluss. Ein Vorteil hierbei war sicherlich, dass über die Arbeit an Sichtweisen und Mental Maps eine Veränderung und Neugestaltung der Organisation überhaupt möglich wurden. Ein möglicher Nachteil für das Lebendigwerden und Verankern des Neuen könnte die geringere Ausrichtung der Choreografie auf das alltägliche Business sein: Kultur ist das Ergebnis historischer Lernprozesse im Umgang mit Problemen aus der Umwelt und der Koordination der Arbeit rund um das spezifische Ziel der Organisation. Kultur normiert auf emotionaler Akteursebene, was gehasst und was geliebt wird, und wird interaktiv über einen Sozialisationsprozess eng an die Arbeit gekoppelt vermittelt. Diese geringe Berücksichtigung der Koppelungen an das tägliche operative Geschehen in der Organisation könnte die (zurzeit der Interviews) beobachtbare geringere Verbreitungstiefe der neuen Organisationskultur bedingt haben.

Die operative Erarbeitung der im Kernteam entworfenen und vorgeschlagenen Leitthemen wurde durch die einzelnen Projekte durchgeführt. Die Steuerung erfolgte durch die Projektaufträge als enge Koppelung zur Entscheidungskommunikation der Organisation als auch durch die »rollende Planung« sowie kontinuierliche Ausrichtung des Prozesses an den in der Organisation ausgelösten Auswirkungen im Kernteam und jeweiligen Projektgruppen. Der Veränderungsprozess wurde mit sehr wenigen Akteuren **in einem sehr kleinen sozialen Gefäß** (Kernteam) **gestartet**. Über die Auswahl der relevanten Themen, die ausschließlich im Kernteam erfolgte, ist der Prozess sehr »eng« begonnen worden. Wobei hier unter »eng« verstanden wird, dass zu Beginn sehr wenige Personen an der Definition der für das Ziel der Veränderung relevanten Themen beteiligt wurden. Nach dem »engen« Start wurde der Veränderungsprozess über Projektmärkte und Resonanzgruppen-Meetings wieder »breiter« gestaltet (viele Sichtweisen berücksichtigt, viele Mitarbeiter beteiligt). Der Vorteil dieser Gestaltungsform liegt darin, dass die Komplexität des Projektes zu Beginn eher gering gehalten war. Die SKAG, die kaum Erfahrung mit Beratung hatte, wurde mit diesem Beginn nicht überfordert. Gleichzeitig ist beim Management durch die ersten (positiven) Erfahrungen mit den Beratern, mit der Projektsteuerung, mit der Herangehensweise mehr Sicherheit und damit auch die Basis für mögliche neue Varianten (Variation) entstanden. Auch die Steuerbarkeit des Beratungsprojektes ist mit einer »engen« Beteiligung zu Beginn eine einfacher zu bewältigende Aufgabe. Ein Nachteil der selektiven Einbeziehung könnte gewesen sein, dass zu wenige Akteure involviert wurden – dahinter stehen die Fragen: Sind genügend Energieträger für Wandel aktiviert worden? Sind alle relevanten Themen für Kulturveränderung repräsentiert gewesen?

Die kulturrelevanten, zu bearbeitenden Themen der Projekte entstanden aus dem ersten Meeting des Kernteams. Zur Themenauswahl kann man folgende zwei Standpunkte[49] formulieren:

- Die durch die Fraktale repräsentierten Strömungen ermöglichten, dass alle wichtigen Themen aus der Organisation zur Sprache gebracht werden konnten. Die Fraktalbildung ist aus-

---

49 Diese Differenz wird in der nachfolgenden Case Study der Bank Moné mit einem breiten Start wieder aufgelöst.

206

reichendes Abbild für die unterschiedlichen Muster, Meinungen und Sichtweisen, die in der Organisation vorherrschen.

- Durch die Beteiligung vieler schon zu Beginn (mit geeigneten Settings z. B. Open Space) hätten sich die Chancen verdichtet, dass alle relevanten (auch nur latent vorhandene) Themen und latente Trends zur Sprache gekommen wären. Gegen diesen Standpunkt spricht die These, dass die Organisation für diese Art von Beteiligung noch nicht reif gewesen wäre. Indizien dafür sind die geringe Erfahrung der Organisation mit Veränderung allgemein und die geringe Beratungserfahrung, aber auch die bis dato gelebte Kommunikationskultur.

Als externer Beobachter bin ich in Bezug auf die Frage der »richtigen« Themen sehr ambivalent: Einerseits waren die ausgewählten Themen die üblichen »verdächtigen« für »Cultural Change« – und hier stellt sich für mich die Frage: Sind die »üblichen« Themen die richtigen Themen für den Kulturveränderungsprozess dieser besonderen Organisation? Andererseits waren diese Themen und Themenstränge – empirisch belegt – die kulturrelevanten Fokusse, die bearbeitet werden mussten, um die Kulturveränderung dieser Organisation anzustoßen.

Die Projektchoreografie (Dialoggruppe, Kernteam, Projekte, Resonanzgruppe als selektierende Variationsgefäße)

Die Auswirkungen der Interventionen wurden in dem SKAG-Projekt über operative Koppelungen (im Kernteam, in Resonanzgruppen-Meetings) reflexiv kontrolliert. Die Ergebnisse der Variationen aus den Projekten und deren mögliche bzw. reale Auswirkungen auf die Organisation wurden herangeführt an organisationsübliche Selektionsprozesse: Projektaufträge durch den Vorstand an das Innovationssystem, »Go«-/»No go«-Entscheidungen durch den Vorstand. In den jeweiligen Kommunikationsgefäßen (Kernteam, Resonanzgruppen) wurden die Varianten in einer Vorabselektion auf Anschlussfähigkeit getestet. Im Rahmen des Kernteams wurden die variierten Lösungsalternativen aus den Projekten thematisiert, und manche wurden dort als die Varianten markiert, an denen weitergearbeitet werden sollte.

Damit wurde über die Beratungsarchitektur laufend die Schleife Variation-Selektion durchlaufen, und die Beratungsarchitektur bildete genügend adaptive Strukturen in die Organisation, um das Neue anzukoppeln. Im Rahmen des Projektes wurde vor allem Reflexion als Zugang zur Variation gewählt, um in der Organisation das bisher Ausgeblendete (andere Entscheidungsalternativen, Marktsicht, andere Gestaltungsmöglichkeiten) besprechbar zu machen. Die Reflexion zielte auf gestaltete Kommunikationsanlässe, in denen ausgeblendete Alternativen gemeinsam aus Beratersicht und Innensicht (Management, Mitarbeiter) beobachtet und analysiert wurden. Dabei wurde die Differenz Innensicht (= die Sicht der unterschiedlichen Mitarbeiter) und Außensicht genutzt, um neue Gestaltungsmöglichkeiten zu generieren.

Im Veränderungsprozess sollte durch die Bildung von Fraktalen (»Microworlds«) im Kernteam und in den einzelnen Projekten die Innensicht mit allen bisherigen gelebten Mustern, erzählten Geschichten und gelebten Strukturen möglichst gut abgebildet werden. In den Projekten und auch im Kernteam (mit den Projektleitern der Projekte) wurden Variationen durch Reflexion, aber auch durch manche Fachinputs (Projektmanagement, Leadership, Komplexität, Steuerung) erzeugt. Im Kernteam und im Resonanzgruppen-Meeting wurden die Varianten auf mögliche Anschlussfähigkeit und Innovationsfähigkeit geprüft. Zu Beginn des Veränderungsprozesses wurde die Variation sehr weit geführt. Gegen Ende des Prozesses wurden die ausgewählten Varianten hin zu entscheidungsfähigen Alternativen geführt: Die Projektmappe wurde an die Vorstände übergeben, die Aufträge wurden erfüllt, und für die Phase 2 wurden neue definiert. Aus Transfergesichtspunkten wurde über die Architektur und die Einbindung einer »Microworld« der Organisation eine gute Basis geschaffen, die Varianten anschlussfähig zu gestalten und dabei auch genügend Neues zu erzeugen. Die Frage dabei ist, inwieweit die Außensicht der Berater (Beratungskonzept, Management-Know-how, Fachwissen) und die Sicht der Praxis (Feldwissen) als nutzbringende Differenz genügend Unterschiede für die Organisation ermöglicht haben und wie weit diese beiden Sichtweisen nicht genau diejenigen Varianten unterdrückt haben, die für die Zukunft noch passender gewesen wären?

Implementierungsfunktion

Die Mitarbeiterbefragung als ein Element, die Aufmerksamkeit auf Veränderungsbedarf und Veränderung zu richten
Mitarbeiterbefragungen sind eine Möglichkeit, Mitarbeiter in den Prozess der Veränderung einzubinden und Aufmerksamkeit auf Verände-

rung zu fokussieren. Im Fall der SKAG wurde zu Beginn der Beratung und auch kurz vor Abschluss der Phase 2 eine Mitarbeiterbefragung durchgeführt. Bei der SKAG wurde mit einer Projektgruppe (einem Fraktal des Unternehmens) das Untersuchungsdesign erarbeitet und die Präsentation der Ergebnisse vorbereitet. Unterstützt wurde sie dabei von Herrn Dr. Meyer und dem externen Methodenexperten, Herrn Thun.

Die erste Mitarbeiterbefragung diente den Beratern (und der Organisation) als Diagnoseinstrument, um wertvolle Daten über die Stärken und Schwächen der Organisation, Sichtweisen und Erwartungen der Mitarbeiter sichtbar zu machen. Der Mitarbeiterbefragungs-Einsatz unterstützte aber auch die »Unfreeze«-Funktion nach Lewin.

Die zweite Mitarbeiterbefragung diente vor allem als Intervention und zweitrangig als Evaluation. Die Mitarbeiterbefragung als Form der symbolischen Kommunikation (als zentrales Signal an das Unternehmen und die Mitarbeiter) kann zeigen, dass Mitarbeiter wichtig und (im wahrsten Sinne des Wortes) gefragt sind. Indem aber (lt. den Interviews) die Ergebnisse der zweiten Mitarbeiterbefragung an die Ergebnisse der ersten gebunden wurden und Vergleichsmöglichkeiten geschaffen wurden, können der Grad der Zielerreichung des Projektes und auch der Grad der Veränderung beobachtbar gemacht werden. Zudem ist durch die besondere Form der Erarbeitung – die Einbindung der Mitarbeiter – die Fragestellung als auch die Richtung der Fragestellung sehr eng an die Organisation gekoppelt worden.

Wie Willke und Röhl (2001) es pointiert ausdrücken: »Jedes System hat seine Zahl. Wann immer über die Leistungen eines Systems geurteilt wird, sind Zahlen im Spiel.« In der SKAG, wo es laut Auftrag um »weiche« Faktoren wie Kulturveränderung, Verbesserung der Zusammenarbeit etc. ging, sind Zahlen als komplexitätsreduzierende Etikettierungen von »Soft Fact«-Beobachtungen sehr anschlussfähig. Zahlen sind in der Welt der Organisationen sehr geläufig – vom Budget über die Arbeitszeit und Soll/Ist-Vergleichen bis zur Entlohnung –, alles wird über Zahlen und auf Zahlen basierenden Diagrammen festgemacht und beschrieben. Daneben konnte das Projektteam intern gute Werbung für die Befragung machen, und die Mitarbeiter der SKAG konnten erkennen, warum sie an der Befragung teilnehmen sollten.[50]

---

50 Dies belegt auch die (lt. Dr. Meyer) 93 % hohe Rücklaufquote der Fragebögen.

Der Umgang mit den Ergebnissen entscheidet, ob dieses Instrument auf der Ebene erster Ordnung (»So ist es (*wahrscheinlich*)«) bleibt oder ob die Ergebnisse auch auf der Ebene zweiter Ordnung (was bedeutet das und wie können wir diese Ergebnisse für Veränderungsimpulse nutzen) genutzt werden (Ahlemeyer u. Grimm 1999). Das Feedback über die Ergebnisse der Mitarbeiterbefragung in der SKAG ist relativ zeitnah an die Befragung gebunden worden. Zudem wurden die Daten für das Feedback so visualisiert, dass es den Mitarbeitern der SKAG ermöglicht wurde, die Daten zu verstehen. Die Mitarbeiterbefragung hat sehr viel Aufmerksamkeit in der Organisation hervorgerufen. Sie war ein sehr wirkungsvolles Interventionsinstrument, da sie in fast allen Interviews zitiert und teilweise als Beleg für beginnende Veränderung benutzt wurde.[51]

Auch aus Stabilisierungssicht war die Mitarbeiterbefragung sehr wirksam. Zahlen sind an das Management sehr anschlussfähig, und mit Zahlen werden Begründungen (für z. B. Veränderung von Strukturen) plausibel argumentiert. Dadurch können Veränderungsbedarfe (bzw. eine Begründung von Veränderungen) an quasi »objektiven« Tatsachen festgemacht werden.

Arbeit mit der und an der Führung als wichtiger Bestandteil der Veränderung

Jegliches Verhalten von Führungskräften kann als Führungshandeln interpretiert werden. Je mehr Entscheidungsträger durch ihr Handeln den Veränderungsprozess tragen bzw. die neuen Werte vorleben, desto eher kann die angestrebte Veränderung in der Organisation Realität werden. Transformationsprozesse brauchen Energieträger (Akteure), die die Veränderungsprozesse glaubhaft verkörpern und auch unterstützen und tragen. Im Falle der SKAG sind diese Vorbildwirkungen auf mehreren Ebenen sichtbar geworden:

Das Executive Team hat durch seine Arbeit mit den Beratern seinen Veränderungswillen nach außen hin gezeigt. Durch die kontinuierliche Arbeit im Vorstandsteam sind manche der bestehenden Unterschiede im Team (der beruflichen Sozialisation, der Vorerfahrungen,

---

51 Zitat einer Führungskraft: »Ein ganz klares Ergebnis brachte die Mitarbeiterbefragung. Viele haben sich auch mit diesem Ergebnis beschäftigt und auseinander gesetzt.«

der beruflichen Herkunft der Akteure, die unterschiedlichen Sichtweisen, bestehende Konflikte, etc.) aktiv bearbeitet worden. Dies ist in seinen Auswirkungen auch für die Organisation und den Veränderungsprozess spürbar geworden. So haben viele der Interviewten auf die positive Veränderung des Vorstandsteams hingewiesen.

Aus Transfergesichtspunkten erscheint eine kontinuierliche Auseinandersetzung des Vorstandsteams mit sich selbst, mit seinen Ansätzen in Bezug auf Führung und Management und auch mit operativen Fragen der Organisation und der strategischen Positionierung sowie mit anderen wichtigen Entscheidungen ein Garant für die Verankerung des im Veränderungsprojekt erarbeiteten Neuen. Das Executive Coaching ist auch als Beobachtungspunkt beschreibbar, der sowohl nach innen als auch nach außen zeigt, dass Wandel auch in der Führung ein relevantes und wichtiges Thema ist – »walk the talk« wurde dadurch sichtbar. Das gewählte Interventionsdesign »Executive Team Coaching« ist aus externer Beobachtersicht ein sehr wirkungsvolles – sowohl aus Variationsgesichtspunkten als auch unter Transfer- und Implementierungsgesichtspunkten. Aus Variationsgesichtspunkten ist Reflexion eine Möglichkeit, Neues entstehen zu lassen und sich von einem »Mehr desselben« zu distanzieren. Aus Restabilisierungssicht ist eine Unterstützung von Seiten der Vorstandsebene bei der Verankerung von selektierten Varianten (die sich auch in neuen Haltungen, Handlungen und neuen Werten manifestieren können) sehr wichtig und wohl auch erfolgsentscheidend.

Auf der ersten Führungsebene und der des Mittelmanagements erfolgte eine (teilweise) Einbindung durch die Besetzung des Kernteams und auch der Projekte mit Führungskräften sowie durch die Bereichsentwicklungen in Phase 2. Manche Führungskräfte haben spontan eine Mentorenrolle für die Umsetzung »ihres Projektes« übernommen. Diese ungeplante Mentorenschaft hat aus Restabilisierungssicht die Verankerung des Neuen in der eingeschwungenen Struktur sehr unterstützt und wohl auch erst ermöglicht. Wobei man auch anmerken muss, dass Mentorenrollen (Kulturwächter-Funktion) von den Beratern hier auch gezielt als mögliche Interventionsebene genutzt wurden.[52]

---

52 So wurden in der Phase 2 »Wächter des Neuen« definiert und festgelegt, was deren Funktionen und Aufgaben umfasst.

Fokussierung der Aufmerksamkeit in den projektförmigen Kommunikationsgefäßen auf Übergang und Verankerung der Ergebnisse

Eine elementare Weichenstellung für den Transfer der selektierten Varianten ist die gezielte Gestaltung des Interaktionstanzes von projektförmigen Kommunikationsgefäßen und Management. Dieses Gestaltungsprinzip verweist auf die wechselseitige und reflexive Koordinationsfunktion zwischen dem Veränderungsprojekt (mit Mitarbeitern, Management und Beratern) und der Organisation (Management und Mitarbeiter). Diese Koordination des Zusammenspiels entscheidet über »Plug&Play« oder Nicht-Annahme der selektierten Varianten. Im Kernteam wurden je Projekt Umsetzungsmaßnahmen und Verantwortliche der Umsetzung definiert und diese Maßnahmen im letzten Resonanzgruppen-Meeting als Empfehlung kommuniziert. Zusätzlich ist im Rahmen des Resonanzgruppen-Meeting die Projektmappe an beide Vorstände übergeben worden, in der die bisherigen Ergebnisse und Umsetzungsempfehlungen dargestellt wurden. Eine kontinuierliche Abstimmung mit dem Vorstand über die Ergebnisse und Ziele der einzelnen Projekte erfolgte über die Dialogplattform.

Das Umsetzungsteam hatte eine operativere Ausrichtung. Im Unterschied zum Kernteam war die Zielrichtung Transfer und operative Verankerung. An der Reflexion über gewünschte Veränderungen wurde im Umsetzungsteam konsequent gearbeitet – die kontinuierlich präsente Frage war: Wie sichern wir den kulturellen Wandel der SKAG? Das Umsetzungsteam wurde zudem in den einzelnen Meetings als Sensor und Feedback-Medium für den Grad der Verankerung der neuen Muster und der Varianten in der Organisation genutzt. Folgende Fragen in Bezug auf die Stimmung in der SKAG dem Projekt gegenüber wurden im Meeting bearbeitet und das Ergebnis reflektiert: Was sehe ich? Was höre ich? Was spüre ich?

Die Arbeit des Umsetzungsteams wurde vom geplanten Ende her gesteuert, und es wurde regelmäßig operativer Druck über das Sichtbarmachen des Endes erzeugt (»Wann endet unsere Funktion als Umsetzungsteam und was muss bis dahin noch geschehen?«). Zudem wurde über Differenzen (»Wie soll laut Vision unsere Kultur sein – und wo stehen wir heute?«) die Thematik des kulturellen Wandels immer wieder reflektiert und greifbar gemacht. Die prozessorientierte Planung unterstützte hier auch die Umsetzung, da immer wieder gemeinsame Entscheidungen getroffen wurden und ein Commitment zur Vorgehensweise möglich war. In den einzelnen Meetings waren die Frage nach Verankerung des Neuen und die Gestaltung möglicher struktureller Anker Thema. Dies wurde in den Meetings z. B. an folgenden Fragen sichtbar:

- Wer übernimmt die Kulturwächter-Funktion für das Projekt?
- Wie machen wir kulturellen Wandel sichtbar und erlebbar?
- Wer kümmert sich um die weitere Beatmung bzw. Umsetzung der neuen kulturellen Muster?
- Was könnte das »kulturelle Erbe« der Umsetzungsprojekte sein?

Das Projektende und auch die Verantwortungsübernahme für die Umsetzung sind in den Meetings konsequent vorbereitet worden. Auch die Dialogplattform mit den Vorständen arbeitete in ähnlicher Form am Thema »Verankerung des kulturellen Wandels für die Zukunft«.

**Transfer und Implementation gestalten:
Greifbare Ergebnisse ermöglichen**

Anschließend an die Vorstandsentscheidung wurden Projekte für die Umsetzung definiert und gestartet. Diese Form der Ergebnisübergabe war eng an Entscheidungskommunikation gekoppelt und für die Umsetzung sehr funktional. Zur gestalteten *Andockfähigkeit* der Ergebnisse:

Ergebnisse in schriftlicher Form an die Linie übergeben

Aus den Interviews war zu schließen, dass es viele vorbereitete Produkte gegeben hat, die in die Linie abgewandert sind. Es waren in den Projekten schon schriftliche Grob- und Feinkonzepte erarbeitet worden, die dann der Linie übergeben wurden. Diese Form des schriftlichen Berichts ist an die formalen Organisationen sehr anschlussfähig und erzeugt Handlungsorientierung. Die Führungskräfte, die an den Projekten beteiligt waren, haben sich auch als Mentoren für das Neue verantwortlich gefühlt. Dies bewirkte (zum Teil), dass die Ergebnisse gelebt und umgesetzt werden konnten.

*Ergebnisse als Projektberichte an das Top-Management
der Organisation*

Die Ergebnisse wurden den Vorständen als Projektbericht übergeben. Diese Form der Ergebnissicherung war sehr anschlussfähig an die Organisation, da diese Akten als übliche Form der Entscheidung kennt.

Ergebnisse »begreifbar« machen – im wahrsten Sinne des Wortes

Eine gelungene Intervention der Berater war es, die Ergebnisse im wahrsten Sinne des Wortes »begreifbar« zu machen. Dadurch dass die Ergebnisse durch die Mappe, durch die unterschiedlichen Broschüren, durch die Ergebnispräsentation der Mitarbeiterbefragung auch haptisch[53] erfahrbar waren, sind die Ergebnisse bei den Befragten sehr präsent gewesen. Durch diese haptische Präsenz ist es aus meiner externen Sicht zur Fokussierung der Aufmerksamkeit auch auf die Inhalte gekommen. Die Ergebnisse waren präsent, und diese Präsenz spricht Einladungen an die Mitarbeiter aus, die damit verbundenen neuen Handlungen auch zu leben. Sichtbar wurde dies in den Schilderungen der Befragten, in denen von den Leitbildbroschüren als Korrektiv für Handlungen erzählt wird (»... dies [diese Handlung, Anm. GH] entspricht aber nicht unserem Leitbild«[54]).

Resümee – Transfer und Verankerung der Ergebnisse

Als zusammenfassenden Überblick möchte ich in taxativer Form nochmals die aus meiner Sicht sehr gelungenen Maßnahmen und Handlungen im Interaktionstanz von Beratung und Management darstellen:

- die im Umsetzungsteam kontinuierliche Bearbeitung und Reflexion des Themas »Transfer«
- die operative Koppelung der Umsetzung durch die Dialoggruppe an die Vorstände
- Fokus auf Umsetzung und interne Verankerung
- auch haptische Ergebnissicherung (Aufmerksamkeitsfokus)
- Einsetzen von Kulturwächtern als Unternehmer bzw. Mentoren des Neuen
- Maßnahmenpläne zur Umsetzung mit Blick in die Zukunft
- Schaffung einer zahlenbasierten Vergleichsbasis über die Mitarbeiterbefragung (vorher – nachher)

Mögliche blinde Flecken aus meiner Sicht:

- Das Neue wurde auf einer Metaebene erarbeitet und vorerst nicht sehr eng an das operative Business, die Arbeit, gekoppelt.

---

53 haptisch: mit den Händen erfühlbar, den Tastsinn ansprechend
54 Zitat im Interview einer Führungskraft über ihr Erleben der Nutzen des Leitbildes im Unternehmen

- In der Umsetzungsphase gab es kein Resonanzgruppen-Meeting, und dadurch war kaum Möglichkeit gegeben, »Resonanzen« (Feedback, Anregungen, Fragen, Aufmerksamkeit, Lob) aus der Organisation aufzunehmen.
- Es gab zu wenige definierte Mentoren auf Vorstands- bzw. auf erster Führungsebene. Deren Funktion wäre gewesen, die Umsetzungsschritte zu ermöglichen, Ressourcen bereitzustellen, Hindernisse aus dem Weg zu räumen.[55]
- Es wurden wenige organisationsinterne Kommunikationsgefäße (wie z. B. Review-Meetings, Dialoggruppen) in der Organisation implementiert, die ausschließlich das Thema »neue Muster leben« reflektieren und bearbeitbar machen.

Quer-Denker:
Der Veränderungschoreografie der SKAG – Parallelorganisation

Thesen und Schlussfolgerungen

- Nach Ed Schein (1985) wird Kultur vor allem durch eine veränderte Herangehensweise der Führungskräfte an Entscheidungen geprägt. Die These, die wir im Anschluss an Ed Schein und diese Case Study vertreten, ist, dass bei Cultural Change die Ausgestaltung der Choreografie als Parallelorganisation die passende Antwort ist. Veränderung von Kultur muss lose Koppelungen zu bisherigen Mustern, Entscheidungs- und Handlungsgewohnheiten ermöglichen. Im Zwischenraum der »üblichen Praxis« und des Möglichen kann sich Neues entwickeln. Eine neue Herangehensweise an Entscheidungen und neue (symbolische) Handlungen der Führungskräfte wurden auf mehreren Ebenen sichtbar.

- Das Kernteam übernahm die tragende Rolle für die Veränderung. Im Kernteam wurden sowohl die Themen für den Veränderungsprozess kreiert, als auch die Funktion der Steuerung der Projekte und des Gesamtprozesses vorbereitet und in Teilen erfüllt. Wir vertreten im Anschluss an Königswieser u. Exner (2002) die These, dass dies typisch für eine systemisch inspirierte Parallelorganisation ist.

- Wenn man das Innovationssystem als Parallelorganisation gestaltet, dann ist insbesondere in der Implementierungsphase eine enge Koppelung zur Linie erfolgsentscheidend. Wir vertreten im Anschluss an Luhmann (2000) die These, dass Koppelung schon ab dem Start vorzubereiten und auszugestalten ist, da die beraterischen Interventionen durch das Nadelöhr der kommunikativen Interaktionen auf die Entscheidungskommunikation wirken sollen. In dieser Case Study wurde dies durch Projektaufträge durch den Vorstand, durch »Go«-/»No go«-Ent-

---

55 Zitat des Projektleiters: »Die Führungskräfte waren nur teilweise Vorbild für die Kulturveränderung. Es ist noch nicht ganz durchgedrungen, da gibt es noch einiges zu tun. Es hat sich im Vergleich zu früher verbessert, aber auf diesem Weg muss die SKAG noch fleißig weiterarbeiten.«

scheidungen durch den Vorstand, durch Mentorensysteme, durch das »Executive Team Coaching« und auch durch die Sounding Boards geleistet.

- Im Anschluss an die Fallstudie der SKAG vertreten wir die Hypothese, dass bei Parallelorganisation die Gefahr der Entkoppelung vom »daily Business«, vom operativen Fluss der Arbeit besteht. Daraus resultiert die für OE relevante Frage zur Gestaltung: Wie kann eine enge Koppelung zur Arbeit und zum spezifischen Ziel der Organisation gewährleistet werden?

- »Executive Coaching« war in dieser Fallstudie ein zentrales Gefäß. Wir betonen in Anschluss an Ahlemeyer u. Schöppl (2002), dass eine kontinuierliche Auseinandersetzung des Vorstandsteams mit sich selbst, mit seinen Ansätzen in Bezug auf Führung und Management und auch mit operativen Fragen ein Garant für die Verankerung des im Veränderungsprojekt erarbeiteten Neuen ist. Je mehr Entscheidungsträger durch ihr Handeln den Veränderungsprozess tragen bzw. die neuen Werte vorleben, desto eher kann die angestrebte Veränderung in der Organisation Realität werden. Vorstände sind Machtpromotoren, die das Neue in der Organisation verankern können.

3. »Herausforderung kultiviertes Private Banking – Veränderungsprozess der Bank Moné«

Diese Fallstudie beschreibt den Kultur- und Strukturveränderungsprozess eines traditionsreichen Bankhauses der Schweiz ausgelöst durch eine neue Strategie und eine neue Gestaltung der Geschäftsprozesse. Die Ergebnisse der Untersuchung beziehen sich auf die Sichtweisen und Muster der Akteure zum Zeitpunkt der Untersuchung (Juli 2000).

Ausgangssituation der Bank Moné

Bei der Organisation Moné handelt es sich um eine Bank mit dem Schwerpunkt »Private Banking« im Bereich Anlageberatung und Vermögensverwaltung. Die Bank mit Sitz in einer größeren Stadt in der Schweiz hat ca. 400 Mitarbeiter und ist eine Tochter einer großen international agierenden Bankholding.

Die Bank war vor der Fusion mit der Bankholding ein eigenständiges Bankhaus mit hundertjähriger Tradition im Universalbankgeschäft. Nach der Fusion mit der Bankholding 1990 wurde das bisherige Kerngeschäft der Bank Moné – das der Firmen- und Individualkunden – in das Filialnetz der Holding integriert –, und die Bank Moné konzentrierte sich seither auf das »Private Banking« für nationale und internationale Kunden.

Das »Private Banking« wurde zum – verordneten – Kerngeschäft der Bank. Diese neue strategische Ausrichtung bedingte auf der einen

Seite eine Reduktion der Mitarbeiteranzahl von 1200 auf ca. 600 und
auf der anderen Seite eine Restrukturierung der Organisation auf das
neue Kernbusiness. Zusätzlich wurde das maßgeschneiderte, bisherige IT-System auf das der Holding umgestellt. Stabilisierend auf die
Bank wirkte in dieser turbulenten Zeit die lange Tradition der Bank,
manifestiert in Artefakten wie z. B. die ehrwürdigen Räume der Bank
in bester City-Lage, die bestehende und eingespielte oberste Führungs-
mannschaft und das entgegen vieler Befürchtungen Bestehen- und
Sichtbarbleiben der Bank Moné im Rahmen der Holding.

Dilemmata der Organisation – Typik und Kultur der Bank Moné
Die Bank als Organisation ist dem Wirtschaftssystem zuzurechnen –
Zahlungen gehen ein, Zahlungen verlassen die Bank. Banken transformieren das generelle Problem der Wirtschaft, die Schaffung, Kon-
tingentierung und Erweiterung der Zahlungsfähigkeit und auch der
Möglichkeit, Zahlung an Zahlung anschließen zu können, in zeitlich
befristete Lösungen dieses Problems. Zum Beispiel gewähren sie Kre-
dite, um Zahlungen an Zahlungen anschließbar zu machen. Dirk Baecker (1991a) markiert die Funktion der Banken als Zahlungsverspre-
chungen. Da die Funktion der Banken das Handling der Zeitdifferenz
der geschäftlichen Verantwortung zwischen Eingang und Ausgang
der Zahlungen (Baecker 1991 b) übernimmt, ist das Thema des Risi-
komanagements relevant. Der Umgang mit Risiko ist ausschließlich
auf der Seite der Risikominimierung markiert: Banken versuchen,
das Risiko zu minimieren, in dem sie sich mehrfach absichern, nur
abgesicherte Risiken übernehmen, für sich selbst Sicherheiten erzeugen, Risikominimierungsinstrumente entwickeln. Typisch für Banken
sind daher Handlungen, die die Werte und Normen des konservativ
Bewahrenden und die der Seriosität nach außen sichtbar werden
lassen. Wer in der Umwelt Seriosität vermittelt, bei dem kann das
Risiko der Verluste als gering eingeschätzt werden. Zurzeit des Starts
des Change-Prozesses standen sich in der Bank Moné zwei prägende
Kulturmuster gegenüber: das der alten Tradition der Bank Moné und
das der jungen, dynamischen Holding. Das ältere Muster der Bank war
das prägende – gleichzeitig wurde es durch den Zwang zur Neufokus-
sierung der Strategie und zu strukturellen Veränderungen torpediert.
Die Mitarbeiter der Bank hatten kein passendes Orientierungsmuster,
das die Vorteile der alten Prägung mit den Bedingungen des neuen
Kontextes verbinden konnte. In den Interviews wurde dies sichtbar,

indem die Mitarbeiter auf die Bankholding schimpften, sie kritisierten und die Tradition der Bank Moné glorifizierten. Die Bank Moné und die Unternehmenskultur waren und sind stark geprägt durch die Geschichte und die Tradition des Unternehmens. Das Kerngeschäft der Bank Moné hat sich mit der Übernahme der Bankholding vom Kontakt mit Kunden »von der Straße« hin zum Umgang mit Privatkunden verschoben. Typisch für die Bank Moné war die ausgeprägte formale hierarchiegebundene Kommunikation, die kaum andere Themen, als über das Geschäft und zum Geschäft gehörig zuließ. Kommunikation über andere Themen und Gelegenheiten zur Interaktion waren dagegen sehr gering ausgeprägt bzw. gefärbt von der Kultur, auch hier über das Geschäft sprechen zu müssen und den Wert der Seriosität sichtbar werden zu lassen.

**Der Entstehungsprozess des Change-Projektes
»Herausforderung kultiviertes Private Banking«**
Das Ziel des Veränderungsprozesses war, eine neue Identität auf der gewachsenen Tradition der Bank aufzubauen und kulturell zu verankern: ein Verständnis für das neue Kerngeschäft herzustellen, neue Routinen und Abläufe zu entwickeln, ein neues Wir-Gefühl und ein Vertrauen in die Zukunft zu stärken. Also eine kulturelle und strukturelle Verankerung der Restrukturierung und der Übernahme zu ermöglichen.

**Der erste Auftrag –
Fokus auf Kulturveränderung durch Open Space**
Im Sommer 1998 wurde Dr. Ralf vom Beratungsunternehmen CHANGE von der Geschäftsleitung der Bank, dem CEO Dr. Reto, kontaktiert. In mehreren Gesprächen der Geschäftsleitung mit Dr. Ralf entstand der erste Auftrag: Ein Veränderungsprozess soll die Bank bei der Entwicklung und Neuausrichtung einer neuen Identität und passenden Unternehmenskultur nach diesen radikalen Neufokussierungen in Strategie und Struktur unterstützen. Nach der Umwandlung der Bank Moné in Richtung Private Banking formulierte das Management der Bank ein ehrgeiziges Ziel: Das Image und der Erfolg der Bank solle sie unter die besten fünf der nationalen Banken bringen. Da die Produktpaletten der Privatbanken sehr ähnlich sind, sind aus der Sicht der Bank gelebte Kultur und Kundenorientierung das Unterscheidungsmerkmal am Markt – also die Soft Facts, der Umgang miteinander und die Form der Kommunikation.

Die schwierig zu meisternde Herausforderung für die Berater lag dabei darin, dass nicht allzu viele Schlüsselpersonen des Managements das Verständnis für einen solchen Veränderungsprozess hatten, da die täglichen Probleme des operativen Geschäfts zu dringlich und zu groß erschienen. Nur für eine Minderheit im Management sei klar gewesen, dass eine der Ursachen für die operativen Probleme auch in der Kultur – in fehlenden Klarheiten, mentalen Modellen, besehenden Normen – zu finden war. Inspiriert von dieser Sichtweise beschlossen die Berater, das Thema der Kultur an die konkreten Herausforderungen des Kerngeschäfts zu binden. Als thematischer Fokus und für den Kick-off wurde das Thema »Customer Relation – Kundenbindung und Neukundenakquisition« gewählt. Die Direktionskonferenz – ein jährlich stattfindendes Meeting der obersten 100 Führungskräfte – wurde umgestaltet und als Open-Space-Workshop angeboten. Um durch diese jährlich durchgeführte Direktionskonferenz ein Signal in die neue Richtung zu setzen, sollte sie 1998 »anders« als üblich, kommunikativer, interaktiver gestaltet werden. Zudem wurde neben dem Direktionsgremium ein erweiterter Kreis – alle Direktoren der Bank plus alle Kollegen der Auslandsorganisationen und Vertreter des Managements der Bankholding – eingeladen.

Der Open Space Event fand in einem Hotel in der Zentralschweiz mitten in den Alpen statt. Innerhalb von 20 Minuten standen laut Dr. Ralf 40 Themen an der Zeit- und Raumtafel. In der Konvergenzphase – der Phase der Fokussierung auf wichtige und relevante Themen – wurden sechs Projekte ausgewählt, an denen weitergearbeitet werden sollte. Viele der ausgewählten Projekte tangierten kulturelle Faktoren – eine Bestätigung dafür, dass das Management die latenten Themen gut antizipiert hatte und mit dem Thema »Kultur« auf dem richtigen Wege war.

		Interventionschoreografie *Tools dieser Fallstudie*
I	**Steuerungs- funktion**	CEO als Auftraggeber Steuergruppe *mit den 5 Top-Managern der Bank plus zwei Beratern*
2	**Funktion der Aus- gestaltung operativer Gefäße**	Steuergruppe Prozessteam *(sechs Vertreter aus dem mittleren Management)* Open Space Subprojekte

3	Entwick-lungsfunk-tion (Variation)	Direktionskonferenz – *ein jährlich stattfindendes Meeting der obersten 100 Führungskräfte* – *wurde umgestaltet und* als Open-Space-Work-shop angeboten. Kick-off über Open-Space-Kaskaden Definition von Projekten auf der Basis der Open-Space-Ergebnisse (Projektaufträge durch Steuergruppe) Subprojekte durchgeführt
4	Funktion der Selek-tion	Steuergruppe als 100%ige Anbindung an das Top-Management Vorabselektion: Prozessteam
5	Kommuni-kations- und Abstim-mungsfunk-tion	Sounding Board *(20 ausgewählte Akteure der Organisation)*
6	Implemen-tierungs-funktion	enge Koppelung der Projektgefäße an die Linie laufende Feedback-Zyklen zu den Auftraggebern; 360-Grad-Feed-back enge Koppelung der Subprojekte an zuständiges Management
7	Qualifizie-rungsfunk-tion	Mitlernen der Organisation über laufende Feedback-Zyklen zu den Auftraggebern

Paradoxien und theoretische Brille:
Open Space nach Harrison Owen

Open Space ist eine Großgruppenkonferenz, die das ganze Organisationssystem bzw. große Teile davon in einen Raum bringen soll (Eigentümer, Management, Mitarbeiter, Kunden, Lieferanten, Nachbarn...).

Die Teilnehmer sitzen am Anfang in einem großen, runden Kreis. Es gibt ein gemeinsames Thema, aber keine Agenda. Diese entsteht in den ersten 90 Minuten fast völlig selbstorganisiert. »Energieträger« treten in den Kreis, machen Angebote und hängen diese an die Wand. Auf dem »Marktplatz« schreiben sich alle in Arbeitsgruppen ein und arrangieren deren zeitliche Folge. Danach arbeiten zahlreiche Freiwilligengruppen an den vereinbarten Themen.

Alle Teilnehmer lernen von den anderen, und es wird ein gemeinsames Bild der Zukunft entworfen sowie Aktionspläne vereinbart.
Open Space ist eine dynamische Abfolge von Plenums- und Gruppenarbeiten mit wechselnden Konstellationen, die beginnt, nachdem im Plenum gemeinsam eine Agenda zu einem vorab festgelegten Thema erarbeitet worden ist. Open-Space-Konferenzen haben ein Generalthema – mehr nicht. Die Führungsspitze gibt eine Richtung vor, setzt einen Rahmen und erzeugt Raum für kreative Ideen. Ausgefüllt wird dieser Raum von den Teilnehmern. Das Generalthema muss eines sein, das den Beteiligten wichtig ist und einen Sog erzeugen kann. Es muss breit genug sein, damit es Spielraum für Ideen und Kreativität lässt.

Die Ergebnisse der Arbeitsgruppen werden gleich danach in PCs geschrieben oder die Mitschriften der Diskussion kopiert und veröffentlicht. Am letzten halben Tag werden sie gemeinsam gesichtet, priorisiert und ergänzt. Am Ende des Open Space stehen Aktionspläne, die getragen werden vom Commitment der einzelnen Teilnehmer. Zudem werden meist Follow-up-Veranstaltungen miteingeplant.

Auftrag 2 – der Open Space trägt Früchte, und ein Change-Projekt wird initiiert

Nach wenigen Tagen wurde die Unternehmensberatungsfirma CHANGE vom Initiator und Leiter der Projektgruppe »Kultiviertes Private Banking – gelebte Unternehmenskultur« kontaktiert, um dieses Projekt beraterisch zu begleiten. Im Rahmen der gemeinsamen[56] Fokussierung, Definition der Projektziele, Entwicklung der Prozessgefäße, von möglichen Verknüpfungen und Schnittstellen zu den anderen Open-Space-Projekten wurde klar, dass dies über ein Einzelprojekt hinausging. Es wurde eine Projektlandschaft gezeichnet, die alle relevanten Projekte mit einbezog und mögliche Aufträge dieser Projekte definierte.

Das vordefinierte Projekt wurde der Geschäftsleitung vorgestellt und mögliche Ziele diskutiert. Die Identität der Bank, die durch die Übernahme und durch die Redimensionierung gelitten hatte, sollte wieder klar erkennbar werden, ein neues Selbstverständnis der Bank sollte erarbeitet werden. Daraus entwickelte sich der Wunsch des CEO, einen intensiveren Kulturentwicklungsprozess mit der Beraterfirma CHANGE zum Thema »Kultiviertes Private Banking« zu starten, bei dem alle Mitarbeiter und Mitarbeiterinnen in geeigneter Form mit einbezogen werden sollten, und das Change-Projekt wurde durch die Geschäftsleitung bewilligt. Der Auftrag an die Berater lautete, den Prozess »Kultiviertes Private Banking« verknüpft mit dem beteiligten Prozessteam bzw. mit dem beteiligten Kernteam etappenweise zu designen und umzusetzen. Es ging darum, mit der Bank eine neue Identität zu entwickeln, da sie diese – als früher unabhängige Privatbank und nunmehr Teil einer größeren Bankengruppe – ein Stück weit verloren hatte. Insbesondere operational hatte die Bank ihre Autonomie verloren und wurde im Rahmen des Fusionsprozesses und in nachfolgenden Restrukturierungsmaßnahmen stark beschnitten. Ziel war laut Dr. Huber, »kulturelle Substanz« aufzubauen, so dass einer informellen Organisation grundsätzlich Raum gegeben werden konnte. Darüber hinaus galt es, neue und adäquate Routinen der Abstimmung, Kommunikation und für Entscheidungen zu entwickeln.

---

56 Dr. Ralf mit dem Projektteam

Hypothesen der Berater
zum Start und Ablauf der Organisationsberatung

- Das Ziel ist, möglichst viel Verschiedenheit und möglichst viel Diversität in einen Raum zusammenzubringen, um sichtbar und beobachtbar zu machen, welche Aussagen, Meinungen und welche Informationen grundsätzlich in der Bank vorhanden sind.

- Der Prozess ist entwickelt worden unter der Annahme, dass ganz verschiedene soziale Systeme in der Bank vorhanden sind und dass es darum geht, verschiedene soziale Gefäße zu schaffen, um diese unterschiedlichen Systeme über Rückkoppelungsprozesse unter Einbezug aller Mitarbeiter oder bestimmter Mitarbeiter in Beziehung zu setzen.

- Es geht darum, mit der Prozessorganisation eine Art Schnittstelle oder Oberfläche zwischen der formalen und informellen Organisation zu schaffen, um eine neue Kultur zu entwickeln und zu implementieren.

- In der Bank gibt es einen sehr großen Unterschied im Habitus und in der Einstellung zwischen den Personen, die tatsächlich Kundenberater sind und Kundenkontakt haben, und den Leuten, die im Backoffice arbeiten.

- Der Prozess braucht eine »rollende Planung«: Schritt um Schritt reingehen, Interventionen setzen, um dann zu evaluieren, was herausgekommen ist (Feedback-Orientierung).

- Das Prozessdesign wächst aus dem Prozess heraus. Im Prozess baut man als Berater ein immer engeres Netzwerk mit den Leuten auf. Der Berater baut auch unbewusste Annahmen auf, die dann dazu führen, dass man sich überlegt, was könnte ein guter nächster Schritt sein. Dieser Vorschlag wird dann mit den internen Akteuren diskutiert und durch deren Know-how abgestützt.

Choreografie der Veränderung – welche Strukturen, Phasen und Projektinhalte umfasste der Veränderungsprozess?

In Folgemeetings wurde in enger Zusammenarbeit von internen Akteuren (Projektleiter der Open-Space-Projekte und Dr. Reto) und Dr. Ralf eine anschlussfähige Projektchoreografie entwickelt. Dabei wurde das Feldwissen der Internen genutzt und mit dem Expertenwissen über Veränderungsprozesse von Dr. Ralf gekoppelt.

Prozessarchitektur 2000

	Jan	Feb	Mär	Apr	Mai	Jun	Jul	Aug	Sep	Okt	Nov	Dez
Steuerungsgruppe	Δ	Δ	Δ	Δ	Δ	Δ	Δ	Δ	Δ	Δ	Δ	Δ
Prozessteam	O	O	O	O	O	O	O	O	O	O	O	O
Sounding Board	☼		☼		☼		☼		☼		☼	

Leadership Workshops*   ⚙   ⚙

Pos-Open-Space-Projekte

bestehende Kommunikationsgefäße **   ⬠   ⬠   ⬠   ⬠

Systeme u. Strukturen***

Bausteine nach Bedarf (Prozessteam schlägt vor, Steuerungsgruppe entscheidet):

Geschäftsbereichs-Open-Space-Events	Innovations-Open-Space-Events	Problemlösungs-Workshops
Einzelberatung/Einzelcoaching	Teamberatung Team-Coaching	Schulungen, Trainings

* Direktionskonferenz
** GL lädt ein, Führungssitzungen, Ausstellungs-Anlässe ...
*** Arbeitsgruppen *Feedbackkultur* und *Was heisst ,kultiviertes Private Banking'*

Die Prozessgefäße und konkreten Interventionen im Rahmen der Gefäße und des Prozesses »Kultiviertes Private Banking« umfassten:

Die Prozessarchitektur hat schon vor den Open-Space-Veranstaltungen mit dem Ziel, eine gewisse adaptive Fähigkeit, eine Aufnahmefähigkeit von der Organisationsseite aus zu gewährleisten, festgestanden.

- **3 x je 2,5-Tages-Open-Space-Anlässe mit den Projektleitern**

Die Funktion war, das Thema »Kultur« zu fokussieren und rund um das fokale Thema Dialoge, Diskussionen, erstes Ansprechen von Tabuthemen zu ermöglichen. Unmittelbar nach den Open-Space-Kaskaden folgte ein Koordinations-Workshop mit den Projektleitern der ausgewählten Post-Open-Space-Projektthemen, um die Projektaufträge zu definieren und sie damit an die Entscheidungskommunikation der Organisation zu binden.

- **Steuerungsgruppe (bestehend aus der Geschäftsleitung – den fünf Top-Managern der Bank Moné –, begleitet von zwei Beratern von CHANGE)**

Die Geschäftsleitung entschied über vorab selektierte Varianten und reflektierte gemeinsam mit den Beratern den Verlauf des Veränderungsprojektes.

223

- **Prozessteam** (sechs Vertreter aus dem mittleren Management)

Das Prozessteam fungierte als Motor und Koordinator der Veränderung. Jeweils ein Vertreter dieses Gremiums übernahm die Mentoren- und teilweise die Managementrolle für je ein Veränderungsprojekt. Zudem steuerte dieses Gremium den Veränderungsprozess, selektierte die Varianten, die dann der Steuergruppe zur Entscheidung vorgelegt wurden. Es erfüllte zusätzlich eine interne Marketingfunktion.

- **Sounding Board** (immer ca. 20 Personen als repräsentativer Querskhjchnitt des Unternehmens)

Das Sounding Board war ein Gremium von 20 Personen, repräsentativ aus der ganzen Bank (aus jedem Geschäftsfeld, Mitarbeiter aus allen Schichten) zusammengestellt, die sechsmal im Jahr eingeladen wurden. Basierend auf der Idee, dass man möglichst viele Personen auch nach den Open Spaces miteinbeziehen möchte, haben die Teilnehmenden des Sounding Board immer wieder gewechselt. Ziel der Berater war es, dieses Gremium kontinuierlich zu befragen, um zu erfahren, welche Auswirkungen der Veränderungsprozess aus ihrer Sicht hat, was an Verhalten wahrgenommen wird. Zudem bezogen die Berater die Teilnehmenden aktiv in die Designplanung der nächsten Schritte mit ein.

Ein weiteres Ziel war, dass die besprochenen Themen informell wieder in die Organisation einfließen. Themen, die wieder in die Kommunikation der Organisation einflossen, waren neben Themen der Kultur vor allem auch Themen, die auf einer Survival-Systemebene lagen. Also die Dinge, die im Unternehmen funktionieren müssen: IT, Strukturierungen und die Zusammenarbeit an Schnittstellen. Die Kommunikation im informellen Bereich kann man als Berater nicht gestalten, nicht strukturieren. Man kann nur Vertrauen bei den Teilnehmenden eines Sounding Board aufbauen, so dass diese das Gefühl haben, nicht manipuliert zu werden. Wenn sie dieses Vertrauen haben, werden sie im informellen Bereich die besprochenen Themen anschneiden.

- **Fünf Projekte**, die aus dem Open Space entstanden sind (Projektleiter waren jeweils die Themenbringer vom Open Space), die sowohl Fach- als auch Kulturthemen bearbeiteten.

Die Post-Open-Space-Projekte umfassten:

1. **»Go Moné«** – das Informatikprojekt, mit dem Ziel, die Informatik wieder funktionsfähig und die IT-Abläufe für das operative Geschäft nutzbar zu machen.
2. **»Knowledge base«** – die Entwicklung eines Knowledge-Management-Tools, mit dem Ziel, die Informationen aus der Bank allen zur Verfügung zu stellen, die richtigen Ansprechpartner zu finden, Keywords zu einem Wissensmanagementsystem zu definieren und eine Searchengine im Intranet dafür bereitzustellen.
3. Das Projekt **Information und Kommunikation** hatte folgende Ziele: Installation eines neuen Führungsrhythmus, die Mail-Flut über aussagekräftige Headlines zu steuern, Entwicklung und Unterstützung einer adäquaten Informationskultur.
4. Das **Projekt»Personalbindung«** wurde in enger Zusammenarbeit mit dem Personaldienst bearbeitet. Ziel war es, das Personal dauerhaft an die Bank zu binden und ein eigenes Personalentwicklungskonzept zu generieren.
5. Das **Projekt»Feedback-Kultur«** hatte das Ziel, im Rahmen des Prozesses auf allen Ebenen der Bank eine Feedback-Kultur zu etablieren und dafür passende Gefäße zu schaffen. Auf folgenden Ebenen sollte dies gestaltet werden: Mitarbeiter, Team, bereichsübergreifend und auch auf der Ebene der Gesamtbank (Geschäftsleitung).

- **Workshops** (wie z. B. Führungskräftetrainings, je nach Bedarf auch andere)

Einige Monate nach dem Start der Projekte wurde die jährliche Direktionskonferenz dazu benutzt, um erste Ergebnisse den Führungskräften zu präsentieren. Zudem wurden von den Führungskräften Feedback und weitere Ideen für die folgende Prozessgestaltung eingeholt.

- **Umgestaltung von etablierten »Kommunikations- und Meetinggefäßen«** gemäß der neuen kulturellen Ausrichtung

»Die Geschäftsleitung lädt ein« war ein Meeting, das bis dato viermal im Jahr stattfand und sehr hierarchisch geprägt war. Aus diesem traditionellen Gefäß kreierte man im Veränderungsprozess offene Informations-Marktplätze. Ziel war es, dieses Meeting zu öffnen und ihm die hierarchische Form zu nehmen. Die Direktionskonferenz wurde auch mit neuen Feedback-Methoden belebt. Ein von den Beratern entwickeltes TED-System, bei dem 40 Fragen von der Geschäftsleitung quasi in »Echtzeit« zu kommentieren sind, ermöglichte beiden Seiten – CEO und Mitarbeitenden –, schnell Informationen zu bekommen. Die Mitarbeiter wussten, was die Leitung dachte, und die Geschäftsleitung wusste, welche Fragen die Mitarbeitenden bewegten.

Die Auftraggeberfunktion erfüllte zu Beginn des Prozesses ausschließlich der CEO. Im Zuge des Veränderungsprozesses lud er die gesamte Geschäftsleitung ein, als Steuerungsgruppe zu fungieren, um gemeinsam über Ressourcen und Anträge zu entscheiden. Die grundlegenden Richtungen der Interventionen wurden in den monatlich stattfindenden Geschäftsleitersitzungen mit den Beratern diskutiert.

Mehrere Open-Space-Workshops für Mitarbeiter und die Koppelung der daraus entstehenden Initiativen an die Organisation

Für die Open-Space-Kaskaden[57] als Veranstaltungsreihe waren alle Mitarbeiter der Bank eingeladen. Da die Bank ihr laufendes Geschäft aufrechterhalten musste, wurden vier Veranstaltungen nacheinander durchgeführt, wo jeweils ca. 100 Mitarbeitende teilnahmen.

Zum Einstieg jeder Open-Space-Sequenz wurde eine kreative Übung von Dr. Ralf anmoderiert: Die Teilnehmenden wurden gebeten, sich in Gruppen zu ca. 10 Personen aufzuteilen und zusammen zwei kurze Theaterstücke bzw. Sketches vorzubereiten und dann aufzuführen. Die Theaterstücke sollten folgende Sequenzen beinhalten: Aufzeigen von gelebtem »kultiviertem Private Banking« und Entwicklungspotenziale in diesem Bereich.

Diese Start-Sequenzen ermöglichten einen Einstieg auf einer anderen Erlebnisebene: Im Spiel wurden schon viele kulturrelevante Themen sichtbar, manche Tabuthemen zum ersten Mal berührt. Für den Open Space wurde ein Raum für den »6. Sinn« der Organisation vorbereitet und geöffnet. Dann startete der eigentliche Open Space. Während der Veranstaltung wurde seitens der Berater immer wieder das Gespräch mit dem Geschäftsleiter gesucht. Die im Open Space entstehenden Informationen wurden mit ihm laufend reflektiert.

Vom zweiten bis zum vierten Open-Space-Event wurden die Projektideen der vorigen Veranstaltung mit denen des aktuellen Open

---

57 mehrere Open-Space-Workshops hintereinander

Space koordiniert und von den Beratern nach bestimmten Kriterien sortiert. Nach den vier Events gab es 25 Projektideen, die dem Top-Management für den Veränderungsprozess relevant erschienen. Einige Tage nach dem letzten Event wurden die Promotoren dieser Projektideen eingeladen, in einem gemeinsamen Workshop mit dem Vorsitzenden der Geschäftsleitung, Dr. Reto, die Ideen zu konzentrieren und konkrete Projekte zu definieren. Im Rahmen dieses Workshops wurden fünf Projekte definiert, Spielregeln vereinbart, die nächsten Meilensteine festgelegt, Ressourcen zugeteilt und die Projekte in die adaptive Gesamtprojektstruktur aufgenommen. Durch die konkrete Ausgestaltung der Projektaufträge und die Beauftragung der Projekte durch den CEO wurden die Open-Space-Ergebnisse eng an die formale Organisation gekoppelt.

Die Arbeit in den Projekten und die Gestaltung der Zusammenarbeit zwischen Organisation und Innovationssystem: Variation, Selektion, Implementierung

Die Varianten in den Projekten wurden im Zusammenspiel mit dem Prozessteam erarbeitet. Variation wurde vor allem über die Ebene der Reflexion und des Aufbaus unterschiedlicher Feedback-Schleifen ermöglicht.

Die Umsetzung der gestalteten Varianten ist hauptsächlich von den jeweiligen Projektteams durchgeführt worden. Die Teams sind dabei mit adäquaten Ressourcen ausgestattet worden. Sie haben Vorschläge an die Geschäftsleitung gemacht, sind vom Prozessteam gecoacht und begleitet worden. Jedes Projekt hatte einen Mentor aus der Geschäftsleitung, um sicherzustellen, dass die Projekte, die anfangs sehr informell gelaufen sind, Anschlussmöglichkeiten an die formale Organisation, an die Entscheidungskommunikation haben. Die Projektmitarbeiter und das Prozessteam haben Optionen für Entscheidungen, Lösungen und Lösungswege erarbeitet, teilweise umgesetzt, teilweise in Linienverantwortung übergeben. Die Mentoren haben über die Optionen entschieden und den formalen Rahmen abgesteckt, damit die Varianten an die Organisation gekoppelt werden konnten.

Typisch für die Umsetzung der Varianten war, dass die Projektteams in der Implementierungsphase sehr eng mit der Linie zusammengearbeitet haben. Die Projektteams der Bank Moné haben mit den zuständigen Managern der Linie den Kontakt gesucht. Gemeinsam wurden die Lösungsvarianten diskutiert, in einem Klärungsvorgang gemeinsam mit Leuten aus der Linie eine Lösung gefunden. Diese Lösung wurde dann rasch umgesetzt. Die Phasen der Selektion und der Implementation waren bei diesem Projekt zeitlich sehr nahe aneinander gereiht, eng aneinander gekoppelt. Das Projektteam »Information und Kommunikation« hat z. B. gemeinsam mit einem Vorstandsmitglied den Führungsrhythmus innerhalb von relativ kurzer Zeit neu entworfen. Dann wurde der Führungsrhythmus von der Geschäftsleitung verabschiedet und in die Bank implementiert.

Die Steuerung des Prozesses: viele Feedback-Schleifen und enge Koppelungen an die Organisation

Die Steuerung des Prozesses war über Feedback-Schleifen sehr eng mit der formalen Organisation verwoben. Laut Dr. Huber ging es im Prozess darum, vor jeder Intervention mit dem Prozess- bzw. dem Steuerteam zu klären, was ein passendes Ergebnis für den nächsten Prozessschritt sein könnte; mit welchen Fokussierungen die Beratung arbeiten sollte und welche Akteure die Berater in den Veränderungsprozess mit einbeziehen sollten. Es gab vor und nach jeder Intervention Feedback-Zyklen zu den Auftraggebern, um deren Sichtweise, Know-how und Gestimmtheiten abzuholen. Diese Fokussierung der Berater bedeutete, dass durch offen Fragen versucht wurde zu erspüren, was als gut bzw. als funktional erlebt wurde und daher kontinuierlich reproduziert werden sollte. Die Interaktion mit dem Prozessteam war kennzeichnend für diese Art der Steuerung. Obwohl es Vorschläge gab, die mitunter zu großen Verunsicherungen geführt haben, fanden gemeinsam erarbeitete Gestaltungsvorschläge meist auch in der Geschäftsleitung Resonanz.

Die Berater haben im Prozess viele **Feedback-Schleifen** eingeführt, von denen sich manche in der Organisation etablieren konnten:

- Open Space (Feedback durch Interaktionen und das Gesetz der zwei Füße (– wenn es kein interessantes Thema ist, bindet es keine Personen an sich)
- Sounding Board (das sich auch als Tool in der Bank etabliert hat)
- 360-Grad-Feedback als Werkzeug
- Das Prozessteam hatte im ersten Jahr die Funktion, das mittlere Management einzubeziehen. Dies umfasste die Personen, die

in der Bank auch operativ tätig waren. Zum Beispiel wurde in der Anfangsphase ein reger Feedback-Prozess zu den Kundenberatern mit dem Ziel angeregt, ein Bild zu vermitteln, wie gelebte »Kultiviertheit« aussehen könnte.

- TED-Befragung und «realtime checks" bei Führungskräfte-Meetings
- Das »20-Minuten-CEO-Feedback« wurde im Sounding-Board-Team angewandt. Dr. Reto stellte im Rahmen des Sounding Board die Frage: Welche Themen bewegen euch zurzeit? Daraufhin kamen sechs Rückmeldungen, die dem CEO Informationen boten, die er so sonst nicht zur Verfügung hatte.

Typisch für dieses Projekt war, dass die Projektleiter nicht an der Gesamtsteuerung des Veränderungsprozesses beteiligt waren und dass die Steuerung über enge Koppelung an die Geschäftsleitung (Steuergruppe) gekoppelt war. Die Funktion der Gesamtsteuerung erfüllte vor allem das Prozessteam, das aus Vertretern des mittleren Managements zusammengesetzt war. Ziel des Change-Projektes war es ja auch, dass das mittlere Management sichtbarer wurde und mehr »Definitionsmacht«[58] wahrnehmen sollte. Gleichzeitig wurde die Erarbeitung des Neuen in den Projekten an Energieträger aus den Open-Space-Veranstaltungen gekoppelt.

Reflexion des Veränderungsprozesses der Bank Moné
Die Choreografie des Projektes entsprach auch hier im Wesentlichen einer »**State of the Art**«-**Gestaltung einer Parallelorganisation** mit Steuergruppe, Subprojekten, »Sounding Board«/Resonanzgruppe. Der Unterschied zum Charakteristischen bestand vor allem darin, dass das Prozessteam aus dem mittleren Management kam und nicht aus Projektleitern der Projekte bestand. Das Prozessteam hatte eine Push-Funktion und eine Steuerungsfunktion. Die Projektleiter hatten diese Funktionen für ihr jeweiliges Projekt zu erfüllen – es gab die Gesamtprojektsteuerung ausschließlich auf der Ebene der Steuergruppe und auf der Prozessteam-Ebene. Die Steuerung war damit enger an die üblichen Entscheidungsgremien gekoppelt. Diese Steuerungsform der engen Koppelung der Interventionen an die Linienorganisation kommt auch dem Bedürfnis der Banken, Risiko in relative Sicherheit zu transformieren, entgegen.

---

58 Zitat Dr. Huber, Beratergruppe CHANGE

Das Interessante – im Sinne von ungewöhnlich – an der Choreografie waren der Start über den Open-Space-Event mit den obersten Führungskräften und die Themenfindung bzw. der Kick-off über Open-Space-Kaskaden mit (fast) allen Mitarbeitenden. Aufbauend auf der Hypothese, dass die Bank vor allem durch eine hierarchische Kommunikation geprägt sei und keine informellen Gefäße ausgestaltet hätte, wurden der Bank seitens der Berater die informellen Räume des Open Space zur Verfügung gestellt. Durch diese Form der Konterkarierung der Hierarchie wurde es möglich, dass Themen zur Sprache kamen, die in der üblichen Kommunikation der Bank kaum sichtbar wurden. Anschließend an Kurt Lewin meine ich, dass eine Organisation eine »Auftauphase« braucht, um veränderbar zu werden, um neue Verhaltens- bzw. Entscheidungsmuster erreichbarer zu machen. Durch den sehr informellen Rahmen der Open-Space-Events wurde die Organisation »flüssig« gemacht. Die bisherigen Muster wurden unterbrochen, und dadurch wurde eine Veränderung möglicher. Gleichzeitig ist auch anzumerken, dass eine solche beraterische Intervention in ein von Tradition und Hierarchie geprägtes Unternehmen mit sehr wenig Beratungserfahrung auch sehr mutig war. Die Wahrscheinlichkeit zu scheitern, ist in einem solchen Fall sehr hoch. Nimmt man die Hypothese des in Startphasen noch nicht sehr ausgeprägten Vertrauens in die Kooperation von Internen und Externen ernst, so war das Gewährenlassen von Seiten der Organisation ein sehr hoher Vertrauensvorschuss an die Berater.

Die Koppelung der Ergebnisse aus dem sehr auf Interaktion fokussierenden Open Space an die Entscheidungskommunikation war sehr gelungen gestaltet. Die informellen Ergebnisse wurden über die Einbindung des CEOs, über die Projektdefinitionen und Projektaufträge an die Organisation gebunden. Mit diesem beraterischen Dreh wurden die Ergebnisse des informellen offenen Raumes für die Organisation bearbeitbar und kontrollierbar.

Die Beratungschoreografie: Open Space und Closed Rooms
Die Paradoxien, die eine Prozessanlage balancieren muss, sind wie oben ausgeführt:

- Eine Prozessanlage sollte genügend anders sein, um Lernmöglichkeiten zu generieren, und gleichzeitig so angelegt sein, dass die Ergebnisse an die Organisation – vor allem an die formale Kommunikation – andockfähig sind.

- Eine Prozessanlage sollte genügend Strukturen bieten, die eine gewisse zeitliche und sachliche Orientierung möglich machen, und gleichzeitig ausreichend Freiräume und »Chaos« schaffen, um »Neues bzw. anderes« zu ermöglichen.

Lernmöglichkeiten und neue Informationen

Über die beiden Open-Space-Anlässe ist es gelungen, neue Differenzen als Information in die Organisation einzuführen:

• offene Struktur/geschlossene Struktur

Im Open Space wird mit wenigen Strukturvorgaben ein Gefäß geöffnet, das Interaktion und informelle Kommunikation ermöglicht und fördert. Durch diese Kommunikationsform ist der Bank eine Möglichkeit aufgezeigt worden, wie Dinge neben dem Üblichen auch anders thematisiert und organisiert werden können.

• andere Themen/gleiche Themen

Durch die offene Form der Kommunikation ist es möglich geworden, dass sich Themen zur Sprache bringen, die ansonsten in der Bank kaum Raum gefunden hätten.

• übliche Kommunikationspartner/ andere Kommunikationspartner

Im Rahmen des Open Space kommunizierten Personen miteinander, die sonst kaum miteinander zu tun haben. Dadurch ist es auch möglich geworden, andere Meinungen und andere Standpunkte zu Themen einzuholen, und eine weitere beobachtbare Auswirkung war, dass sich die Personen kennen lernen konnten.

Auch über das **Sounding Board** sind andere Beobachtungsmöglichkeiten eingeführt worden.

Diese beiden Kommunikationsgefäße haben gegenüber dem üblichen Bankgeschäft mehr Interaktion und mehr informelle Kommunikation ermöglicht. Zudem wurde insbesondere in den Sounding-Board-Veranstaltungen auf Feedback-Prozesse als Lernmöglichkeiten gesetzt. Dies bedeutete in der Praxis, dass Differenzen der Wahrnehmung als Informationen für den Prozess genutzt wurden: Wie weit ist dies auch die Wahrnehmung der Nicht-Beteiligten? Was fehlt im Prozess? Wer sollte noch beteiligt werden? Was muss noch genauer erarbeitet bzw. definiert werden? Diese Informationen über Feedback führten zu kontinuierlichen Veränderungen im Prozessdesign – z. B. entstand auf diese Weise die Idee der Workshops für die Geschäftsführer zum Thema »Was bedeutet kultiviertes Private Banking für uns konkret in den einzelnen Geschäftsfeldern?« Durch diese Kommunikationsgefäße und deren besonderer Gestaltung kam es zu einem Vorführen neuer kultureller Muster – ob es zu einem Verführen zu neuen kulturellen Mustern kommen wird, ist zurzeit noch nicht beantwortbar bzw. aus den Interviews erschließbar.

Anschlussfähigkeit an die Organisation

- Die Struktur des Veränderungsprozesses wurde bereits im Vorfeld gemeinsam mit den Auftraggebern konzipiert, damit schon eine Struktur existiert, bevor die zweiten Open-Space-Anlässe stattfinden, um eine *adaptive Fähigkeit* der Organisation grundsätzlich zu ermöglichen.
- Nach der Generierung der Themen im Open Space ist über *Projektaufträge* eine mögliche Kontrolle durch das Management und dadurch eine Bindung an die Entscheidungskommunikation der Bank ermöglicht worden.
- Zusätzlich wurde im Veränderungsprozess kontinuierlich *ein Lernen über Feedback-Schleifen* (bzw. durch kontinuierliche Reality-Checks) ermöglicht – dadurch war die Veränderungsarchitektur flexibel genug gestaltet, um auf Feedback und Anregungen aus der Organisation zu reagieren.
- Die Veränderung des Führungsrhythmus und auch die der bestehenden Kommunikationsgefäße (z. B. die Geschäftsführung lädt ein, Direktionsforum) können als Indikator für eine gelungene Gestaltung von Anschlussfähigkeit gesehen werden.

Die Ergebnisse des Projektes: Erfolge und Spannungsfelder

Es gab bisher wenige Gefäße auf Seiten der Entscheidungskommunikation, die Kommunikation über nicht dem »Geschäft« sofort zuordenbare Themen (Interaktion) zugelassen hätten, und es gab wenige Möglichkeiten der Interaktion im Rahmen der üblichen Sitzungsformen (z. B. in Form eine Workshops, oder moderiert mit Freiräumen).

Die Fragestellungen, die diesen Abschnitt leiten, sind: Kann eine Verankerung der angestrebten Veränderungsziele in der Unternehmenskultur beobachtet werden? Welche Indikatoren sind beobachtbar? Im Folgenden verwende ich die Beobachtungsfolie Entscheidungskommunikation/Interaktion, um deutlich zu machen, auf welcher Seite der Differenz die Erfolge beobachtbar wurden.

Erfolge auf der Ebene der möglichen Interaktion im Rahmen der Organisation[59]:

Auswirkungen der Open-Space-Veranstaltungen

- Es wurden Themen kommuniziert, die sonst keine Räume fanden, sich zur Sprache zu bringen – wie z. B. die Veränderung des Führungsrhythmus, IT-Systems. Zudem wurde durch diese Gefäße ein besseres Kennenlernen der Mitarbeiter untereinander erreicht.
- Anderer, offenerer Umgang miteinander – auf der »Soft-Seite« sind durch den Veränderungsprozess gewisse Institutionen, gewisse Spielregeln geschaffen worden, die einen anderen Umgang miteinander ermöglichen.
- Dies ist darauf zurückzuführen, dass der gesamte Prozess auch auf eine Art und Weise durchgeführt worden ist, die nicht dem bisher typischen Kulturmuster der Bank Moné entsprochen hat und die dadurch aber das erfolgreiche Experimentieren mit neuen Verhaltensmustern ermöglicht hat.
- Einführung von Gratiskaffee – in den Auswirkungen eher der Ebene der Interaktion zuzurechnen.
- »Die Geschäftsleitung lädt ein« bekommt als formelle Veranstaltung ein offeneres Design, das Interaktionen fördert und zulässt. Dies scheint ein erster Schritt in Richtung Ermöglichung von mehr Interaktion im Rahmen der formellen Kommunikation zu sein.

 **Multiple Insights**
Bilanzierung der Ergebnisse
Interviewzitate

Sichtweise Berater
»Ich habe das Gefühl, die Leute sind kritischer, reden offener miteinander. Das mittlere Management definiert. Aber wenn man es anschaut, ging es in diesem Kul-

---

59 siehe den verwendeten Organisationsbegriff (Zwiebelschalenmodell der Organisation), Abschnitt VIII, Kap. 2

turentwicklungsprozess darum, die Funktionsfähigkeit von der Bank reflektierbar zu machen und die Funktionsfähigkeit zu verbessern oder ein Stück weit zu entwickeln. Ich glaube, da sind wir einen großen Schritt weitergekommen.«

Sichtweise unbeteiligter Mitarbeiter
»Was für mich zählt, ist, ja das Wichtigste, das ist das »daily Business« – wissen Sie? Also in diesem, dass es mich nicht interessiert – überhaupt nicht, aber ich habe ja auch einen Job zu erledigen – und äh gut – bei uns in der Gruppe – ich glaube, man diskutiert schon zum Teil – ein bisschen, aber wie soll ich sagen – nicht groß.«

Sichtweise der am Prozess beteiligten MitarbeiterInnen
»Bei den technischen Projekten bzw. den harten Projekten wurden 50 % erledigt, und die zweiten 50 % sind klar vergeben. Bei den anderen teils teils – es ist Substanz entstanden, würde ich sagen.«

Erfolge auf der Ebene der Entscheidungskommunikation

Veränderung des Führungsrhythmus

Kultiviertes Private Banking wurde als Teil der Strategie formuliert

- Die Einbindung des kultivierten Private Banking in die Strategie kann als Zeichen gesehen werden, dass die Kulturveränderung weiterhin betrieben wird und dass die Soft Facts als sehr wichtig angesehen werden. Strategie an sich ist relativ abstrakt. Die Beratung setzte am Dreieck Strategie in Verbindung mit dem »Kultivierten Private Banking« und der Struktur (IT), neue Meetingstrukturen (Ablauf etc.) an. In Workshops wurde die Abstraktheit der Strategie in konkretes Tun übersetzt.
- Erste Konkretisierungen des »Kultivierten Private Banking« je Geschäftsfeld wurden im Rahmen von Workshops erarbeitet.
- Ein mögliches Beurteilungssystem wird zum Thema.
- Die im Rahmen des Prozesses herausgearbeiteten, für die Bank als wichtig und relevant erachteten Soft Facts (insbesondere der Feedback-Kultur) sollen durch ein Beurteilungssystem unterstützt werden. Zurzeit der Interviews waren sowohl mbo-Systeme als auch Mitarbeitergespräche Thema.
- Sprachspiele und Strukturen aus der Beratung werden in Organisation implementiert (z. B. Sounding Board; Feedback-Kultur).
- Das Sounding Board, das als Instrument des Veränderungsprozesses in die Bank eingeführt worden ist, wurde in die Bank als nützliches Tool für die Gestaltung von Feedback im Rahmen von Projektmanagement implementiert.

 **Quer-Denker:**

Die Gestaltung des Prozessdesigns bei der Bank Moné: Open Space und Parallel-organisation mit einem klaren Fokus auf das Business und Hard Facts

Thesen und Schlussfolgerungen

- Aufbauend auf der Hypothese, dass die Bank vor allem durch eine hierarchische Kommunikation geprägt sei und keine informellen Gefäße ausgestaltet hätte, wurden der Bank seitens der Berater die informellen Räume des Open Space zur Verfügung gestellt. Der Open Space ermöglichte es, die Diversität der Bank sichtbar zu machen und in einen Raum zu bringen. Aus diesen Räumen haben sich die für die Bank relevanten Themen herauskristallisiert. Es wurden jeweils Projekte für die Bearbeitung der Themen definiert.
- Die Choreografie wurde als Parallelorganisation ausgestaltet und war gekennzeichnet durch eine enge Koppelung zur Linie. Sowohl die Steuerung als auch die Entwicklung erfolgten in enger Abstimmung mit der Linie. Eine schnelle Umsetzung von erarbeiteten Lösungen wurde durch die Linie selbst organisiert. Im Anschluss an K. Weick (1995, S. 242) vertreten wir die These, dass bindende Gestaltungen den Linien der Macht in der Organisation folgen müssen. Dies bedeutet, dass neue Varianten in Organisationen dann bindend werden, wenn sie mit der Linie entwickelt und eng an die Linie gekoppelt werden können.
- In dieser Case Study war eine andere Form der Gestaltung der Parallelorganisation beobachtbar als jene der SKAG:
  - Themen und »project owner« entwickelten sich aus den Open-Space-Anlässen, also aus einer Großgruppen-Intervention. Die Open-Space-Anlässe ermöglichten ein Diskreditieren im Sinne K. Weicks (1995, S. 323). Diskreditieren ist Weicks Begriff für eine Methode zur Vergrößerung der Mannigfaltigkeit und der Zerlegung bekannter Muster.
  - Die Steuergruppe und das Prozessteam erarbeiteten in enger Abstimmung mit den Beratern die jeweiligen Interventionen.
  - Die »project owner« waren nicht in die Gesamtsteuerung des Projektes mit eingebunden. Das Prozessteam, das die Funktion der Steuerung und die Katalysatorenfunktion (z. B. neue Ideen anstoßen, Initiativen starten) übernommen hatte, bestand aus Vertretern aus dem mittleren Management. Die Teammitglieder mussten die ausgewählten Lösungen gegenüber der Stammorganisation legitimieren und konnten dadurch auch ihre Position in der Organisation symbolisch verankern. Diese Gestaltung folgte der Hypothese der Berater, dass das Middle-Management in seiner Funktion gestärkt werden müsste.
  - Das Sounding Board, die Resonanzgruppe bestand aus wechselnden Gruppen von jeweils 20 Schlüsselpersonen der Organisation.
  - Im Veränderungsprozess wurde eine enge Koppelung von Gefäßen des Führungsrhythmus und der angestrebten Kultur ausgestaltet. Wir vertreten die These, dass sich dadurch eine bessere Angepasstheit von Struktur und Kultur aneinander entwickeln konnte.
- Wir folgen der These, dass das Interaktionssystem »Open Space« nur dann Lösungen für die Organisation erzeugt, wenn Open-Space-Anlässe in einem bewussten Prozess an die formale Kommunikation angehängt werden. Die Ergebnisse des Open Space wurden über Projektaufträge, über eine Gestaltung des Gesamtprojektportfolios und durch Beauftragung von Projektmanagern gut an die Linie angedockt.

4. Projekt FOKUS: »Business Process Reengineering der C. A. M. Gleitlager«

Diese Fallstudie beschreibt den Strukturveränderungsprozess eines sich in Familienbesitz befindlichen international agierenden Maschinenbauunternehmens mit Sitz in Deutschland. Die C. A. M. Gleitlager AG ist als Entwicklungspartner und Zulieferer der internationalen Motoren- und Fahrzeugindustrie weltweit tätig. Sie ist ein Unternehmen der C. A. M. AG, die weltweit in derselben Branche agiert. Das Unternehmen ist auf die Erzeugung von hoch belastbaren Gleitlagern für Diesel- und Gasmotoren spezialisiert, die hauptsächlich in Schiffen, Schwerfahrzeugen, Lokomotiven und zur Stromerzeugung zur Anwendung kommen. Die C. A. M. AG ist ein Familienunternehmen, das in die drei strategischen Geschäftsbereiche Sinterformteile, Gleitlager und Reibbeläge aufgeteilt wurde und im Rahmen der AG vom Eigentümer und fünf Vorständen geführt wird. Zwei dieser Vorstände sind als Geschäftsführer und Vorstände der C. A. M. Gleitlager tätig. Die Gleitlager AG hatte zurzeit der Interviews ca. 400 Mitarbeiter.

Typische Kulturmuster und Spannungsfelder der C. A. M. Gleitlager

Die C. A. M. Gleitlager ist durch zwei Spannungsfelder gekennzeichnet: Auf der einen Seite ist die C. A. M. AG ein traditioneller Familienbetrieb, der bis zur Umgestaltung in die AG patriarchalisch geführt wurde. Die Pionierpersönlichkeit war sehr prägend für den Betrieb: Vater des Unternehmens, mit allen bekannt, fachlich versiert, Familienpatriarch. Zudem prägte der Pionier auch die Region mit der Gestaltung des Unternehmens und seiner Positionierung als Ausbildungsstätte sowie durch finanzielle Unterstützung vieler gemeinnütziger Einrichtungen. Auf der anderen Seite ist das Unternehmen jetzt eine börsennotierte AG, von der Logik der Börse getrieben, den Stakeholdern verpflichtet und international ausgerichtet.

Die Abhängigkeit der Mitarbeitenden vom Unternehmen wird von den Akteuren als sehr groß beschrieben, da im regionalen Umkreis wenige Unternehmen und damit potenzielle Arbeitgeber angesiedelt sind.

Das Unternehmen ist ähnlich wie der TSUP der Bundesbahnen (s. S. 159 ff.) geprägt von der Logik der Technik sowie der technischen Lösungen. Die Logik der Maschine beeinflusste auch die Einstellung der Mitarbeitenden: In ihren »Mental Maps« gab es die klare Differenz zwischen richtig und falsch, die Logik der monokausalen Lösungen. Diese Logik des einzig richtigen Ablaufs prägte die Mitarbeitenden.

Projektstart: Zufälle und gute Ideen paaren sich zum FOKUS

Die C. A. M. Gleitlager AG hatte begleitet von einer externen US-Beratungsfirma bereits 1992/93 eine Art Kostensenkungsprogramm durchgeführt, da dieses Geschäftsfeld immer das Sorgenkind in der C. A. M. Gruppe war. Die Auswirkungen dieses Projektes waren aber nicht nachhaltig und hatten teilweise zur Demotivation und auch zur »inneren Kündigung« mancher Mitarbeiter geführt. Die Initialzündung für das Projekt FOKUS mit Start in 1997 waren aus externer Sicht die Neubestellung zweier Vorstände und das neuerlich schlechte Betriebsergebnis der C. A. M. Gruppe im Geschäftsfeld Gleitlager. Zudem machte der Besitzer der C. A. M. Druck auf die beiden Vorstände, das Ergebnis zu verbessern und die Produktivität dieses Geschäftsfeldes zu steigern.

Die Vorstände, Dr. Rüfer und Dr. Kaufmann, hatten aus diesen Gründen bereits Kontakt zu einem US-Beratungsunternehmen aufgenommen sowie eine Vorstudie und ein erstes Angebot für eine Beratung ausarbeiten lassen. Ziel der angefragten Beratung war eine optimierte Neuausrichtung der Prozessorganisation in Richtung Kundenorientierung und Kostenführerschaft. Die Vorstände waren mit dem Angebot dieser Beratungsfirma – einem klassischen Cost-Cutting-Programm – nicht sehr zufrieden. Sie erwarteten ein Angebot, dass auch die »Soft Facts« ausreichend berücksichtigen sollte. Beim vorhergehenden Projekt in 1992/93 war ein ähnliches Konzept durchgeführt worden, damit wurden zwar kurzfristig Kosten eingedämmt, die verbliebenen Mitarbeiter waren aber sehr frustriert, und das Hard-Fact-Problem wurde nicht nachhaltig gelöst. Dies sollte beim Projekt FOKUS nicht passieren.

Um das vorgelegte Konzept der US-Beratungsfirma zu diskutieren, wurde ein mit dem Unternehmer befreundeter Unternehmensberater, Dr. Körner, eingeladen, der mit den Vorständen das Angebot der klassischen Berater auf Tauglichkeit prüfen sollte. Im Zuge dieser Besprechung konnte sich Dr. Körner als Professional für Beratungen in diesen Bereichen positionieren und wurde seitens der C. A. M. gefragt, ob er die Beratung übernehmen könne. Dies wohl auch, weil Herr Körner überzeugend darstellen konnte, wie Hard und Soft Facts im Beratungsprozess berücksichtigt werden könnten und wie die Mitarbeiter einzubeziehen sind. Die Formulierungen in den Interviews weisen darauf hin, dass den Vorständen neben der Lösung der »Hard-Fact-Probleme« insbesondere auch die Berücksichtigung der Soft Facts wichtig war.

Hypothesen der Berater
Allgemeine Hypothesen der Organisationsberater zum Start

- Nach irgendeiner Kostensenkungsmaßnahme wird in ein paar Jahren das gleiche Problem wieder auftauchen.
- Wenn man nicht von der »value preposition«, von der Vision her, von oben herunter, auf die Vergangenheit zurückblickend umstrukturiert, dann nützt jegliche Restrukturierung nichts.
- Es braucht Brüche – nicht Veränderungen im Rahmen des Bisherigen –, um Erfolg zu haben.
- Ein neues Bild kommt nur aus einer ganz herausfordernden, genau zugeschnittenen, fast nicht möglich erscheinenden Vision.
- Der Ansatz ist, dass wir das Know-how liefern, wie solche Prozesse durchzuführen sind. Das Management und die Mannschaft entwickeln mit uns das Wie. Das Management entscheidet letztendlich, was durchgeführt wird und in welcher Weise.
- Ein Erfolgsfaktor ist, dass keine vorproduzierten Lösungen der Consultants eingesetzt werden, sondern dass die Lösungen mit den eigenen Mitarbeitern der Firma entwickelt werden. Die Consultants stellen Fragen, bringen Know-how ein...
- Für den Erfolg entscheidend ist, ob die Dringlichkeit, dass die Organisation etwas verändern muss, allen Mitarbeitern vermittelt wurde. Hier geht es darum, dass den Mitarbeitern bewusst ist, dass sie selbst auch etwas ändern müssen. Das muss man dann so kommunizieren, dass der Arbeiter im Ort am Stammtisch einem Arbeiter einer anderen Fabrik erklären kann, warum die Organisation transformiert wird.
- Hard Facts und Soft Facts müssen im Gleichklang stehen – die Balance von fachlichem Input und Einbindung der Beschäftigten muss gewährleistet werden. Wenn wir fachlich etwas vermitteln, muss beim Menschlichen etwas passieren, so dass dieser es zulassen kann.

Dr. Körner schlug einen »diskontinuierlichen Ansatz« vor, der nicht nur am Bestehenden etwas verbessern, sondern die bisherige Form des Organisierens radikal hinterfragen und die Firma komplett neu strukturieren sollte. Dies bedeutete, dass Brüche mit den üblichen Prozessabläufen das Ziel, waren nicht die Verbesserung des Bestehenden. Dr. Körner schlug ein bewährtes Phasenkonzept vor und richtete den Veränderungsprozess danach aus.

Da Dr. Körner noch als Manager arbeitete, konnte er die Beratung nicht alleine übernehmen, sondern empfahl die ihm bekannte Beratergruppe ABC, die mit ihm gemeinsam diesen Veränderungsprozess begleiten sollte.

Die Vorstände hatten bisher wenig Erfahrung mit Betriebsberatung gemacht und hauptsächlich den klassischen Ansatz der Fachberatung à la McKinsey, Kienbaum, Anderson Consulting, Boston Consulting Group etc. kennen gelernt. Ein Prozessberatungsansatz (bzw. eine Kombination von Fach- und Prozessberatung) war in der C. A. M. AG Gleitlager noch nicht durchgeführt worden und daher auch nicht zur Disposition stehend.

Die Choreografie der Veränderung: BPR und Führungskoalitionäre als leitendes Thema

Der gewählte Beratungsansatz und das vorgeschlagene Phasenkonzept der Beratergruppe ABC bei diesem Projekt basierten nach meiner Einschätzung im Wesentlichen auf einem erweiterten Ansatz des Business Project Reengineering von Hammer u. Champy (1993) und den Empfehlungen von J. P. Kotter (1996) in *Leading Change* – verzahnt und verknüpft mit den Erfahrungen der Beratergruppe ABC und von Herrn Dr. Körner aus vielen erfolgreichen Beratungen in anderen Bereichen.

Business Project Reengineering

Nach Hammer u. Champy (1993) – den »Erfindern« dieser Transformationsmethode – ist Business Reengineering ein »fundamentales Überdenken und radikales Redesign von Unternehmen oder wesentlichen Unternehmensprozessen. Das Resultat sind Verbesserungen um Größenordnungen in entscheidenden, heute wichtigen und messbaren Leistungsgrößen in den Bereichen Kosten, Qualität, Service und Zeit«.

Fundamental überdenken bedeutet in diesem Zusammenhang: a) Warum tun wir, was wir tun? und b) Warum tun wir es auf diese Art und Weise? Allgemein wird unter Reengineering verstanden, von Null anzufangen und eine bestehende Organisation auf der grünen Wiese neu in Richtung Kundenorientierung auszurichten.

Der Transformationsprozess des Business Reengineering läuft nach der Literatur in drei Phasen ab:

- Gesamtdiagnose in Bezug auf die Vision, die strategische Ausrichtung und die sich gesteckten Ziele

- Die zweite Maßnahme besteht darin, den zwingenden Grund für den Wandel zu veröffentlichen und zu begründen. Zudem sollen hier die so genannten »Breakthrough Teams«, die für jeweils einen Prozess zuständig sind, mit ihrer Arbeit beginnen.
- Die dritte Phase umfasst die Umsetzung des Reengineering.

Die ausgeblendete Seite des Reengineering waren und sind bisher die Soft Facts. Nach meiner Vermutung erfüllen die Ergebnisse nicht die Erwartungen, weil zum Teil die »Überlebenden« die schmerzhaften psychologischen Auswirkungen verkraften müssen – z. B. den Abbruch von Beziehungen. Andererseits werden die Ergebnisse nicht erreicht, weil die Kreativität der Leute darunter leidet, dass sie sich vorwiegend damit beschäftigen, welche menschlichen Probleme auf sie zukommen werden. Auch Champy (1995) bekennt: Business Process Reengineering steckt in der Krise, und er meint, bezogen auf die Nichteinbeziehung der Unternehmenskultur, dass bisher nur eine »partielle Revolution« stattgefunden habe.

Leading Change nach J. P. Kotter

Nach J. P. Kotter (1996) scheitern die meisten Veränderungsprojekte in Unternehmen an bestimmten Fehleinschätzungen. Aus diesen diagnostizierten Fehleinschätzungen entwickelte J. P. Kotter acht Stufen eines gesamten Transformationsprozesses. Die Grundvoraussetzung dieses Phasenkonzeptes ist, die Selbstzufriedenheit der einzelnen Akteure zu minimieren und die Dringlichkeit des Wandels zu vermitteln. Notwendig ist anschließend ein schlagkräftiges Team zu bilden, das den Veränderungsprozess führt und managt. Dieses Führungsteam (Leading Coalition, Führungskoalition) formuliert eine Zukunftsvision und kommuniziert sie im Unternehmen. Hindernisse, die die Mitarbeiter von der Umsetzung der Vision abhalten, müssen durch das Team im Vorfeld aufgezeigt und dann gemeinsam beseitigt werden. Frühzeitige Kommunikation der Zwischenergebnisse des Transformationsprozesses hilft, Zweifler zu überzeugen und die Energie des Veränderungsprozesses aufrechtzuerhalten. Der letzte Schritt ist die Verankerung des Wandels in der Organisation – insbesondere in der Unternehmenskultur.

Diese beiden Leitmetaphern wählte die Beratergruppe ABC, um die Phasen des Veränderungsprozesses zu designen und den Veränderungsprozess in diesen Phasen zu steuern.

		Interventionschoreografie Tools dieser Fallstudie
1	Steuerungsfunktion	Vorstand selbst als Motor der Veränderung Vorstands-Coaching Steuerung erfolgte über ein klares Phasenkonzept
2	Funktion der Ausgestaltung operativer Gefäße	Kernteam bestehend aus zwei Mitarbeitern der Firma selbst und einem Praktikant einer wirtschaftsnahen Interessenvertretung Der Vorstand (als »Motor« der Veränderung) Die Vorstände fühlten sich verantwortlich für die Steuerung und den Ablauf, für die Energetisierung und auch für die Gestaltung des Informationsflusses. Der Vorstand wurde dabei durch die Beratergruppe ABC begleitet und unterstützt. Führungskoalitionäre Change-Teams Buddies
3	Entwicklungsfunktion (Variation)	Fachberatungsansatz auf Basis von Reengineering Prozessteams bestanden aus 8 bis 12 Personen (quer zur Linie und zum fachlichen Wissen). Sie hatten die Funktion, die neue Struktur »auf der grünen Wiese« zu entwickeln, neue Varianten zu gestalten. Change-Teams Das Change-Team bestand aus vier bis fünf Mitarbeitern (so genannten Buddies), die von einem Führungskoalitionär über den Projektfortschritt informiert wurden und auch Feedback in Form von Fragen und Informationen einbringen sollten.
4	Funktion der Selektion	Enge Koppelung an Vorstände
5	Kommunikations- und Abstimmungsfunktion	Sense of Urgency Führungskoalition Als Führungskoalitionäre wurden ca. ein Viertel der Belegschaft ausgewählt – erfahrene Mitarbeiter und Meinungsführer. Deren Aufgabe war es, permanent Informationen über den aktuellen Projektstand zu geben und Feedback von Seiten der Mitarbeitenden einzuholen. Change-Teams
6	Implementierungsfunktion	Enge Koppelung an Vorstände Enge Koppelung an das »daily Business« Implementierung sofort in die neue Struktur des Produktionsprozesses (Business Units) Business-Unit-Leiter wurden ausgeschrieben und fungierten dann als Träger des Neuen
7	Qualifizierungsfunktion	Qualifizierung der Projektmitarbeiter Mitlernen der Organisation über Vorstands-Coaching

241

Die Prozessgefäße und der Beratungsansatz im »Dance of Change« der C. A. M.

Folgende Prozessgefäße sind im Rahmen des Prozesses FOKUS durch die Beratergruppe ABC vorgegeben worden und umfassten:

- **Kernteam**

Zwei Mitarbeiter der Firma selbst und ein Praktikant einer wirtschaftsnahen Interessenvertretung übernahmen die Organisation und Koordination des BPR-Projektes. Ihre Funktion war die Assistenz des Vorstandes im Rahmen dieses Projektes.

- **Der Vorstand (als »Motor« der Veränderung)**

Die Vorstände fühlten sich verantwortlich für die Steuerung und den Ablauf, für die Energetisierung und auch für die Gestaltung des Informationsflusses. Der Vorstand wurde dabei durch die Beratergruppe ABC begleitet und unterstützt.

- **Führungskoalitionäre**

Als Führungskoalitionäre wurde ca. ein Viertel der Belegschaft ausgewählt – erfahrene Mitarbeiter und Meinungsführer. Deren Aufgabe war es, permanent Informationen über den aktuellen Projektstand zu geben und Feedback von Seiten der Mitarbeitenden einzuholen. Die Führungskoalitionäre wurden regelmäßig in dafür durchgeführten Veranstaltungen direkt von den Vorständen über den Stand und Verlauf des FOKUS-Projektes informiert. Sie hatten dann die Aufgabe, eine konstante Gruppe von 4 bis 5 Mitarbeitern (die per Zufall aus der Belegschaft ausgewählt wurden) – das so genannte Change-Team – zu installieren, um so schließlich das gesamte Unternehmen zu informieren und Feedback einzuholen.

Prozessteams bestanden aus 8 bis 12 Personen (quer zur Linie und zum fachlichen Wissen). Sie hatten die Funktion, die neue Struktur »auf der grünen Wiese« zu entwickeln, neue Varianten zu gestalten.

- **Change-Teams**

Das Change-Team bestand aus 4 bis 5 Mitarbeitern (so genannten »Buddies«), die von einem Führungskoalitionär über den Projektfortschritt informiert wurden und auch Feedback in Form von Fragen und Informationen einbringen sollten.

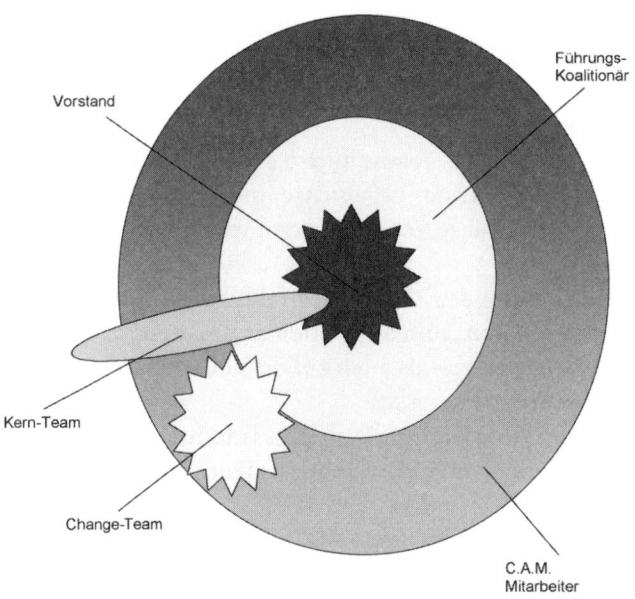

Die Beratergruppe ABC begleitete die Prozessteams, das Kernteam und den Vorstand. Eine Hypothese, die sich aus den Interviews ableitet, ist, dass der Beratungsansatz hauptsächlich als Managementcoaching mithilfe von Vorstandscoaching angelegt war. Der Motor der Veränderung war fast ausschließlich im Bereich der Vorstände der C. A. M. AG, Dr. Kaufmann und Dr. Rüfer, zu verorten und wurde nicht z. B. über ein quer durch die Hierarchie und Funktionen besetztes Steuerungsteam gestaltet. Gleichzeitig ist ein Veränderungsprozess die Profilierungschance für einen neuen Vorstand. Die Beratungsgruppe ABC unterstützte die Vorstände und das Kernteam bei der Steuerung der Veränderungsprozesse. Der Leitgedanke der Berater war laut Eigendefinition, dass Unternehmensentwicklung nur in der Balance zwischen fachlichem Input und Einbindung der Beschäftigten funktionieren kann und dem vorgeschlagenen Phasenkonzept zu folgen hat.

Die Aufgaben der Berater waren aus ihrer Sicht und der des Managements folgende:

- Das aktive Anbieten von Know-how im Bereich BPR und Change-Management im Vorstand und partiell den Prozessteams. Sie berieten den Vorstand in diesen fachlichen Feldern im Rahmen des Vorstands-Coachings.

- Das Vorgeben von Phasen und Zielen für die inhaltliche Erarbeitung und auch die Kontrolle der Zielerreichung mittels Reviews und Reality-Checks waren eine der Aufgaben der ABC-Berater.
- Die Grüne-Wiese-Teams (Prozessteams) wurden durch regelmäßige Reviews der Ergebnisse und mit Tools zur Erarbeitung unterstützt. Diese Teams wurden extern weder begleitet noch moderiert.
- Das Coaching des Vorstandes fokussierte sowohl auf die Kulturebene – den Umgang miteinander, den Umgang mit den Mitarbeitern etc. – als auch auf die gemeinsame Steuerung des Veränderungsprozesses.
- Durchführung von punktuellen Trainings zur Qualifizierung der Führungskräfte (Moderation, Teambuilding etc.).

Die durch die Beratergruppe ABC vorgegebenen Phasen des Veränderungsprozesses

Diese Phasen waren laut Interviews durch die Berater aufgrund ihres Veränderungsverständnisses vorgegeben worden. Als Start des Veränderungsprozesses wurde ein Visionserarbeitungsprozess initiiert, der von den ABC-Beratern, Dr. Körner und Dr. Stieglitz, begleitet wurde.

Im Februar 1997 wurde der erste Visionsentwurf im Vorstands-Coaching entwickelt. Dieser Visionsentwurf wurde in einer dreitägigen Workshop-Serie am Langbathsee in Österreich mit ausgewählten Mitarbeitern diskutiert und reflektiert, dann die Letztversion verabschiedet. Im Rahmen dieser Meetings wurde außerdem über mögliche strategische Ausrichtungen der C. A. M. Gleitlager AG diskutiert. Die Meetings wurden durch die Unterschrift aller Beteiligten auf einem vorbereiteten Flipchart abgeschlossen. Damit wurde das Commitment der Mitarbeiter zur Vision und zur Neugestaltung der Firma dokumentiert und besiegelt.

Folgende Phasen sind aus den Interviews zu erschließen gewesen:

- Vorgespräche des Vorstandes mit den Beratern und Entscheidung für die Beratung
- Visionsprozess gestalten (Erarbeitung mit Executive Team und Rollout über die Linie)
- Kick-off und breite Kommunikation des Case for action

- Gleichzeitig Namensfindung für das Projekt und Aufnahme des FOKUS-Songs
- Einrichtung und Start der Kommunikationsstruktur Führungs- koalitionäre – Buddies – Change-Teams
- Gleichzeitig beginnen die Prozessteams zu arbeiten und die Varianten zu gestalten (Tools werden zur Verfügung gestellt).
- Zwischendurch erfolgen regelmäßig Reviews und Feedback- Schleifen zwischen Vorstand und den Teams.
- »Go«-/»No go«- Entscheidung des Vorstandes über die Varian- ten, Freigabe der Varianten
- Ausschreibung, Bewerbung und Auswahl der Business-Unit- Leiter (BUL)
- Abschluss des Projektes (Sign-off) und operativer Start der Business Units

Diese Phasen sind sehr eng an die beiden Leitmetaphern »Reengi- neering« und »Leading Change« gekoppelt und von diesen abgeleitet worden.

Chronologie des FOKUS-Projektes: Was passierte wann?

Jahr	Monat/Datum	Eckpunkt
1996	November	Angebot über konventionelle Beratung eines US-Beratungsunternehmens
1997	17. Januar	Vorstandsbeschluss, ein Projekt mit Herrn Dr. Körner unter dem Dach der Beratergruppe ABC durchzuführen
	Februar	Bestellung eines Kernteams bestehend aus 4 Mitarbeitern der C. A. M. und einem Praktikanten
		Ist-Analyse
	12.-14. März	Startmeeting zur Visionserarbeitung mit 23 Mitarbeitern des mittleren Managements
		Definition der strategischen Ausrichtung
	März	Auswahl von 90 Führungskoalitionären
	April	Vorstellung der Vision in 3 Gruppen à 30 Mitarbeitern
	Juni	Ausweitung der Kommunikationsplattform: Jeder Führungskoalitionär hat die Aufgabe, sich ein Change-Team zu definieren und zu informieren.

	Mai–Juli	Definition der Kernprozesse und daraus Ableitung einer ersten Struktur für Business Units
	Juli	Auswahl und Definition der Prozessteams (Querschnitt)
	15. Juli	Besprechung mit Führungskoalitionären: Information über den Ist-Stand des Projektes
	August	Start der Arbeit der Prozessteams
	September-Oktober	Permanente Arbeit der Prozessteams und kontinuierliche Prozess-Reviews mit der Beratergruppe ABC
	8.11.1997 (Samstag)	Vorstellung der Ergebnisse auf »Info-Messen«
1998	Januar	Bewerbung und Auswahl der Business-Unit-Leiter
	März	»Go«-Entscheidung für die Realisierung der Projekte
	April	Plan der neuen Fertigungsstraße
	Juni	Halleneinweihung und Sommerfest
	Juli – August	Betriebsurlaub und gleichzeitige Maschinenumstellung für den neuen Produktionsprozess
	17.8.1998	D-Day – erster Tag der neuen Organisation
	Oktober	FOKUS-Manöverkritik: Je 15 Mitarbeiter äußern in 5 Veranstaltungen ihre Kritik an der neuen Organisation.
	Dezember 1998	Kontinuierliche Reviews des BPR-Projektes FOKUS werden beschlossen.

Der Informationsprozess im FOKUS:
Dialoge und gestaltete Kommunikations-Basen

Die interviewten Akteure beschrieben die Kommunikation des »Sense of Urgency« als erwartbares Prozedere: Immer wenn ein neuer Vorstand eingestellt wird, muss er neue Ideen präsentieren, um sich profilieren zu können. Den Unterschied zum Üblichen machte die Form der Mitarbeiterbeteiligung – sie wurden gefragt und eingebunden. Diese Form der Einbindung machte für die relevanten Akteure klar, dass da etwas über die übliche Profilierung hinaus passierte.

Ganz zu Beginn des Informationsprozesses stand die Aussendung des »Sense of Urgency« an alle Mitarbeiter als schriftliche Information. Parallel dazu erfolgten die Gestaltung des Logos für das Projekt FOKUS, die Erarbeitung der Powerpoint-Präsentation der Unternehmensvision, der Druck von Plakaten und das Aufhängen der Plakate in fast jedem Büro. Die Vorstellung der Vision und des »Sense of Urgency« ereignete sich im Rahmen von Meetings in drei Gruppen zu jeweils 30 Mitarbeitern durch die beiden Vorstände, Dr. Kaufmann und Dr. Rüfer. Nachfolgend wurden sechs Vertiefungsklausuren mit je 15 Mitarbeitern durchgeführt. Ziel hierbei waren ein Reality-Check und das Einholen von Feedback von Seiten der Mitarbeitenden: Wie wird die Vision verstanden? Was fehlt? Wie kommt es an? En passant erfolgten durch die Vorstände mehrere Präsentationen der Vision und des Zieles des Veränderungsprozesses für interessierte Mitarbeiter.

Im nächsten Schritt wurde die Kommunikationsplattform erweitert: Als Führungskoalitionäre wurden 25 % der Belegschaft definiert. Deren Aufgabe war es, kontinuierlich Information über den aktuellen Projektstand zu geben und Feedback einzuholen. Sie etablierten ein so genanntes Change-Team – eine Gruppe von 4 bis 5 Mitarbeitern (die per Zufall aus der Belegschaft ausgewählt wurden), um so das gesamte Unternehmen zu informieren. Diese Struktur ermöglichte eine Einbindung (fast) aller Mitarbeiter in den Veränderungsprozess.

Im Juli 1997 wurde das Prozessteam (quer über die Hierarchie und quer zum Fach-Know-how) eingerichtet. Der Start der Arbeit des Prozessteams wurde im August 1997 mit einer Plenarveranstaltung für alle Teammitglieder und Führungskoalitionäre sichtbar gemacht.

Veränderungen der Hard Facts – die Erfolgsstory des FOKUS

Das Projekt FOKUS ist eine Erfolgsstory für das Unternehmen C. A. M. Das Projekt ermöglichte eine Umstrukturierung der Produktion und damit eine deutliche Verbesserung des Ergebnisses der C. A. M. Gleitlager in diesem Geschäftsfeld.

Aufbau der Business Units: Modell »Markt in der Organisation«

Die bisherige zentrale Fertigung wurde in vier Business Units gegliedert und folgt einem neuen prozessorientierten Produktionskonzept. Die Bildung von strategischen Geschäftseinheiten mit einer weit reichenden unternehmerischen Selbstverantwortung gilt in der Literatur und in der betrieblichen Praxis als eine Erfolg versprechende Strategie, der wachsenden Umweltkomplexität zu begegnen. Jede Business Unit agierte in der Gesamtorganisation eigenständig und nach der Logik eines Kunden-Lieferanten-Verhältnisses.

Im August 1998 erfolgte die Maschinenumstellung während des Betriebsurlaubs der Firma. Am D-Day – dem ersten Tag nach dem Betriebsurlaub – erfolgte die Aufnahme der Arbeit in der neuen Struktur.

Aus meiner Sicht ist die neue prozessorientierte Struktur eine im Verhältnis zur Aufgabe und zum Produktionsablauf sehr passende. Zudem kommt durch die interne Abbildung des Marktprinzips wieder Dynamik in die Organisation.

Ergebnisverbesserung auf der Hard-Facts-Ebene

Der Transfer auf der Hard-Facts-Ebene ist sehr gut gestaltet worden. Die in den Projekten erarbeiteten Produktionskonzepte und die dazu passenden Strukturen sind sehr gut umgesetzt worden. Die Umstellung erfolgte im Betriebsurlaub 1998. Neben der räumlichen Umgestaltung und der Umstellung der Fertigungseinheiten wurde nach dem Urlaub sofort mit der neuen Organisationsstruktur gearbeitet. Durch die Umstellung der Fertigungsorganisation und durch die Spezialisierung der Units wurde der Produktionsfluss optimiert. Die Auswirkungen auf die ökonomischen Kennzahlen (Umsatz, Gewinn, ...) wurden als extrem gut beschrieben. Laut Aussagen der Vorstände hat sich der Geschäftszweig Gleitlager zur Cash Cow der C. A. M. Gruppe entwickelt – der Umsatz hat sich zwischenzeitlich verdoppelt, die Beschäftigtenanzahl konnte um 10 % erhöht werden.

Kulturveränderung – was lösen die neuen Lösungen aus?

Im Rahmen der Erarbeitung der neuen Strukturen und Prozesse gab es eine vorrangige Orientierung an Hard Facts und am Redesign-Prozess der Organisationsstruktur. Die Soft Facts wurden vorwiegend über die Beteiligung der Mitarbeiter, die Einbindung der Mitarbeiter in den Visionsprozess und durch die besondere Form der Kommunikation und Information berücksichtigt. Zudem wurden die Mitarbeiter auf Leitungsebene in den Bereichen Moderation und Kommunikation geschult.

Die Grundfrage eines jeden Veränderungsprozesses ist: Wie führen Veränderungen zu nachhaltigen Verhaltensänderungen? Mit »nachhaltig« ist hier gemeint, dass die Veränderungen sich auch in den Verhaltensweisen und Grundhaltungen der Akteure wiederfinden und durch entsprechende Strukturen und Spielregeln gestützt und verankert sind. Kulturveränderung kann nur über einen neuen »way of working« (Schein 1995) und einen dadurch initiierten neuen Umgang miteinander erreicht werden. Dieser Prozess ist sicherlich nicht kurzfristig erreichbar und braucht ständige Fokussierung.

Bisherige Erfolge und konkrete Ergebnisse des Cultural Change

Die Fragestellungen, die diesen Abschnitt leiten, sind: Kann eine Verankerung der angestrebten Veränderungsziele in der Unternehmenskultur beobachtet werden? Welche Indikatoren sind beobachtbar?

Führungsverhalten als zentraler Anker für Veränderung

Jegliches Verhalten von Führungskräften kann als Führungshandeln interpretiert werden. Je mehr Entscheidungsträger durch ihr Handeln den Veränderungsprozess tragen bzw. die neuen Werte vorleben, desto eher kann die angestrebte Veränderung in der Organisation Realität werden. Transformationsprozesse brauchen Energieträger (Akteure), die die Veränderungsprozesse glaubhaft verkörpern und auch unterstützen und tragen. Der »walk the talk« bei den Vorständen war aus der Sicht aller Akteure bis zur Umsetzung gegeben. Nach dem Abschluss der Kommunikationsplattform (Führungskoalitionäre und Change-Teams) wurden die Führungskräfte von einigen Akteuren der Mitarbeiterebene als nicht mehr so offen und kommunikativ beschrieben. Eine Auswirkung war, dass diese Akteure den Führungskräften auch nicht mehr so offen begegneten bzw. meinten, ihnen nicht mehr so offen begegnen zu können wie zuvor.

Erfolge auf der Ebene der möglichen Interaktion im Rahmen der Organisation:

Ein Erfolg auf der Ebene der Soft Facts ist sicherlich das Empowerment der Mitarbeiter. Die Mitarbeiter waren durchwegs stolz darauf, am Prozess beteiligt gewesen zu sein, und haben diesen mit enormen Anstrengungen (Überstunden, Mehrarbeit, hohem Energielevel) getragen.

Die Eigeninitiative wurde belohnt und scheint aus meiner Sicht ein typisches Kulturmerkmal der Organisation zu sein.

Erfolge auf der Ebene der Entscheidungskommunikation

Die neue Struktur der Business Units ermöglichte neue Kommunikationsmuster. Durch den Austausch der Leitung in diesen Bereichen ist auch hier ein Kulturwandel erfolgt. Die BUL (Business-Unit-Leiter) verkörpern den »Geist« der Business-Unit-Idee und waren auch an deren Ausgestaltung aktiv beteiligt.

Kampf »neuer Muster« gegen die »alte Identität«

Mit dem Projekt FOKUS wurde sehr viel erreicht und verändert in der C. A. M. Gleitlager. Hier soll aus externer Sicht auf beobachtbare blinde Flecken – also Unbewusstes – und Paradoxien hingewiesen werden.

Bei Change-Prozessen ist es charakteristisch, dass die entstehende neue Identität und die alte Identität gleichzeitig in der Organisation gelebt werden. Die alte Identität ist vertraut, die neue Identität hat sich noch wenig verankern können, entwickelt sich noch.

Folgende paradoxe Signale waren zu beobachten:
Die Vorstände wollten durch die Einführung der neuen Struktur die Mitarbeiterbeteiligung im Unternehmen forcieren und daher die Entscheidungsfindung so weit unten wie möglich ansiedeln. Durch die Business Units sollte der »Markt« in der Organisation simuliert werden, Entscheidungswege kürzer werden. Im Erarbeitungsprozess signalisierten die Vorstände den Mitarbeitern immer wieder: Wir entscheiden, wir kontrollieren, wir energetisieren etc. Auch die Änderung des Kommunikationsmusters Führungskoalitionäre-Buddies könnte als Signal des Bruches der neuen Kommunikation interpretiert werden, sozusagen als »Go«-Signal für die alten Muster.

Multiple Insights
Sichtweise beteiligter Mitarbeiter
(Interviewausschnitt)

»Die Offenheit und Ehrlichkeit des obersten Managements sind nicht wieder da, so wie es im Prozess angefangen hat. Wie man geglaubt hat. Man darf nicht mehr so offen sein, weil man das gar nicht hören will. In manchen Phasen ist man wieder in dem Trott, wie wir es vorher gehabt haben. Ich wüsste zwar, ich könnte da etwas verändern, aber ich sage jetzt nichts, weil erstens will es keiner hören und zweitens kriege ich nur eine auf den Deckel.«

Die Vorstände wollten, aus den Erfahrungen früherer Change-Prozesse lernend, die Mitarbeiter einbinden, um Demotivation und Frustration zu vermeiden. Der abrupte Abbruch der Informations- und Kommunikationsschiene bewirkte bei manchen genau das Gegenteil.

Reflexion des Veränderungsprozesses: Fokus auf FOKUS
Ziel des Veränderungsprozesses war es maßgeblich, die Hard-Fact-Ebene (Prozessabläufe, Organisationsform) zu verändern, neu zu gestalten. Typisch für diesen beraterbegleiteten Change-Prozess waren

die **Orientierung am Change-Management-Konzept** (BPR, Leading Change) und die enge Arbeit mit dem Executive Team. Diese Change-Management-Konzepte folgen eher einer wirtschaftswissenschaftlichen und systematischen Logik und weniger einer am Veränderungsprozess ausgerichteten OE-Logik. Die Vorgabe der Ziele erfolgte durch die Experten (ABC-Berater) und das Management. Die Steuerung des Veränderungsprozesses folgte einem eher linearen Konzept der Veränderung nach einem Phasenplan. Sachlogik und Zeitdruck prägten die Veränderung. Das Design des Veränderungsprozesses war sehr eng an die oberste Führung und an die bisherigen Entscheidungsusancen der Organisation gekoppelt.

Die Vorstände – insbesondere der technische Vorstand Dr. Rüfer – waren die Treiber und unternehmerischen Akteure des Prozesses. Die unternehmerische Umsetzungsfunktion wurde vor allem von den Vorständen und den neuen BUL übernommen – andere Mitarbeiter erfüllten diese Funktion nicht.

Auf der anderen Seite folgten die Berater bei der Kommunikation und Einbindung einem OE-Paradigma: Viele Betroffene sind an der Erarbeitung der Varianten und an der Diskussion der Vorschläge beteiligt worden. Interessant waren hier vor allem die Kommunikationsebenen (Führungskoalitionäre, Change-Teams, Buddies) und deren Verzahnungen mit den anderen Prozessgefäßen. Diese Form der selektiven Einbindung und des Spiels mit den Möglichkeiten der Verknüpfung bewirkte einen sehr transparenten Informationsfluss und die Steuerung über viele Feedback-Schleifen. Die Steuerung war vor allem geprägt durch die Sachlogik der Reorganisation und die enge Koppelung an den technischen Vorstand. In der Startphase erfolgte ein kontinuierlicher Reality-Check der Visionen – passen diese Visionen, sind sie so richtig formuliert? Hier versuchten die Berater, Feedback der Mitarbeitenden einzuholen, fragen sie nach ihren Einschätzungen. In der Erarbeitungsphase (auf der grünen Wiese) wurden viele Reviews der Ergebnisse der Prozessteams durch Fragen der ABC-Berater geleitet und durchgeführt. Ein »Go« erhielten die Projekte erst nach absolviertem Reality-Check durch die Vorstände. Im Anschluss wurden die selektierten Varianten dem Gesamtunternehmen auf samstäglichen Informationsmessen (»Projektmärkte« nach Metaplan) präsentiert und diskutiert. Das offizielle Ende der Projekte mit dem FOKUS-Sign-off wurde durch eine Betriebsversammlung in einer der Firmenhallen bekannt gegeben. Zuvor erfolgten die Plausibilitätsprüfungen auf der Ebene der Durchführbarkeit und der ökonomischen Ebene. Dann wurden die ausgewählten Varianten im Betriebsurlaub umgesetzt.

Eine Phase der begleiteten Implementierung und Verankerung bzw. eine Phase der Bearbeitung der durch die Reorganisation ausgelösten, ungewollten Impulse war nicht beobachtbar.

Multiple Insights
Sichtweise beteiligter Mitarbeiter
(Interviewausschnitt)

Die Vorstände nahmen im Veränderungsprozess eine richtungsgebende und sehr aktive Rolle ein.

I: Das Projekt, an dem Sie beteiligt waren, wurde nur von Mitarbeitenden geführt, da war keine externe Begleitung dabei?
B: Es war hin und wieder einer von der ABC da und hat zugehört, was wir da erarbeitet haben. Die Abnahme war immer mit Vorstand und ABC. Nach jedem Schritt war eine Abnahme und die Abnahme mussten wir genehmigt kriegen.

Implementierung und Embodyment

Die Form der Variation in den Prozessteams ist durch die Interviews nicht vollständig erschließbar gewesen, folgte laut den Interviews aber einer durch die Berater vorgegebenen Sachlogik. Die enge Koppelung an das Management (vor allem an das Executive Team) war insbesondere in der Phase der Selektion sehr gut, weil wirksam! Alle Entscheidungen, die im Executive Team getroffen wurden, sind umgesetzt worden. Die Koppelung der selektierten Varianten erfolgte durch die klare Selektion vom Top-Management, sozusagen Verankerung qua Macht. Eine weitere Ebene der Verankerung war die Macht des Faktischen – die Prozessabläufe wurden während des Betriebsurlaubs geändert. Die Organisation war damit eine andere. Die dritte Ebene der Verankerung war die neu entstandene Führungsebene der Business-Unit-Leiter (BUL), diese waren eine Verkörperung des Neuen. Die Implementierung der neuen Organisation ist in enger Koppelung mit den neu entstandenen Business-Unit-Leitern durchgeführt worden.

Was aus externer Sicht zu kurz kam, war insbesondere die Bearbeitung des Zueinanders von Struktur, Business Units und neu zu schaffender Kultur. Der blinde Fleck des Prozesses war, eine adäquate

Kulturentwicklung neben der Strukturentwicklung zu gewährleisten. Für Ed Schein gibt es vier Ebenen, auf denen Unternehmenskultur sichtbar bzw. für Beobachter erschließbar wird:

- Offenkundiges Verhalten und andere »Artefakte« (z. B. Meeting-Strukturen)
- Überzeugungen und Werte, für die aktiv Partei ergriffen wird (z. B. Vision, Missionstatement, Führungsgrundsätze)
- Abgeleitete Annahmen und versteckte Vermutungen zum »richtigen« Verhalten im »daily Bbusiness« und zu deklarierten Werten
- Die Art der Wahrnehmung und die emotionale Seite des Umgangs miteinander

Alle vier Ebenen wurden nicht bearbeitet. Die Business Units wurden als Struktur in die alte Kultur implementiert, die neuen Ansätze der Kommunikation (über die Change-Teams) wurden ab dem Zeitpunkt der Implementierung nicht mehr genutzt. Bei Transformationsprozessen hat eine Organisation die Chance, alte Lernerfahrungen, altes Know-how zu überprüfen und neues Know-how zu generieren – also zu lernen. Transformation kann als lebendige Forschungsreise in die Vergangenheit und Zukunft des Unternehmens gestaltet werden.

Aus meiner Sicht wurden wenige Lernstrukturen geschaffen, die ein regelmäßiges Beobachten, Reflektieren und Analysieren anhand bestimmter Kriterien ermöglichten.

Indikatoren hierfür waren:

- Im Prozess der Erarbeitung wurde weniger auf die zum Funktionieren der Hard-Facts-Ebene benötigten Soft Facts geachtet. Manche der involvierten Mitarbeiter waren demotiviert und enttäuscht, dass nach der vielen Arbeit an der Reorganisation alles so weiterging wie zuvor.
- In den Interviews wurde z. B. auch kein einziges Mal von Überlegungen hinsichtlich einer gemeinsamen Erarbeitung von Strategien der einzelnen Business Units (BU) oder einer gemeinsamen Kommunikationskultur (bzw. -struktur) berichtet.
- Die Einführung einer neuen Struktur und einer komplett neuen Logik (von Hierarchie auf Markt-Simulation) benötigt ein Set

an völlig neuen Spielregeln hinsichtlich des Zusammenwirkens der Beteiligten innerhalb und zwischen den BU. Aus meiner Sicht wurde hier wenig angeboten, um die unternehmerische Autonomie der BU zu stärken und gleichzeitig eine gute Zusammenarbeit zwischen den neuen Konkurrenten (den einzelnen BUL und den BU) zu gewährleisten.

- Eine gezielte Organisationsentwicklung zwischen den einzelnen BU – wie Kommunikation, Information, Umgang miteinander und auch innerhalb und zwischen den Business Units – wurde nicht gestaltet. Es wurde nicht hinterfragt, was an der alten Struktur gut war, um das Bewahrenswerte in die neue Business-Unit-Struktur mitnehmen zu können.

 **Quer-Denker:**

Der Fokus der C. A. M. Gleitlager: Kommunikation und enge Koppelung an die Linie
Der gewählte Beratungsansatz und das vorgeschlagene Phasenkonzept der Beratergruppe ABC bei diesem Projekt basierte im Wesentlichen auf einem erweiterten Ansatz des Business Project Reengineering von Hammer u. Champy (1993) und den Empfehlungen von J. P. Kotter (1996) in Leading Change.

Thesen und Schlussfolgerungen
- Die Choreografie folgte zwar der Gestaltungsprämisse einer Parallelorganisation, sie war aber vor allem durch eine sehr enge Koppelung zur Linie gekennzeichnet. Die Steuerung und Entwicklung erfolgten in enger Abstimmung mit den zwei Vorständen. In der Kreativ- und Entwicklungsphase entstanden die Lösungen in einem eher hierarchiefreien, moderierten Kommunikationsprozess. Die Verantwortung für die Variationsfunktion lag dennoch bei den Vorständen. Nach der Entscheidung (Selektion) für ein Veränderungskonzept durch die Vorstände wurde der Implementierungsprozess sofort in der neuen Struktur gestartet.

- Der Veränderungsprozess wurde nur in einer sehr kurzen Phase als Parallelorganisation arrangiert. Diese Form der Gestaltung war sehr passend für die Veränderung der Struktur hin zu Business Units. Wir vertreten hier die These, dass diese Beratungschoreografie eine interessante Alternative zur üblichen systemisch inspirierten Parallelorganisation sein könnte. Voraussetzung dafür wäre aber eine viel aktivere und konkretere Gestaltung der Kulturentwicklungs-perspektive.

- Das Konzept der Steuerung erfolgte über ein Phasenkonzept, und der Beteiligungs- und Kommunikationsprozess folgte einem OE-Paradigma. Die Transformationsideen entstanden hauptsächlich innerhalb der Organisation und weniger durch Beratervorgaben.

• Die Kombination von Choreografien aus der Gestaltungspraxis der Fachberatung mit dem OE-Paradigma der Kommunikations- und Beteiligungsfunktion, wie sie die Fallstudie der C. A. M. AG aufzeigt, ist eine interessante Spielart. Wir vertreten die These, dass »Paketlösungen«, Phasenkonzepte und Beratung im Advising-Stil (Expertise einbringen) für das Top-Management angstreduzierend wirken. Die damit verknüpften Masterpläne wirken auf die involvierten Akteure handlungsmotivierend und erzeugen Handlungsdruck. Detaillierte Zeitpläne vermitteln in der Organisation, dass die entwickelten Pläne erreicht werden können. Die Stärken des Phasenkonzeptes der Steuerung liegen in ihrer Dynamisierung von Zeit und im »Framebreaking« durch den Fokus auf radikale Erneuerung. Das Kommunikationskonzept des FOKUS-Projektes der C. A. M. AG hat über die Gestaltung des »Case for Action« einen Dialogprozess im Unternehmen ermöglicht, der Aufmerksamkeit auf den Veränderungsprozess fokussierte. Die Etablierung von Feedback-Schleifen über die Führungskoalitionäre und Buddies ermöglichte eine kontinuierliche dialogische Auseinandersetzung mit dem Veränderungsprozess.

VI. Theorie-Landkarten zur praktischen Gestaltung komplexer Veränderungsprozesse

In diesem Abschnitt stelle ich relevante »innere Landkarten« sowie wichtige Theorie-Metaphern dar, in denen sich für mich das Feld »Organisationsentwicklung« aufspannt und die bereits in den vorhergehenden Kapiteln sichtbar geworden sind. Der Stand der Forschung und meine Erfahrungen bilden den Hintergrund. Die Systemtheorie liefert die begriffliche Abstraktion, und die Organisationsentwicklung schafft die praktischen Bezüge.

Gareth Morgan (1997) beschreibt in seinem Buch *Images of Organization* unterschiedliche Möglichkeiten, über Bilder bzw. Metaphern Organisationen zu charakterisieren und dabei etwas zu sehen bzw. etwas anderes zu verdecken. Er weist dabei auf Vor- und Nachteile einer solchen partiellen Beschreibung von Organisation hin: »Metaphor is inherently paradoxical. It can create powerful insights that also become distortions, as the way of seeing created through a metaphor becomes a way of not seeing« (ebd., S. 5). Die Landkarten sollen helfen, sich im Terrain Organisation und Organisationsveränderung zurechtzufinden – gleichwohl manches dabei verdeckt bleiben wird. K. Weick erklärt die Funktion von »maps« in einer Geschichte in seinem 1995 erschienenen Buch *Sensemaking in Organizations*. Es geht darin um eine ungarische Militäreinheit, die Manöver in den Alpen durchführte und nach einem zwei Tage dauernden Schneesturm noch immer nicht zurückgekehrt war. Am dritten Tag erschienen die Soldaten und erklärten:

> »,Wir glaubten schon, wir wären verloren, und erwarteten unser Ende. Da fand einer von uns eine Karte in seiner Tasche. Das beruhigte uns. Wir errichteten ein Lager, warteten auf das Ende des Schneesturms und stellten anhand der Karte fest, wo wir uns befanden. Und jetzt sind wir zurück.‹ Der Leutnant, der die Einheit losgeschickt hatte, ließ sich diese bemerkenswerte Karte geben und studierte sie gründlich. Zu seinem Erstaunen stellte er fest, dass es sich nicht um eine Karte der Alpen, sondern um eine der Pyrenäen handelte.«

Alle folgenden Landkarten sollen helfen, Wege durch das Land zu beschreiten. *Die folgenden Landkarten verstehen sich als Orientierungshilfen für Change-Vorhaben.*

1. Organisationen – die Spielfelder von Veränderungsprozessen

»Organizations are many things at once« (Morgan 1997, S. 339). Daher ist es für jede Choreografie-Gestaltung wichtig zu klären, auf welchem Terrain man sich bewegt, was man als Berater unter »Organisation« versteht und was typisch für diese eine Organisation ist, mit der man arbeitet.

Es ist merkwürdig: Wir alle sind jeden Tag mit Organisationen und Unternehmen verschiedenster Art konfrontiert – von der Schule über Banken, Bäcker, bis hin zu Universitäten, Industrieunternehmen, öffentlichen Verkehrsbetrieben, kommunalen Einrichtungen, IT-Firmen, politischen Parteien, Sportverbänden und Behörden. Aber welche vielfältigen Phänomene diese Organisationen umfassen, bleibt uns trotzdem weitgehend verborgen. Oder wissen Sie, was in Ihrer Bank alles passiert, was alles beobachtbar wäre?

Wir begreifen hier Organisationen als komplexe Gebilde, die von Menschen zur besseren Bewältigung von Aufgaben und Problemen geschaffen wurden. Organisationen sind so gestaltet, dass sie die Aufgaben und Probleme durch koordinierte Arbeitsteilung von vielen Beteiligten bewältigen. Dadurch entsteht die Notwendigkeit zu entscheiden, zu kommunizieren und zu interagieren.

Da jede Organisation aufgrund ihres spezifischen Zieles (Autos produzieren, Häuser bauen, kranke Menschen heilen oder eine politische Idee durchsetzen) anders an diese Fragen herangeht, sind Organisationen auch sehr unterschiedlich. So spiegeln sowohl Entscheidungsabläufe und auch die besondere Interaktionskultur der Organisationen die charakteristischen Prozesse der Leistungserbringung rund um die Aufgabenerfüllung und auch die Besonderheiten des Produktes wider. Die spezifischen Tätigkeiten in den Prozessen, die Erfolgskriterien, die Qualitätskriterien des Leistungsprozesses bilden den zentralen Bezugspunkt des gesamten Geschehens in der Organisation.[60] So hat eine Bank z. B. eine andere Logik, eine andere Ausstrahlung, eine andere Struktur als z. B. ein Industriebetrieb oder eine Schule oder ein Theater, und sie zieht eine andere Art von Mitarbeitern an.

---

60 vgl. Scala u. Großmann 1997, S. 40; siehe die »Fallstudien« und deren durch die Logik der Arbeit geprägte Struktur und Kultur.

Für Mitarbeiter ist ihre Organisation immer auch ein Stück Lebenswelt, in der sie die meiste Zeit des Tages verbringen. Man trifft dort die Kollegen, mit denen man befreundet oder verfeindet ist. Man arbeitet dort. Man versucht, Ziele zu erreichen oder die Zeit bis zum Feierabend zu überbrücken. In diesem Sinne halten Organisationen Leute beschäftigt,»unterhalten sie bisweilen, vermitteln ihnen eine Vielfalt von Erfahrungen, halten sie von den Straßen fern, liefern Vorwände für Geschichtenerzählen und ermöglichen Sozialisation« (Weick 1985).

Das Zwiebelschalenmodell der Organisation – eine phänomenologische Annäherung

Das Zwiebelschalenmodell[61] der Organisation wurde 2004 gemeinsam mit Thomas Böhm (Prozesswerkstatt) – meinem Freund und Denkpartner – entwickelt. Für uns stand folgende Frage im Mittelpunkt: Was sieht man, wenn man sich einer Organisation bewusst annähert und welche Phänomene offenbaren sich dem Betrachter erst nach und nach, schrittweise?

Das Bild einer Zwiebel entspricht für uns am besten dieser Art der. Ein innerer Kern und Schalen, die ineinander greifen, auseinander hervorgehen und miteinander verwoben sind. Wenn man eine »Organisations-Zwiebel« aufschneidet, dann kann man einzelne Schichten wahrnehmen und beschreiben:

- eine äußere Schale – Artefakte und Sichtbares
- Strukturen und Prozesse, Hierarchien, Policies und Strategien
- Menschen und ihre »psychischen Grundbedürfnisse«
- verwobene Handlungs- und Entscheidungsmuster
- selektive Kulturen – Spiele der Macht und »kollektive Affekte«
- die primäre Aufgabe der Organisation

In der Praxis des Change Management braucht man Klarheit in der Unterscheidung der einzelnen Schichten – auch wenn sie stark ineinander verwoben sind, sich aufeinander beziehen, miteinander

---

61 Dieser Text entstand im Rahmen der Auseinandersetzung mit dem Phänomen des »Analogen« und der Seele der Organisation. Eine ähnliche Fassung wurde von Thomas Böhm und mir für das noch unveröffentlichte Manuskript *Die Seele der Organisation berühren* (2002–2005) verfasst.

korrespondieren und teilweise zueinander in einem Spannungsverhältnis stehen, um die passenden Interventionen planen und setzen zu können.

Sich ein Bild machen – Bilder & Analogien
Stellen Sie sich vor, Sie schneiden eine Zwiebel auf und sehen die unterschiedlichen Schichten vor sich – die äußeren und die inneren –, alle miteinander verwoben...

Zwiebelschalenmodell der Organisation

Das Offensichtliche der Organisation
offizielle Organisation
Artefakte, Symbole
Menschen in Rollen
vision, mission, strategy
Strukturen, Prozesse

»rationale Kräfte«

Das Verborgene der Organisation

Macht- u. Einflussstrukturen
Unternehmenskulturen
Informelle Organisation
Rituale & Ritualisierung
Menschen mit ihren
individuellen Bedürfnissen &
Persönlichkeitsstilen
Zwischenmenschliche
Beziehungen

»irrationale Kräfte«

Stories

Das Offensichtliche der Organisation   © Gerhard Hochreiter, Thomas Böhm 2004

Die äußere Schale: Artefakte und Sichtbares, die auf die primäre Aufgabe verweisen

Die äußerste Schale wird durch die kulturellen Artefakte und Symbole gebildet. Damit meinen wir Gebäude, Räume, Produkte, die »Corporate Identity«, Beschreibungen der Organisation in Broschüren oder im Internet, Werbebotschaften, Uniformen, Logos u. v. m. Diese Schale weist schon auf den innersten Kern, die primäre Aufgabe der Organisation, hin – Autos bauen, Unternehmen beraten oder Häuser planen.

Diese Schicht ist quasi das »Kleid« der Organisation, gleich der äußersten Zwiebelschale. Sie wird uns angeboten, ja vor Augen gehalten mit der Botschaft: »Das sind wir, so sind wir.« Und gleichzeitig wissen wir, dass diese Schicht nur Äußerlichkeit ist, die quasi abgeschält werden muss, um zum eigentlichen Teil der Zwiebel zu kommen. Für uns ist diese Schicht aber auch interessant, weil auf diese Weise viele Geschichten über die Organisation vermittelt werden, wir dadurch sehen, wie sich die Organisation selbst sieht, sehen oder gesehen werden möchte. Und sie ist der erste Eindruck, das erste Sichtbar-Werden, der darunter liegenden Schichten.

Strukturen und Prozesse, Hierarchien, Policies und Strategien

Der nächsttiefere wahrnehmbare Teil umfasst die Aufbau- und Ablaufstrukturen, Prozeduren, Geschäftsprozesse bis hin zu Maschinenparks und auch die Policies des Unternehmens. Organisationen versuchen Aufgaben und Probleme durch koordinierte Arbeitsteilung zu bewältigen. Dadurch entsteht die Notwendigkeit zu entscheiden, zu kommunizieren und miteinander zu interagieren – wie auch Verantwortlichkeiten bis hin zu Hierarchien festzulegen und zu gestalten. Jede Organisation ist immer auch ein Schatz von »eingefrorenen« Lösungen; von früher getroffenen Entscheidungen, die sich in der Struktur gewandelt haben. Sie fungieren intern als Erwartungsverdichtungen und sind damit ein Mittel zur Reduktion der Komplexität. Man kann als Mitarbeiter erwarten, dass so oder so entschieden bzw. gehandelt wird. Und dies am Montag genauso wie am Freitag.

In dieser Schicht wird das, was man gemeinhin mit Organisationen verbindet, sichtbar: die logische, analytische, strukturierende und objektivierende Kraft, mit der wir versuchen, die unheimliche Komplexität von Organisationen, ihren Aufgaben und ihren Umwelten zu trivialisieren und damit lenkbar zu machen. Dies ermöglicht das Aufrechterhalten der Fiktion der Berechenbarkeit und Kontrollierbarkeit und gibt den Managern und Mitarbeitern Sicherheit im Tun.

Hier wird die Strategie formuliert. Es werden Strukturen und Geschäftsprozesse festgelegt. Es wird dementsprechend gehandelt. Es wird beobachtet, analysiert, bewertet, kalkuliert, gemessen, budgetiert, Planzahlen festgelegt. Hier spielt sich unter unseren Augen der Organisationsalltag ab: Verlässlichkeit, Widerholung, sachliche Diskussionen, Verhandlungen, Entscheidungen, Leitsätze, Erklärungen, Zahlen, Daten, Fakten, Strukturen, Prozeduren, Ziele und Vorgaben. Dieser Schicht begegnen wir tagtäglich in den Handlungen der Mitarbeiter und Führungskräfte, sie wird auch sichtbar in den Unterlagen des Unternehmens, in Konferenzen und Meetings und auch in den Diskussionen in der Pause.

Die inneren Schalen und der Kern der Zwiebel – das Verborgene der Organisation

Wir vertreten hier die Hypothese, dass den äußeren Schalen der Organisation, dem »gut definierten System«, der logischen Seite der Organisation, ein »schlecht definiertes« System gegenübergestellt ist.[62] Dieses wird im Managementalltag sichtbar durch uns unbekannte Zustände, scheinbar »verrückte Handlungen« einzelner Führungskräfte, unbekannte Übergangswahrscheinlichkeiten und Instabilitäten. Bestimmte Menschen, manche getroffene Entscheidungen oder Ereignisse hinterlassen einen Bodensatz an Emotionen und »selektiven Kulturen« in der Organisation, die nachwirken. Das grundlegende Kennzeichen einer Organisation – im Gegensatz zu anderen sozialen Gebilden – ist das kontinuierliche Treffen von Entscheidungen. Organisieren ist immer auch gekennzeichnet durch Prozesse von ineinander greifenden Kommunikationen[63] und damit verwobenen Verhaltensweisen, die letztlich immer auch Entscheidungen beeinflussen. Auf der Seite des »gut definierten Systems« werden die Entscheidungen der Hierarchie, guten Analysen und Diagnosen zugeschrieben. Dies trifft ja auch zu. Aber: Auf der anderen Seite mischen Machtstrukturen und Mikropolitik, »selektive Kulturen« und auch speziell die Affektlogiken intensiv mit. Organisationen sind für uns trotz ihrer Inanspruchnahme durch »Fakten, Zahlen, Objektivität, Konkretheit, Verantwortlichkeit in Wahrheit voll von Subjektivität, Abstraktionen, Rätseln, Erfindungen und Willkür« (Weick 1985). Wir meinen im Anschluss an Karl Weick, dass diese Emotionalität, diese Intransparenz, diese Beweglichkeit und Lebendigkeit als Kennzeichen des Unfassbaren im Prozess des Organisierens sichtbar werden. Damit werden laufend Unberechenbarkeit und Unvorhersehbarkeit in das Netz der Entscheidungen[64] gebracht – Entscheidungen werden notwendig. Das Unsichtbare, die »irrationale Kraft« beeinflussten –

---

62 Dirk Baecker verweist in seinem Aufsatz »Unternehmenskultur und Management« auf den Kybernetiker und Psychologen Neville Moray (1984) hin, der untersucht hat, worin die Problemlösungsfähigkeiten eines Menschen bestehen. Er hat nach D. Baecker dabei festgestellt, dass wir in der Lage sind, das best-definierte System (definiert durch Bekanntheit seiner Zustände, Bekanntheit der Übergangswahrscheinlichkeit zwischen diesen Zuständen und Stabilität der Zustände) im Handumdrehen in ein schlechtdefiniertes System zu verwandeln, in dem nichts mehr erwartungsgemäß funktioniert, weil wir Varianzen unterschätzen, zu wenig Daten berücksichtigen, auf unseren Hypothesen bestehen oder auch nur, weil wir uns *langweilen*. Parallel dazu sind wir jedoch in der Lage, schlechtdefinierte Systeme (definiert durch unbekannte Zustände, unbekannte Übergangswahrscheinlichkeiten und Instabilität) in gutdefinierte Systeme zu verwandeln, weil wir durch deren Rauschen und Zufälligkeit, durch deren Ultrastabilität (also Unempfindlichkeit gegenüber Eingriffen), durch das Verschwinden und Wiederauftauchen von Zuständen, durch ihre Intelligenz und Feindseligkeit herausgefordert werden.
63 Kommunikation von Entscheidungen und darüber hinausgehende Kommunikation unter Anwesenden
64 Wir verstehen mit Luhmann Organisation als autopoietische Kommunikation von Entscheidungen.

teilweise unbemerkt – das Organisieren, das Führen und das Treffen von Entscheidungen.

Kennen Sie nicht auch Organisationen, die aufgrund von anstehenden Veränderungen, die rational alle analysiert und entschieden sind, »wie gelähmt« wirken, wo jegliche Energie verloren scheint? Kennen Sie nicht auch Firmen, die durch einen kleinen Erfolg und die Freude darüber einen längst tot geglaubten Markt erobern konnten? Hier begegnen wir in der Praxis dem Teil der Organisation, der einer Eigenlogik folgt, der Regeln unterläuft und quasi »emotional« reagiert.

Die Menschen der Organisation mit ihren »psychologischen Bedürfnissen«

Eine weitere Schale der Organisationszwiebel sind die sie prägenden Menschen. Personen beeinflussen mit ihrem Know-how, ihrem Verhalten, ihren speziellen Eigenarten, ihrem persönlichkeitstypischen Verhalten, ihrer Intuition und ihrer Erfahrung die Interaktionsdynamiken und Entscheidungen in Organisationen. Die Organisation nutzt die unternehmerischen Energien von Personen zu ihren Zwecken: Durch ihr Handeln färben die handelnden Personen die Strukturen und Strategien und beleben z. B. Verkaufsstrategie mit Handlungen.

Personen sind laut dem Soziologen Dirk Baecker der »Joker« jeder Organisation. Der Mensch ist als solcher »Joker« nicht nur als »Funktionär im Dienst von Zweck und Mittel und auch nicht nur als Unruhefaktor und Garant der Selbstreferenz (›Interesse‹) einzusetzen, sondern in seiner Fähigkeit, Wahrnehmung und Kommunikation aufeinander zu beziehen und aus ihnen Formen zu gewinnen, Ideen, Vorschläge, Rücksichten und Fluchtpunkte, mit denen andere gewonnen werden und mit denen weitergearbeitet werden kann« (Baecker 2003). Darüber hinaus prägt vor allem das »innere Theater« – frühkindlich geprägte Bedürfnisse, innere Antreiberdynamiken und Persönlichkeitsstile – das Verhalten von Personen. Wie auf einer Theaterbühne stehen die unterschiedlichen Strebungen und Ziele einer Person, aber auch die inneren Leitbilder – Repräsentanten wichtiger Personen aus der Vergangenheit oder Gegenwart – in Beziehung zueinander. Äußere Einflüsse wirken als Impulse für das »innere Theater«. Sie mobilisieren die inneren Skripte und bringen sie zur Aufführung. Äußere Anlässe wie z. B. eine Aussage einer Person, Schwierigkeiten beim Lösen einer Aufgabe lösen innerhalb der Person sowohl eine bewusste als auch unbewusste »Aufführung auf der inneren Bühne«

aus – wie z. B. »Du löst eine Aufgabe nur, indem du es immer allen recht machst«. Das Ergebnis der Aufführung des »inneren Theaters« wird dann als Handlung im Hier und Jetzt sichtbar. So laufen kontinuierlich Parallelprozesse ab – auf der »inneren Bühne« der Person und im sozialen Miteinander im Hier und Jetzt. Im Organisationsalltag erscheinen uns als Beobachter manche Handlungen der »rationalen Führungskräfte« sehr irrational und teilweise sogar verrückt. Für sich genommen sind diese Handlungen aber für das Individuum in Bezug auf ihr persönliches »Need-System« ausgesprochen rational. Manfred Kets de Vries, ein international anerkannter Berater und Professor an der Business School INSEAD, geht sogar so weit, dass er sagt, dass die Art des vorherrschenden Leadership, die Ausformungen der Unternehmensstrategien, die gelebten Strukturen des Unternehmens insbesondere durch das von Bedürfnissen geprägte Verhaltensrepertoire von Schlüsselpersonen im Sinne von »unsichtbaren« psychologischen Dynamiken mitgeprägt und mitgeformt werden. Diese Schlüsselpersonen können sowohl Top-Manager als auch Mitglieder einer die Richtung der Organisation prägenden Core-Group (Kleiner 2005) sein. Durch den handelnden Menschen entstehen in der Organisation Unsicherheit, Irritationen, Unklarheit, Uninformiertheit und auch Emotionen. Daher benötigen Organisationen immer wieder Entscheidungen und kontinuierlichen Kommunikations- und Abstimmungsbedarf.

Wie sehr bestimmte Personen Erfolge produzieren bzw. wie einzelnen Personen solche Ergebnisse zugeschrieben werden, darüber erzählen organisationstypische Heldengeschichten oder auch Verlierer-Stories.

Verwobene Handlungs- und Entscheidungsmuster

Eine weitere Schale unserer analogen Organisations-Zwiebel sind die dynamisch miteinander verwobenen Netze von Handlungen und Entscheidungen. Das Grundlegende jeder Organisationen ist Kommunikation. Was heißt das?

Eine Organisation entwickelt sich und gestaltet sich jeden Tag aufs Neue durch Prozesse von ineinander greifenden emergenten[65] Kom-

---

65 Emergenz ist nach Luhmann (1984) nicht einfach »Akkumulation von Komplexität, sondern Unterbrechung und Neubeginn des Aufbaus von Komplexität« (S. 44). Der systemtheoretische Begriff Emergenz verweist auf das Auftauchen neuer, zumeist höherer oder komplexerer Eigenschaften eines Systems. Sie dient der Komplexität als Struktur. Eine emergente Ordnung ist bedingt durch die Komplexität der sie ermöglichenden

munikationen, Entscheidungskommunikationen und Verhaltensweisen von mehreren Personen. Aus unserer Sicht spiegelt Organisation immer auch die Geschichte ihrer getroffenen Entscheidungen[66], ihrer eingespielten Interaktionsmuster, ihrer prägenden Personen und die Geschichten, die im Unternehmen kursieren. Kommunikationen und Handlungen manifestieren sich in bestimmten Strukturen und Mustern. Manche dieser Strukturen werden sichtbar (z. B. die formale Organisation, IT-Strukturen, viele Verhaltensmuster, Markierungen bzw. Symbole von wirtschaftlichem Handeln (Buchhaltung, Bilanzen, BSC), Rituale). Manche Strukturen sind teilweise tabuisiert (z. B. Macht, Vorlieben), andere Strukturen regeln das Zusammenspiel im Verborgenen (z. B. bestimmte Organisationsmuster, manche Dogmen, Normen).

Organisation bezeichnet als Begriff eine Differenz – die Differenz der Kommunikation von Entscheidungen (dem kontinuierlichen[67] Treffen von Entscheidungen und Meta-Entscheidungen) und von Kommunikation unter Anwesenden (Interaktion zwischen den Mitarbeitern untereinander und auch mit Kunden im Rahmen der Organisation). Organisation und bezeichnet damit zwei Ebenen: die, die notwendig ist, um als Organisation Entscheidungen zu produzieren, und die Ebene der Handlungen, die daneben sonst noch möglich sind und den Entscheidungsprozess beeinflussen. Interaktion als die zweite Seite der Differenz bestimmt sich innerhalb der durch Entscheidungen und Struktur aufgespannten Spielräume durch kommunizierende und handelnde Personen. An den Knotenpunkten der Interaktionsmuster stehen handelnde Personen – mit aller Emotionalität und prägenden Persönlichkeitsstilen. Die Interaktionsdynamik der handelnden Personen umfasst dabei alle möglichen Kommunikations- und Handlungsmuster wie Handlungsroutinen, Tratsch, bestimmte Rituale (Initiations-, Essensrituale, Meetingablauf), Machtkämpfe, Mikropolitik, Flirts, Freundschaft, Feindschaft und Spaß.

Systeme, die aber nicht berechnet, kontrolliert oder gesteuert werden können (ebd., S. 157 f.). Emergente Ordnungen sind in diesem Sinne kontingent – es gibt keine basale Zukunftsgewissheit und keine darauf aufbauenden Verhaltensvorhersagen (vgl. ebd., S. 157).

66 Organisation ist für uns eine Differenz – die Differenz von Entscheidung und Interaktion: Mit Niklas Luhmann verstehen wir Organisationen als das Ergebnis der Autopoiesis der Kommunikation von Entscheidungen. Und auf der anderen Seite stehen alle möglichen Interaktionen: von Streit über Freundschaften bis hin zu Karriereplänen, humorvollen Impulsen, Tratsch etc.

67 systemtheoretisch: autopoietische Entscheidungskommunikation

»Selektive Kulturen – Spiele der Macht und »kollektive Affekte«
Spiele der Macht

B. Pesendorfer (1983) beschreibt die Organisation als Netzwerk interagierender Gruppen, immer in der Konfliktdynamik zwischen Organisation als limitierendes System und den Gruppen als ursprünglichste Sozialform. Auf dem Marktplatz der Organisation kämpfen und verhandeln die unterschiedlichen Gruppen (Stämme, »tribes«) um die Verteilung knapper Ressourcen, die Realisierung bestimmter Interessen und Verhinderung anderer Interessenlagen. Damit umfasst Organisation in einem weiteren Sinne auch die Ausdifferenzierungen von Gruppen als bestimmte »tribes« (Stämme), mit bestimmten Kulturen, Normen, Sprachregelungen, offensichtlichen und heimlichen Zielen innerhalb der Organisation. Sichtbar werden diese »tribes« unter anderem im Rahmen von Positionskämpfen und Kampf um Territorien (z. B. Büros, Kunden, Geschäftsfelder) und Status. Organisationen scheinen an der Oberfläche wie zweckrationale, strikt an ökonomischen Effizienzkriterien ausgerichtete Felder. Sie sind insbesondere aber Arenen mikropolitischer Aushandlungsprozesse und Kämpfe um Macht. Es geht immer auch um Einfluss, Status und das Streben, seine frühkindlich geprägten Bedürfnisse zu befriedigen.

Während in der zweiten Schicht die definierten Hierarchien – zum Beispiel in Organigrammen – zu finden sind, spiegelt sich hier auch die »wirkliche«, die gelebte Hierarchie wider. Damit meinen wir die sich ständig verändernden informellen Beziehungen, Loyalitäten, Senioritäten und andere Kräfte, die die Beziehungen untereinander wesentlich vielgestaltiger machen, als es ein Organigramm jemals beschreiben wird können. Dazu gehören auch die Spiele der Macht (Mikropolitik), die nicht nur Selbstzweck sind, sondern oftmals – mangels Alternativen – die informelle und archaische Weise sind, wie Organisationen sich ordnen, wie sie Entscheidungen treffen, wie die Organisation in Bewegung bleiben kann. Die Machtstrukturen, die sich so entwickeln, sind oftmals wesentlich wirksamer als die formalen Strukturen, wenn auch nicht so statisch und auf Dauer angelegt.

Man weiß in einer Organisation meist sehr schnell, was gesagt und getan werden darf und was nicht, wo man Informationen bekommt, wer für bestimmte interne Machtpositionen die besten Voraussetzungen hat, welche Handlungen belohnt werden und welche zu Streit führen können, was in der Vergangenheit richtig war. All dies prägt eine Organisation, auch wenn die handelnden Akteure wechseln.

Organisationen operieren auf der Basis einer Vielzahl von inkonsistenten und sich zufällig entwickelnden Präferenzen und vielen Widersprüchlichkeiten. Die »offiziellen« Entscheidungsspielräume bestimmen das Feld des Möglichen: das, was überhaupt möglich ist innerhalb einer Organisation und auf der Hauptbühne nach außen dargestellt wird. Die unter der Oberfläche agierenden »selektiven Kulturen« entscheiden für die »offiziellen Spielräume« über Thematisierungschancen, Durchsetzung von Alternativen bzw. Entscheidungen. Die »selektiven Kulturen« legen damit fest, was in der Organisation, im Unternehmen getan werden kann (und soll), wo Prioritäten gesetzt werden, was Präferenzen sind und was belohnt wird (Pelikan 1994b). Sie steuern folglich das Handeln und das Verhalten der Organisationsmitglieder. In dem Maß, in dem sich die Wirkungen formaler Struktur verringern bzw. das Umfeld (Markt) Dynamik und Schnelligkeit einfordern, gewinnen »selektive Kulturen« als Erwartungsstrukturen an Bedeutung für Regelungen und Normierungen in Organisationen. Dies bedeutet, dass die hierarchisch gestützte Unterscheidung »oben-unten«, »Ober sticht Unter« weicheren Regulatoren weicht und sowohl Erwartungen als auch Entscheidungen sich an anderen Impulsen orientieren. Diese weichen Regulatoren sind an bestimmte Personen, die prägenden Bedürfnissysteme Einzelner, an den gerade vorherrschenden Denkstil und überdies an bestimmte – teilweise archaische – Rituale geknüpft. Ein Steuerungsmedium der »selektiven Kulturen« ist Macht. Nach Crozier u. Friedberg (1979, S. 43) ist Macht die Fähigkeit von Akteuren, Ressourcen – wie Expertenwissen, Beziehungen, Kontrolle von Informations- und Kommunikationskanälen sowie die Nutzung von Organisationsregeln – für die eigenen Interessen zu mobilisieren. Metaphorisch gesprochen meint es, die Trümpfe im Spiel zu nutzen. Situationen in Organisationen werden immer auch durch informelle Absprachen, mikropolitische Wettkämpfe und Machtspiele gefärbt.

Strukturen oder Hierarchie kann kaum verhindern, dass Sekretärin A mit dem Mitarbeiter B beim Mittagstisch darüber diskutiert, wie ein Problem zu lösen wäre, wie man präferierte Lösungsalternativen dem Chef schmackhaft machen kann und welche Mittel man einsetzen wird, um den Chef zu überzeugen. Dass solche und ähnliche Mittagessen neben »rationalen« Entscheidungen auch Auswirkungen auf das Unternehmen haben können, wird kaum jemand bezweifeln.

»Kollektive Affekte«

Diese weichen »inoffiziellen« Regulatoren, die in Summe die »selektiven Kulturen« ausmachen, sind eng an organisationale Affektlogiken gekoppelt. Darunter verstehen wir[68] die dynamische[69] und nicht lineare Verknüpfung von Fühlen, Denken und Verhalten der Organisation, das sich zu einem handlungsbestimmenden Fühl-Denk-Verhaltensstrom entwickelt hat. Firmen – aber auch kurzlebige Interaktionsgruppen in z. B. einem Café – prägen besondere affektiv-kognitive Eigenwelten aus. Emotionen beeinflussen das »kollektive« Denken und Handeln in der Organisation. Sie lenken die Wahrnehmung und Aufmerksamkeit auf Bestimmtes und schließen anderes aus. Dadurch regulieren sie das Alltagsverhalten, Entscheidungssituationen, aber auch Führungshandeln. Wer kennt nicht die soziale Bindungskraft von gemeinsam geteilten und erlebten Gefühlen? Wer kennt nicht die Einschränkung der Sichtweisen und Handlungsalternativen bei intensiver Wut oder auch bei junger Liebe? Kollektive Affekte stehen im Dienst der selektiven Kulturen und mobilisieren und strukturieren sowohl Kommunikation als auch Entscheidungen in Organisationen. Archaische Gefühle (wie Hass, Trauer, Wut, Angst bzw. Liebe, Interesse, Neugier, Lust) sind emotionale Erscheinungen, die, von der Evolution beeinflusst, bestimmte Energiemuster mit entsprechenden Verhaltensmustern ausgebildet haben. Kollektiv werden diese Affekte, wenn die gemeinsame emotionale Gestimmtheit zumindest eine Minderheit in der Organisation anspricht und auf Individuen rückwirkt – ein Fühl-Denk-Verhaltensstrom sich auszubreiten beginnt und die Organisation in all ihrem Gestalten und Entscheiden zu beeinflussen beginnt.

Die primäre Aufgabe

Der Kern der Zwiebel ist die »primäre Aufgabe«, die gleichzeitig ihre Ursache und auch ihr Existenzgrund ist. Diese spiegelt die Erstentscheidung, den Gründungs- bzw. Umgründungsakt jeder Organisation wider. Organisationen sind in hohem Maße durch ihre besondere Aufgabe und ihre Inhalte beeinflusst. Zudem manifestieren sich hier Persönlichkeitsmuster der Gründerpersönlichkeit die weit über das

---

68 im Anschluss an Luc Ciompi (1997)
69 Affektlogiken sind emergente Phänomene.

Leben und Wirken von Einzelpersonen ihren Niederschlag haben und die Organisationskultur prägen. Darüber hinaus entstehen hier die Gründungsmythen, die Organisationen nachhaltig beeinflussen. Durch die besondere Logik der Arbeit werden die Struktur und auch die Kultur in einer Organisation geprägt. Firmen bzw. Organisationen gewinnen ihre spezifische Art der internen Strukturierung, Prozessgestaltung, Regelungen durch die Charakteristika der Leistungen, die sie für ihre Umwelt zur Verfügung stellen – Autos produzieren, Brötchen backen, unterrichten. DaimlerChrysler vs. Bäckerei Huber vs. Volksschule Stuttgart.

Dies erzeugt den großen Unterschied, auf welcher Basis, mit welcher Grundlogik in der Organisation gehandelt, strukturiert, gedacht, geführt und entschieden wird.

Zwei Phänomene entlang der Schichten: Spirit und Stories

Entlang dieser unterschiedlichen sechs Schichten sind zwei Phänomene in unterschiedlichsten Ausprägungen und Formen wahrnehmbar: »Spirit« als der organisationstypische Energiefluss sowie Geschichten und auch Mythen, die im Unternehmen immer wieder erzählt werden:

Stories als narrative Identitätskonstruktion von Gemeinschaften

Es bilden sich in der Organisation im Laufe ihrer Historie unterschiedlichste Geschichten, Alltagserzählungen, kuriose Stories und Mythen heraus, über die sich die Organisationswelt inszeniert. Unternehmenskultur manifestiert sich über die Summe der vielen Geschichten, die man sich in der Organisation erzählt. Das wesentlichste Vehikel zur (Re-)Produktion von Sinn, Identität und Verbindlichkeit in Organisationen sind Stories, die durch ständige Interpretation und Verdichtung des Erlebten entstehen: Gründungsgeschichten, Heldengeschichten, Abenteuergeschichten, Misserfolgsstories, humorvolle Erzählungen, Episoden und Anekdoten. Sie alle tragen zum gemeinschaftlichen »Sensemaking«, zur Sinnstiftung, und auch zur emotionalen Verankerung von Sinn bei. Um es mit den Worten von Karl Weick (1990) zu sagen: »What is necessary in sensemaking is a good story.«

Der Gründungsmythos z. B. erzählt, warum es eine Organisation überhaupt gibt. Was ihre ursprünglichen Ziele und Ideale sind, was der eigentliche Existenzgrund war und meist noch immer ist. Er liefert aber auch die Begründung für strukturelle Eigenheiten der Organisation, für den Ursprung bestimmter Routinen und bestimmter Handlungsmuster der Akteure der Organisation. Die Gründungsgeschichte wird immer wieder im Unternehmen rezitiert, wodurch sehr viel Wissen über die Muster der Organisation vermittelt wird. So wie die Geschichte über Steve Jobs und Apple. Steve Jobs wollte einen einfachen, leicht zu bedienenden Computer bauen. Da er vorerst nicht über ausreichend Mittel verfügte, begann er, seine Idee in seiner Garage umzusetzen. Fünf Jahre später hatte Apple bereits tausend Mitarbeiter. Die Grundidee, einen einfachen PC zu entwickeln, und die unternehmerische Kraft »aus der Garage« sind noch immer eine treibende Energie des Unternehmens. Die Story kursiert nach wie vor im Unternehmen und wird in vielen Interviews mit Vertretern von Apple sichtbar.

Dadurch, dass alle diese Geschichten und Episoden viel Wissen über die Geschichte, die inneren Strukturen, über Ursachen, Motive und Befindlichkeiten der Organisation transportieren und neu beleben, nähren sie den Spirit der Organisation. Geschichten sind seit jeher ein Mittel, das Bestehende, das Wertvolle mit dem Neuen, dem Unbekannten in eine Beziehung und in eine gemeinsame Form zu bringen. In eine Form, an die Menschen anknüpfen und die sie sich einfühlen und eindenken können. Erzählen ist eine Form des Verbindens und Verknüpfcns und Sich-in-Beziehung-Setzens. Über Stories entstehen Beziehungen und Gemeinschaften. So wird der gemeinsame Energiefluss durch die Kraft des Erzählens sichtbar und sowohl in als auch an Stories gebunden. Geschichten tragen wesentlich dazu bei, die Gemeinschaft zu stärken und neue Mitarbeiter in diese Gemeinschaft mit ihren Werten und Standards zu integrieren. Es entsteht ein tragfähiges Netz zwischen denen, die die Geschichte erzählen, denen, die sie hören, bzw. denen, die die Story weitererzählen und interpretieren. Menschen, die eine Gemeinschaft bilden, teilen die gleichen Bilder, Geschichten und Erzählungen.

Spirit – der organisationstypische Energiefluss
In der Organisation entwickelt sich im Kontext von Zwecken, Entscheidungen, Interaktionen und im Zusammenspiel von Emotionen, rationalen Plänen und Intuition ein organisationstypischer Energiefluss. Die Gedanken und Handlungen folgen dieser Energie.

Wir nennen diesen Energiefluss im Anschluss an H. Owen »Spirit«[70] und sehen ihn als ein sehr relevantes Element jeder Organisation und jeden Teams. »Alles beginnt mit Spirit, der sich (...) als das Business zeigt, das wir betreiben« (Owen 2001, S. 56).

Für Spirit gibt es keine Erklärung, man kann nur erkennen, ob er da ist, oder ob er fehlt – sei es in Organisationen, in der Fabrikhalle, in Teams, in Bands, in Projekten, auf der Vorstandsetage. Mit Spirit in der passenden Qualität, Quantität und Richtung sind die Dinge im Fluss, ist alles möglich. Das Verkaufen gelingt wie von selbst, die IT-Software programmiert sich wie von alleine, das Zusammenspiel eines Teams klappt hervorragend.[71] »Wunderbare Dinge scheinen zu geschehen, wenn Spirit da ist, und in seiner Abwesenheit scheint sich nichts abzuspielen« (Owen 2001, S. 14).

Paul McCartney, Bassist der Beatles, beschreibt den Spirit der Beatles so: »Es war für John (Lennon) und mich üblich, ins Studio zu gehen, wo wir George (Harrison), Ringo (Starr) und George Martin (den Produzenten) trafen. Wir spielten einen Song, den wir meistens in der Woche zuvor geschrieben hatten, einfach vor. Das dauerte fünf Minuten, eventuell wollte George Martin ihn noch mal hören, dann brauchten wir zehn Minuten. Danach sagte Ringo: ›Okay, ich weiß, was ich spiele‹ und George sagte: ›Ich nehme die oder die Gitarre‹, wir spielten eine halbe Stunde, und das Stück war fertig.«[72] Paul McCartney beschreibt damit sehr deutlich die Energie und produktive Kraft der Band.

Mit Matthias zur Bonsen[73] meinen wir, dass Spirit:

1. eine *Quantität* ausdrückt: Der Spirit einer Organisation kann kraftvoll sein oder kärglich.
2. eine *Qualität* beschreibt: Spirit im Sinne des Geistes oder der Kultur einer Organisation, die viele Färbungen annehmen kann.

---

70 Die Weltreligionen haben eine wesentliche Gemeinsamkeit: die universale Schöpferkraft. Verschiedene Bezeichnungen wurden der Quelle allen Seins seit jeher gegeben. Die Christen nennen sie »Wort« (»Am Anfang war das Wort, und das Wort war bei Gott, und Gott war das Wort.« Joh.), die Hindus »Nad«, die Moslems »Kalma«, die Zaroastrer »Sraosha«, die Buddhisten den »Flammenden Ton« oder »Tönendes Licht«, die Sikhs »Naam« oder »Shabd«, die Sufis »Bang-i-Asmani«, die Theosophen »Stimme der Stille«.
71 Anmerkung: Ein ähnliches Phänomen beschreibt Czikczentmihalyi mit dem »Flow-Zustand« als Glückserleben Einzelner.
72 brand eins »Kooperation« 2002/02
73 Matthias zur Bonsen (2000) und unter http://www.all-in-one-spirit.de/all/matthias. htm (April 2002) und auch Peter Bauer 2002 in einem persönlichen Gespräch.

Der Spirit einer Organisation kann nicht in der Bilanz als Aktivposten verbucht werden, kann nicht in eine Organisation hineingetragen werden oder gezielt kreiert werden. Man kann aber sehr viel dazu tun, dass Spirit entsteht, dass er fließen und sich entfalten kann. Oder im Gegenteil, man kann den Spirit so lange behindern, bis er keine Quelle mehr hat und gänzlich verschwindet.

 **Quer-Denker:**

Andere Landkarten, die Organisationen auch als emergente komplexe eigendynamische Felder zeigen (kein Anspruch auf Vollständigkeit):

Küpper und Ortmann (1988) beschreiben Organisationen als Arenen für mikropolitische Kämpfe und diverse Spiele um Macht, Einfluss und um die Realisierung von Interessen. Organisationen schaffen Möglichkeitsräume für mehr oder weniger offen deklarierte Auseinandersetzungen zwischen den Akteuren um Chancen zur Verwirklichung eigener Ziele bzw. Interessen. Aus diesem Blickwinkel geht es um Macht- und Einflusskonstellationen in Organisationen.

Crozier u. Friedberg (1977) beschreiben Organisation als Ergebnis einer Reihe von Spielen. »Das Spiel« erscheint so als grundlegendes Instrument kollektiven Handelns, das die Menschen erfunden haben, um ihre Zusammenarbeit und die damit unweigerlich verbundenen Macht- und Abhängigkeitsverhältnisse zu strukturieren und zu regeln und sich dabei doch ihre Freiheit zu belassen« (S. 4). Die »Spieler« beziehen ihre Macht aus der Beherrschung von Zonen der Ungewissheit.

Gareth Morgan (1997): Die Metapher »Organisation als Kultur« weist zum einen auf die ethnozentrischen Besonderheiten in Organisationen und ihre Bestimmtheit durch die Gesellschaft. Zum anderen beleuchtet sie die Unterschiede in der Sprache, Normen, Werten zwischen und innerhalb von Organisationen.

2. Ausgewählte Thesen zur Unmöglichkeit der Gestaltung von komplexen Veränderungsprozessen

Beratung ist die Kunst, in einem grundsätzlich unbeherrschbaren, komplexen Feld (Organisationen) kalkulierbare Wirkungen erzielen zu wollen. Sich den Herausforderungen der Beratung zu stellen, bedeutet zunächst zu klären, welche Chancen und Risiken, welche Möglichkeiten und Restriktionen im Feld der Organisationsveränderung liegen: *»Vor der Frage: Was können wir tun?, muss der Frage nachgegangen werden: Wie müssen wir denken?«* (Josef Beuys).

Im Folgenden biete ich Thesen an, die Möglichkeiten aufzeigen, wie man Beratung und Veränderung inspiriert durch Systemtheorie und Komplexitätsforschung auch betrachten kann. Zudem versuche ich, die Schwierigkeiten aufzuzeigen, mit denen Beratung und Organisation in der Praxis konfrontiert sind, wenn es um »gezielte Veränderung« geht.

These 1: Die Fähigkeit der Organisation, ihre Identität zu bewahren, und auch deren komplexe Eigendynamiken setzen gezielter Beeinflussbarkeit von Unternehmen klare Grenzen.

Die etablierten Austauschprozesse mit den relevanten Umwelten (vom Markt bis zur Konkurrenz, zu Partnern, zu technologischen Vorgaben, rechtlichen Bestimmungen, politischen Veränderungen) erzeugen die Irritationen, auf die die Organisation mithilfe von Komposition und Dekomposition kontinuierlich reagiert. Bei der Fortführung des Routinegeschäfts einer Organisation sind daher stets kleine Änderungen an der Tagesordnung. Dies bedeutet, dass Organisationen immerwährend »im Fluss« sind und sich permanent verändern, damit sie gleich bleiben können. Sobald eine Organisation durch den Prozess der Ausdifferenzierung auf eine sich selbst entwickelnde, identitätsstiftende Geschichte zurückblicken kann, prägt sie kommunikative Routinen, bestimmte Handlungsmuster und Regelwerke aus, die das Zusammenspiel im Inneren und mit ihren relevanten Umfeldern steuern und bestimmen. Durch Strukturbildung rund um die spezifischen Ziele entwickeln Organisationen einen selektiven Blick auf ihr Umfeld. Sie entwickeln hohe Sensibilität für Bestimmtes und eine ausgebildete Insensibilität für alles Übrige. Kühl (1994, S. 24) stellt Organisationen als soziale Gebilde dar, die »ein Faible für Sicherheit und Gewissheit« haben. So interessiert sich eine Trainingsfirma kaum für die technischen Möglichkeiten, Autositze kostengünstiger in die Chassis einzubauen. Dieses hohe Maß an Selektivität ist funktional, weil sich eine Organisation nur so gegenüber ihrer Umwelt abgrenzen kann. Ein Sicherstellen von »dynamischer Stabilität" (vgl. Luhmann 1995) in Bezug auf die Zumutungen aus der Umwelt ist eine Garantie der Überlebensfähigkeit von Organisationen. So müssen Unternehmen auf Kunden-Zumutungen reagieren, um erfolgreich zu sein.

Würde eine Organisation auf alle Zumutungen von innen oder außen reagieren, würde sie im Chaos wechselnder Konstellationen zerfließen. Es ist die Weisheit der Praxis des Organisierens, vieles auch nicht anzunehmen, was von außen (z. B. durch einen Beratungsprozess, durch Kundenanforderungen) oder von innen (einem Manager) zugemutet wird. Jederzeitiges Lernen, andauernde Anpassung an alle zugemuteten Impulse würde zu einer Dauerbeschäftigung der Organisation mit sich selbst und zur Auflösung der Organisation führen. Die Organisation müsste letztlich auf alles und jedes reagieren. Organisationen bilden im Laufe ihrer Entwicklung eine Identität heraus, die sie »wertkonservativ« (Heintel u. Krainz 1992) verteidigen. Lernprozesse von und in Organisationen treffen auf ein systemeigenes »Immunsystem« der Organisation. Dieses Immunsystem fungiert als Systemabwehr und wird als »Widerstand« gegen das Neue, gegen Veränderung, gegen Ungewisses sichtbar. Das gewohnte Verständnis der Organisationswirklichkeit wird in Frage gestellt bzw. greift nicht mehr – eine neue Sichtweise steht noch nicht zur Verfügung bzw. das Neue funktioniert noch nicht so reibungslos.

Alles gestaltende Handeln (sei es Management, sei es Beratung) ist Handeln unter Risiko: Gregory Bateson verweist auf die Herausforderung dieser Komplexität und Eigendynamik, indem er auf folgende handlungsrelevante Differenz aufmerksam macht: »It makes a difference if you kick a stone or a dog.« Organisationen reagieren auf Impulse und Zumutungen aus ihrer (inneren und äußeren) Umwelt in der ihnen inhärenten Logik – im emergenten Wechselspiel zwischen Bewahren und Verändern. Damit sind Manager[74] und Berater (in ihrer jeweiligen Funktion und Rolle) mit der Herausforderung konfrontiert, dass Gestaltung komplexer Felder mit dem Treten eines schlafenden Hundes vergleichbar ist: Man weiß nicht, was passiert. »Ohne Rücksichtnahme auf die Möglichkeiten und Grenzen dieses historisch aufgebauten Eigensinns von Organisationen scheitern Veränderungsimpulse am Immunsystem derselben oder sie zerstören ihre Überlebensfähigkeit« (Wimmer 1999, S. 9). Der »Widerstand« gegen die Zumutungen kann funktionale Aspekte beinhalten, weil er auf das Bewahrenswerte der Organisation verweist. Widerstand ist gleichzeitig durch interaktive Abwehrarrangements stark emotional gefärbt.[75] Diese Abwehrarrangements werden unterschiedlich sichtbar: z. B. als Defensivstrategien (»Das geht hier nicht«), über ein Lächerlichmachen bzw. eine Witzkultur (»Natürlich das Change-Projekt – mit Veränderungen haben wir uns ja schon vor 20 Jahren versucht«) bis hin zur »Überidentifikation« mit dem Bisherigen oder Wahrnehmungsverzerrungen oder aggressiven Handlungen gegen das Neue.

---

74 Im Managementparadigma ist eine Tendenz zur Trivialisierung vorherrschend. Dies hilft, handlungsfähig zu bleiben.

75 Der Begriff »Abwehr« ist in der Psychoanalyse von Freud eine zentrale Kategorie.

Es hat eine hohe Funktionalität für Organisationen, sich nicht auf alle Zumutungen von außen (oder innen) einzulassen, denn dort, wo Angriffe auf die Kultur bzw. die Identität einer Organisation vermutet werden, sind Zumutungen meist abzuweisen, um als Organisation so bleiben zu können, wie sie ist. So kann man Anweisungen geben, Trainings und Workshops durchführen, gezielte Change-Prozesse anstoßen – die Antwort der Organisation kann nie vorhergesagt oder genau berechnet werden, der Zufall bleibt im Spiel.

Organisationen verarbeiten die Impulse und Zumutungen der Umwelt nach ihren eigenen Regeln - die Reaktionen auf die Einwirkungen sind nicht kalkulierbar: Welche Entscheidungsalternativen, welche Strategien, welche Lösungsvarianten sich letztendlich im Prozess des Organisierens und der beraterbegleiteten Change-Prozesse durchsetzen, sind das Ergebnis von komplexen internen Eigendynamiken im Zusammenspiel mit zufälligen Entwicklungen des Umfeldes (Marktkonstellation, technologischen Entwicklungen, politischen Verhältnissen), den »selektiven Kulturen«, die sich in der Organisation etabliert haben, und den momentan aktuellen Macht- und Interessensfeldern innerhalb der Organisation (Crozier u. Friedberg 1977; R. Königswieser 2000). In der mehrdeutigen Welt des Organisierens sind Entscheidungen und deren Auswirkungen alleine im Rückblick mit der Unterscheidung angemessen oder unangemessen (funktional/nicht funktional) für die gesteckten Ziele zu beobachten und zu bewerten (Weick 1985; Kühl 1999; Luhmann 2000).[76]

Beratung wird dabei indirekt inszeniert: nicht mit der gesamten Organisation, sondern mit bestimmten (ausgewählten) Repräsentanten der Organisation und Repräsentanten des Beratungsunternehmens zu bestimmten Zeiten in bestimmten »Sozialräumen« (Sitzungen, Arbeitsgruppen, Projektteams, Workshops, Klausuren). Im wechselnden Zusammenspiel von Internen und Externen, z. B. in Form von Workshops oder in Projekten, sollen Veränderungsimpulse erzeugt und Varianten entwickelt werden, die dann in der Organisation wirken (sollen). Beratung ist dabei im Zusammenspiel von beraterischen Inszenierungen in diesen »Sozialräumen« und unbestimmten in der Organisation angestoßenen Wirkungen zu denken – verändern kann

---

76 »Bei der Sinngebung geht es um Handlungen, denen man nachträglich eine plausible Bedeutung zuweisen kann, während dieser Prozess der Bedeutungszuweisung in der Regel dadurch angestoßen wird, dass es zu Unterbrechungen, Überraschungen und unvorhergesehenen Ereignissen kommt« (Weick 2001, S. 131).

sich die Organisation im Rahmen ihrer Möglichkeiten und Entscheidungen nur selbst. Nicht Berater verändern Organisationen, sondern nur die Akteure – die Manager, internen Berater und Mitarbeiter als »Change Agents« – können es gewährleisten, dass die im Beratungsprozess entwickelten Lösungen und neuen Varianten durch neue Handlungen sichtbar und in neue Routinen umgesetzt werden.[77]

Die konkreten Auswirkungen in der Organisation bestimmen die Wirksamkeit von Beratung. Beratung kann und muss sich an Managementzielen messen. *Fachberatung* ist in diesem Sinne dann wirksam und nachhaltig, wenn ihre Expertenkonzepte (wie z. B. die neue Marketingstrategie) befolgt werden und sie sich im Prozess des Organisierens in Bezug auf die Managementziele als sinnvoll erweisen. *Prozessberatung* ist dann wirkungsvoll und effektiv, wenn es ihr im Prozess der Veränderung gelingt, die Organisation mit Blick auf das spezifische Ziel, Prozessabläufe, die Struktur, interne Akteure, Kommunikationsmuster, eine Strategie und Marktpotenziale entscheidungsfähig zu machen, und sich das Organisieren auf der Basis der neuen Entscheidungen als sinnvoll herausstellt. Der Joker im Spiel der Wirkungen bei der Gestaltung von Veränderungsarrangements ist der kalkulierte Umgang mit Komplexität und Selbststeuerung[78]. Dieser Joker zielt darauf ab, Ungewissheit und Komplexität zur Ressource für tragfähige Lösungen zu machen.

These 2: Die Ansatzpunkte der Organisationsberatung – in den Dimensionen Strategie – Struktur – Kultur – sind wechselseitig miteinander verzahnt: The key is to start the process

Basierend auf der Ausgangsbeobachtung, dass das jetzige Business, der gegenwärtige Markt und die gegenwärtige Gesellschaft sich inmitten fundamentaler Umbrüche befinden[79], ist die Frage relevant, wie Organisationen es lernen können, neue Möglichkeiten, Chancen und Zukunftspotenziale früher zu erkennen, schneller auf Handlungsoptionen zu verdichten und in unternehmerische Initiativen umzuformen sowie dann im Unternehmen umzusetzen und Realität werden zu lassen?[80]

---

77 Beratung erschafft im Beratungssystem über interaktive Kommunikations- und Feedback-Prozesse Rahmenbedingungen, die gewisse Attraktoren setzen können, die die Organisation einladen, nicht in beliebige Zustände, sondern in Zustände zu kippen, die der Zielrichtung (gemäß Auftrag) entsprechen.

78 vgl. zum Begriff der Komplexität Baecker 2000; Luhmann 1999

79 vgl. Scharmer 2000; Wimmer 1999; Manuel Castell 1999; Ridderstrale u. Nordström 2000

80 vgl. C. O. Scharmer 2000 auf dem 1. Weltkongress für systemisches Management und Heinrich W. Ahlemeyer in einem persönlichen Gespräch im Februar 2002

Angesichts chaotischer und unkalkulierbarer Umweltbedingungen sind Unternehmen aus Gründen des Überlebens gefordert, ihre eigene Zukunft immer wieder neu zu erschaffen und zu gestalten. Eine Unternehmung kann langfristig nur dann bestehen, wenn sie sich immer wieder von neuem mit den sich ändernden internen und externen Zumutungen befasst, diese in Beziehung zu den eigenen Gegebenheiten, Mitteln und Möglichkeiten setzt. Aus dieser Gegenüberstellung sollen die Grundlagen des gegenwärtigen und zukünftigen Handelns abgeleitet werden. Dabei sind weitgehende Anpassungsleistungen auf allen drei Dimensionen der Organisation Strategie-Struktur-Kultur gefordert: Unternehmen entwickeln sich entlang der drei Dimensionen und versuchen sie in Bezug auf ihr spezifisches Ziel hin in Einklang zu bringen. Wir folgen hier dem St. Galler Managementmodell, das die Triade Strategie - Struktur – Kultur als eine Heuristik zur Erfassung von möglichen Gestaltungsebenen für Organisation darstellt.

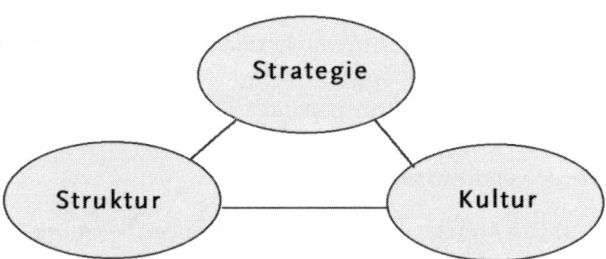

Bei Organisationsberatung ist es wichtig, die Interventionen und beraterischen Handlungen immer in Hinblick auf ihre Auswirkungen und der Abhängigkeit von den beiden anderen Spitzen des Dreiecks auszuwählen und zu reflektieren. Gleichzeitig ist es so, dass die Gestaltungsebenen korrelativ zusammenspielen: Will man Struktur verändern, kommt man nicht umhin, sie nach dem spezifischen Ziel, auf zukünftige Möglichkeiten, hinsichtlich der entschiedenen Strategie auszurichten und sie auch auf der Seite der Kultur zu unterstützen. Will man eine neue strategische Option in die Welt bringen, um auf die jetzigen und zukünftigen unternehmerischen Anforderungen entsprechend regieren zu können, wird sie in Struktur und veränderten kulturellen Mustern (Werte, Normen, Themen, symbolische Gesten, neue Meetingformen) verankert werden müssen. Will man Kultur verändern, so brauchen die angestrebten Werte und Haltungen adäquate Strukturen und Ankerpunkte (z. B. neue Meetings, passende

Entlohnungssysteme), um die Aufmerksamkeit auf die neuen Muster dauerhaft zu fokussieren und um sie zu stützen.

- **Was kennzeichnet das Dreieck Strategie – Struktur – Kultur?**

Organisationen müssen ihr Überleben in einem Kontext gestalten, dessen Eigendynamik nicht wirklich verständlich und klar ist, und sich an einer Zukunft orientieren, die ungewiss ist und bleibt. Bei den Fokussen *Strategie und Vision* geht es vor allem darum, ein gemeinsam getragenes Bild von einer gewünschten, erstrebten Zukunft zu entwickeln und zu gestalten, um darauf basierend unternehmerische Handlungen zu setzen, um diese angestrebten Zukünfte erwartbarer zu machen. Es geht darum, das Unternehmen von der Zukunft her zu führen: Wie ein guter Bergsteiger plant man die Wanderung (den Weg zum Ziel) vom Gipfel her (dem erwünschten Ziel)[81]. Methoden und Tools dabei sind z. B. Visionsprozesse begleiten, Wettbewerbsanalyse, Zukunftsszenarien, Kernkompetenzen analysieren, Portfoliotechnik.

Strukturen sind in Unternehmen nicht immer sofort erkennbar. Sie werden erst durch Handlungen der Akteure im Unternehmen sichtbar. Mit Strukturen werden Abläufe und Verantwortlichkeiten fixiert, und es werden gefundene Lösungen in der Organisation verankert, »eingefroren«[82]. Mit Struktur geht es um Festlegung auf bestimmte Dauern und damit um das Schaffen von Sicherheit: Als Person kann ich mich darauf verlassen, dass morgen der Chef noch derselbe ist, Entscheidungsprozesse morgen noch so laufen werden, wie gestern und dass Meetings so verlaufen, wie sie immer verlaufen. Struktur ist der Gegenbegriff zu Improvisation und Spontanlösungen. Er verweist damit auf die Funktionen der Struktur im Unternehmen: Stabilität geben, Vorauswahl treffen, Handlungen kanalisieren, Entscheidungen und Handlungen beschleunigen. Strukturen können aber auch einengend, behindernd wirken und sogar zur absoluten Unbeweglichkeit von Unternehmen führen.

Mit dem Anbinden der Handlungen an die Ziele und Strategien des Unternehmens folgt das Unternehmen eher der Organisationslogik als der an Personen orientierten Logik. Personen tendieren zum »Festhalten« des Status quo und dem Verteidigen von Besitzständen, Terrains und von Gewohntem. Mit Struktur ist ein teilweises Loslösen

---

81 Diese Metapher wurde von P. Watzlawick entwickelt, viele Autoren greifen auf sie zurück, vgl. z. B. Covey: The seven habits of highly effective people, 1999.
82 vgl. Wimmer (1992, 1998, 2002)

von personengebundenen Aspekten der Organisation gewährleistet, damit bewahrt sich die Organisation Gestaltungsraum – denn Personen sind nicht durch Managemententscheidungen gestaltbar, Organisationsarrangements durchaus.

Schein und Pettigrew verweisen bei *Kultur* auf handlungsleitende Deutungsmuster, die durch Handlungen, Kommunikationsmuster, Rituale, Sprachspiele im Unternehmen sichtbar werden und auch durch das spezifische Ziel und das Produkt der Organisation gefärbt sind. Kultur ist eine Sammlung von spezifischen Vokabeln, Themen, Verhaltensmustern, der Art des Umgangs miteinander. Kultur ermöglicht die Unterscheidung in passende und unpassende, in wichtige und unwichtige Themen bzw. Verhaltensmuster und deren korrekten bzw. unkorrekten Gebrauch (vgl. Littmann u. Jansen 2000).

Für Ed Schein – dem MIT-Experten für Cultural Change – gibt es vier Ebenen des Begriffs der Unternehmenskultur:

- Offenkundiges Verhalten und andere »Artefakte« (z. B. Meetingstrukturen)
- Überzeugungen und Werte, für die aktiv Partei ergriffen wird (z. B. Vision, Mission Statement, Führungsgrundsätze)
- Abgeleitete Annahmen und versteckte Vermutungen zum »richtigen« Verhalten im »daily Business« und zu deklarierten Werten
- Die Art der Wahrnehmung und die emotionale Seite des Umgangs miteinander

Werte, spezifische Themen, Normen, Regeln, Muster, Rituale entstehen und bestätigen sich in einem ständigen Kreislauf von bewusstem und unbewusstem Erkennen und dem darauf basierenden Handeln. Auf der Basis des Erkennens wird gehandelt, und durch dieses Handeln verfestigen sich eben diese Regeln, Normen und Werte wechselseitig.

- *Wie wird es Organisationsentwicklung möglich, das »Mobile« so in Schwingung zu versetzen, dass es in die gewünschte Richtung schwingt?*

Kommt eine dieser drei Dimensionen in Bewegung, so schwingen die anderen beiden mit – wie bei einem Mobile weiß man aber nicht, welche sich bewegen werden und welche sich nicht bewegen werden.

Wie können die Prozesse kunstvoll miteinander verknüpft werden, so dass eine mehrdimensionale Lösung möglicher wird? »The key is to start the process«[83]: Wir vertreten hier die These, dass das Ziel der beraterischen Interventionen sein sollte, an einem der Punkte der Triade zu beginnen, um die möglichen Auswirkungen, Widersprüche und Kontextbedingungen der beiden anderen Gestaltungsebenen dann im Prozess der Erarbeitung aufzugreifen und einzubeziehen. Es braucht Instrumente, die eine Integration der drei Dimensionen und die Gestaltung der zentralen Leistungsprozesse der Organisation ermöglichen. Die Veränderungsimpulse sollten immer eng an die konkrete Arbeit, den Leistungsprozess der Organisation gekoppelt werden, um die Herausforderungen der Zukunft an die konkrete operative Tätigkeit zu binden. Damit wäre ein erster Schritt zum Transfer des Neuen über eine Verankerung im operativen Fluss des alltäglichen Geschäfts möglicher. Verhaltensänderungen und Veränderungen von tief verwurzelten Grundannahmen über das eigene Geschäft, den Markt, die Kooperation sind nicht per Anweisung bzw. allein über Strukturänderungen zu bewerkstelligen, sondern brauchen Zeit und Möglichkeiten, sich entwickeln zu können, um zur »neuen« Selbstverständlichkeit zu werden. Kulturveränderung kann nur über einen neuen »way of working« und einen dadurch initiierten neuen Umgang miteinander erreicht werden. Es ist eine zentrale Frage der Qualität des Beratungsergebnisses, wie es gelingt, die organisatorischen, kulturellen und strategischen Trennlinien und Widersprüche zu überbrücken und übergreifende, miteinander verzahnte Organisationslösungen zu entwickeln.

Alle Arbeit im Dreieck Struktur – Strategie – Kultur – alle bewusst inszenierten Veränderungs- und Lernprozesse in Organisationen – laufen auf das Treffen von (neuen, anderen) Entscheidungen hinaus. Nur Entscheidungen verändern Organisationen. Sie setzen neue Regeln, bestimmen andere Verhaltensweisen, sie ermöglichen neue Zukunftsorientierungen für die Organisation, sie regeln das Belohnungssystem und damit auch, was belohnt wird; sie geben Orientierung. Organisationen verändern sich durch Entscheidungen und daran anschließende neue Interaktionsmuster. Beraterische Interventionen müssen sich auf Entscheidungen hin verdichten, über die Akteure hin auf Kommunikationsmuster und Entscheidungsroutinen, um in Organisationen wirksam zu werden.

---

83 Heinrich W. Ahlemeyer in einem Gespräch im Februar 2002

Literatur

Ahlemeyer, H. W. (2000): Managing Organized Knowledge: A Systemic View. *Journal of Sociocybernetics* 1 (2): 1–11.

Ahlemeyer, H. W. u. H. Grimm (1999): Die Organisation im Spiegel ihrer Mitglieder. Funktion und Ablauf partizipativer Mitarbeiterbefragungen. *Zeitschrift für Organisationsentwicklung* 3: 52–64.

Ahlemeyer. H. W. u. R. Königswieser (Hrsg.) (1998): Komplexität managen. Strategien, Konzepte und Fallbeispiele. Wiesbaden (FAZ).

Ahlemeyer, H. W. u. H. Schöppl (2002): Ein Coaching für den Vorstand, *Harvard Business Manager* 4: 9–18.

Alain (Emile Auguste Chartier) (1994): »Sich beobachten, heißt sich verändern. Betrachtungen von Alain. Frankfurt a. M. (Insel).

Alemann, H. v. und A. Vogel (Hrsg.) (1996): Soziologische Beratung. Praxisfelder und Perspektiven. Opladen (Westdeutscher Verlag).

Argyris, C. et al. (1985): Action Science. Concepts, Methods and Skills for research and Interventions. San Francisco (Jossey-Bass).

Argyris, C. (1993): Defensive Routinen. In: G. Fatzer (Hrsg.): Organisationsentwicklung für die Zukunft. Köln (Ed. Humanistische Psychologie), S. 179–226.

Axelrod, R. (1997): Die Evolution der Kooperation. München (Oldenburg).

Axelrod, R. (2002): Verändern wir die Veränderungsprozesse. Selbstverantwortetes Management in selbstverantwortlichen Unternehmen. *Lernende Organisation* 1.

Baecker, D. (1991a). Information und Risiko in der Marktwirtschaft. Frankfurt a. M. (Suhrkamp).

Baecker, D. (1991b): Womit handeln Banken? Eine Untersuchung zur Risikoverarbeitung in der Wirtschaft. Frankfurt a. M. (Suhrkamp).

Baecker, D. (Hrsg.) (1993): Probleme der Form. Frankfurt a. M. (Suhrkamp).

Baecker, D. (1994): Postheroisches Management. Ein Vademecum. Berlin (Merve).

Baecker, D. (1998a): Einfache Komplexität. In: H. W. Ahlemeyer u. R. Königswieser (Hrsg.): Komplexität managen. Strategien, Konzepte und Fallbeispiele. Wiesbaden (FAZ), S. 17–50.

Baecker, D.(1998b): Poker im Osten. Probleme der Transformationsgesellschaft. Berlin (Merve).

Baecker, D. (2000): Organisation als System. Frankfurt a. M. (Suhrkamp).

Baecker, D. (2003): Organisation und Management: Aufsätze. Frankfurt a. M. (Suhrkamp).

Bardmann, T. M. (1993): Wenn aus Arbeit Abfall wird. Aufbau und Abbau organisatorischer Realitäten. Frankfurt a. M. (Suhrkamp).

Bateson, G. (1994): Ökologie des Geistes. Anthropologische, psychologische und epistemologische Perspektiven. Frankfurt a. M. (Suhrkamp), 5. Aufl.

Berne, E. (1970): Spiele der Erwachsenen. Hamburg (Reinbek).

Boos, F. u. R. Königswieser (2000): Unterwegs auf einen schmalen Grat: Großgruppen in Veränderungsprozessen. In: R. Königswieser u. M. Keil (Hrsg.): Das Feuer großer Gruppen. Konzepte, Designs, Praxisbeispiele für Großveranstaltungen. Stuttgart (Clett-Kotta), S. 17 ff.

Buchinger, K. (1997): Supervision in Organisationen. Den Wandel begleiten. Heidelberg (Carl-Auer).

Buchinger, K. (1999): Die Zukunft der Supervision – Die Zukunft der Arbeit. Aspekte eines neuen »Berufs«. Heidelberg (Carl-Auer).

Bunker, B. a. B. Alban (1997): Large Group Interventions. Engaging the Whole System for Rapid Change. San Francisco/London (Jossey-Bass).

Burns, T. (1962): Micropolitics. Mechanism of Institutional Change. *Administrative Science Quarterly* 6/1961/1962: 257–281.

Castell, E. (1999): The Information Age: Economy, Society, and Culture. Vol. 3: End of Millennium. Oxford and Malden (Blackwell).

Castell, E. (2000): Materials for an explanatory theory of the network society. *British Journal of Sociology*. Special millennium issue 1: 5–24.

Champy, J. (1995): Reengineering im Management. Die Radikalkur für die Unternehmensführung. München (Heyne).

Chowdhury, S. (2000): Management 21. Prentice Hall (Financial Times).

Ciompi, L. (1997): Die emotionalen Grundlagen des Denkens. Entwurf einer fraktalen Affektlogik. Göttingen (Vandenhoek).

Covey, S. (1999): The Seven Habits of Highly Effective People. Riverside (Simon & Schuster).

Crozier, M. u. E. Friedberg (1977): Macht und Organisationen. Die Zwänge kollektiven Handelns. Berlin (Wissenschaftszentrum Berlin), 2. Aufl. 1979.

Csikszentmihalyi, M. (1997): Kreativität. Wie Sie das Unmögliche schaffen und Ihre Grenzen überwinden. Stuttgart (Klett-Cotta).

Dannemiller Tyson Associates (2000): Whole-Scale Change. San Francisco (Berrett-Koehler).

de Shazer, S. (1994): Das Spiel mit den Unterschieden. Wie therapeutische Lösungen lösen. Heidelberg (Carl-Auer), 5. Aufl. 2006.

de Shazer, S. (2006): Der Dreh. Überraschende Wendungen und Lösungen in der Kurzzeittherapie. Heidelberg (Carl-Auer), 9. Aufl.

Doppler, K. u. C. Lauterburg (1997): Change-Management: Den Unternehmenswandel gestalten. Frankfurt/New York (Campus).

Doppler, K., H. Fuhrmann, B. Lebbe-Waschke u. B. Voigt (2002): Unternehmenswandel gegen Widerstände. Change Management mit den Menschen. Frankfurt/New York (Campus).

Exner, A., R. Königswieser u. S. Titscher (1987): Unternehmensberatung – systemisch. Theoretische Annahmen und Interventionen im Vergleich zu anderen Ansätzen. *Die Betriebswirtschaft* 47 (3): 265–284.

Fischer, H.-P. (Hrsg.) (1997): Die Kultur der schwarzen Zahlen. Das Fieldbook der Unternehmenstransformation bei Mercedes-Benz. Stuttgart (Klett Cotta).

Foerster, H. v. (1993): Wissen und Gewissen. Versuch einer Brücke. Frankfurt (Suhrkamp).

Foerster, H. v. und B. Pörksen (2004): Die Wahrheit ist die Erfindung eines Lügners. Gespräche für Skeptiker. Heidelberg (Carl-Auer), 6. Aufl.

Forum (1999a): Die Entwicklung der Organisationsentwicklung. *Zeitschrift für Organisationsentwicklung* 3/1998: 36–49.

Forum (1999b): Die Entwicklung der Organisationsentwicklung. *Zeitschrift für Organisationsentwicklung* 3/1998: 36–64 und 1/1999: 68–88.

Foulkes, S. H. (1964/1992): Gruppenanalytische Psychotherapie, München (London 1964) (Allen & Unwin).

Fritz, R. (2000): Den Weg des geringsten Widerstands managen. Energie, Spannung und Kreativität im Unternehmen. Stuttgart (Klett-Cotta).

Fuchs, P. (1998): Intervention und Erfahrung [Internet]. Verfügbar unter: www.rzuser.uni-heidelberg.de/~rheil/socsys.html.

Fuchs, P. (2001): Die Metapher des Systems. Studien zu der allgemein leitenden Frage, wie sich der Tänzer vom Tanz unterscheiden lasse. Weilerswist (Velbrück).

Geertz, C. (1983): Dichte Beschreibung. Beiträge zum Verstehen kultureller Systeme. Frankfurt a. M. (Suhrkamp).

Glaser, B. G. a. A. L. Strauss (1967): The Discovery of Grounded Theory. Strategies for Qualitative Research. New York (Aldine de Gruyter) [dt. (1998): ... Grounded Theory. Strategien qualitativer Forschung. Bern (Huber).]

Goffman, E. (1971): Wir alle spielen Theater. Die Selbstdarstellung im Alltag. München (Piper).

Grossmann, R. u. K. Scala (1994): Gesundheit durch Projekte fördern. Weinheim (Juventa).

Grossmann, R. u. K. Scala (1996): Öffentliche Gesundheit durch Organisation entwickeln. Wien (WUV), [im Internet verfügbar unter: http://www.iff.ac.at/oe/content.php?lang=de&p=427].

Grossmann, R. u. K. Scala (1997): Supervision in Organisationen. Veränderungen bewältigen – Qualität sichern – Entwicklung fördern. Weinheim (Juventa).

Grossmann, R., E. Krainz u. M. Oswald (Hrsg.) (1996): Veränderung in Organisationen: Management und Beratung. Wiesbaden (Gabler).

Hamel, G. u. C. K. Prahalad (1995): Die Zukunft gestalten – schon heute. *Harvard Business Manager* 1/1995: 36–42.

Hamel, G. (2001): Das revolutionäre Unternehmen. Wer Regeln bricht, gewinnt. München (Econ).

Hammer, M. u. J. Champy (1994): Business Reengineering. Frankfurt a. M./New York (Campus).

Hammer, M. u. J. Champy (1993): Business Reengineering. Die Radikalkur für das Unternehmen. München (Heyne).

Hedberg, Bo (1981): How Organizations Learn and Unlearn. In: P. C. Nystrom a. W. H. Starbuck (eds.): Handbook of Organizational Design. New York (Oxford University Press), pp. 3–27.

Heinrich, P. u. J. Schulz zur Wiesch (1998): Wörterbuch zur Mikropolitik. Opladen (Leske und Budrich).

Heintel, P. u. E. Krainz (1992): Beratung als Projekt. Zur Bedeutung des Projektmanagements in Beratungsprojekten. In: R. Wimmer (Hrsg.): Organisationsberatung. Neue Wege und Konzepte. Wiesbaden (Gabler), S. 128–150.

Heintel, P. u. E. Krainz (Hrsg.) (1997): Gruppe und Geschlechterproblematik. *Gruppendynamik* 28 (1).

Heintel, P. u. E. Krainz (2000⁴):Projektmanagement. Wiesbaden (Gabler).

Heintel, P. (Hrsg.) (1991): Organisationsdynamik. *Gruppendynamik* 21 (4).

Heintel, P. (1992): Läßt sich Beratung erlernen? Perspektiven für die Aus- und Weiterbildung von Organisationsberatern. In: R. Wimmer (Hrsg.): Organisationsberatung. Neue Wege und Konzepte. Wiesbaden (Gabler), S. 345–377.

Heintel, P. (1998): Thesen zur Rolle des internen Beraters – aus externer Perspektive. *Zeitschrift für Organisationsentwicklung* 2/1998: 42–51.

Heintel, P. (1999): Innehalten. Gegen die Beschleunigung – für eine andere Zukunft. Freiburg (Herder).

Heitger, B. u. A. Doujak (2002a): Change als Un: balanced Transformation. *Zeitschrift für Organisationsentwicklung* 2/2002: 21 f.

Heitger, B. u. A. Doujak (2002b): Harte Schnitte Neues Wachstum. Die Logik der Gefühle und die Macht der Zahlen im Change Management. Frankfurt/Wien (Ueberreuter).

Hill, L. A. (2000): Führung als kollektives Genie. In: S. Chowdhury (2000): Management 21C. Prentice Hall (Financial Times).

Hochreiter, G. (1998): Nur systemische Berater beraten systemisch? Zur Form der systemischen Organisationsberatung der Wiener Schule – eine empirische Erhebung. Universität Wien (unveröffentl. Diplomarbeit).

Hochreiter, G. (2004): Reteaming – Lösungsorientierte Teamchoreografien gestalten. Lösungsspielräume für Teams im Kontext von Personen und von Organisationen. In: W. Geisbauer (2006): Reteaming. Methodenhandbuch zur lösungsorientierten Beratung. Heidelberg (Carl-Auer), 2., überarb. u. erw. Aufl.

Hochreiter, G. u. Th. Böhm (2005): Die Seele der Organisation berühren. Linz/Wien (unveröffentl. Manuskript).

Hofmann, M. (Hrsg.) (1991): Theorie und Praxis der Unternehmensberatung, Heidelberg. (Physica).

Holman, P. a. T. Devane (eds.) (1999): The Change Handbook. Group Method for Shaping the Future. San Francisco (Berret-Koehler). [dt. (2006): Change Handbook. Zukunftsorientierte Großgruppen-Methoden. Heidelberg (Carl-Auer).]

Holmberg, I. u. J. Ridderstrale (2001): Aufsehen erregende Führung. In: S. Chowdhury (2001): Management 21C. Prentice Hall (Financial Times).

Janes, A., K. Prammer u. M. Schulte-Derne (2001): Transformations-Management. Organisationen von innen verändern. Wien (Springer).

Jullien, F. (1999): Über die Wirksamkeit. Berlin (Merve).

Kao, J. (1996): Jamming. The Art and Discipline of Business Creativity. London (Harper Collins).

Kappler, E. (2000): Unbeantwortbare Fragen – Begeisterung als Bedingung universitärer Entwicklung. In: St. Laske, T. Scheytt, C. Meister-Scheytt und C. O. Scharmer (Hrsg.): Universität im 21. Jahrhundert. Zur Interdependenz von Begriff und Organisation der Wissenschaft. München (Rainer Hampp), S. 491–509.

Karpman, S. B. (1968): Fairy Tales and Script Drama Analysis. *Transactional Analysis Bulletin* 26 (1): 39–43.

Katzenbach, J. (1998): Teams an der Spitze. Der Chef als Chef und Teammitglied. Frankfurt a. M. (Ueberreuter).

Käufer, K. u. C. O. Scharmer (2000): Universität als Schauplatz für den unternehmerischen Menschen. In: St. Laske, T. Scheytt, C. Meister-Scheytt und C. O. Scharmer (Hrsg.): Universität im 21. Jahrhundert. Zur Interdependenz von Begriff und Organisation der Wissenschaft. München (Rainer Hampp), S 109–134.

Käufer, K. a. C. O. Scharmer (2001): The Pentagon of Praxis. *Reflections: The SoL Journal on Knowledge, Learning and Change* 2 (3): 36–45.

Kets de Vries, M. a. D. Miller (1984): The Neurotic Organization. San Francisco (Jossey-Bass).

Kets de Vries, M. u. K. Balazs (1996) Die menschliche Seite des Personalabbaus. *Zeitschrift für Organisationsentwicklung* 4/1996: 4–18.

Klocke, U. (2002): Manuskript zur Organisationskultur [Internet]. Verfügbar unter http://www.google.de/search?q=cache:4p-BrHmepooC:www.psychologie.huerlin.de/orgpsy/lehre/haupt/folien/vlue_einf/12.pdf+Ed+Schein+Organisationskultur&hl=de&ie=UT F-8 [April 2002].

Königswieser, R., A. Exner u. J. Pelikan (1995): Systemische Intervention in der Beratung. *Zeitschrift für Organisationsentwicklung* 2/1995: 52–65.

Königswieser, R. u. J. Pelikan (1997): Anders – gleich – beides zugleich. In: O. König et al. (Hrsg.): Geschichte der Gruppendynamik. München (profil), S. 95–128.

Königswieser, R. u. A. Exner (Hrsg.) (1999): Systemische Intervention. Architekturen und Designs für Berater und Veränderungsmanager. Stuttgart (Klett-Cotta).

Königswieser, R. u. M. Keil (2000): Das Feuer großer Gruppen. Konzepte, Designs, Praxisbeispiele für Großveranstaltungen. Stuttgart (Klett-Cotta).

Kotter, J. P. (1996): Leading Change. Cambridge (Harvard Business School).

Kraft, A. u. G. Ullrich (2002): Wie kommt das Neue in die Organisation. In: M. Mohe, H. J. Heinecke u. R. Pfriem (Hrsg.): Consulting. Problemlösung als Geschäftsmodell. Stuttgart (Klett-Cotta), S. 68 f.

Krainz, E. (1990): Alter Wein in neuen Schläuchen? Zum Verhältnis von Gruppendynamik und Systemtheorie. *Gruppendynamik* 1: 29–44.

Krainz, E. (Hrsg.) (1999): Organisationsforschung im Prozeß. *Gruppendynamik* 30 (4).

Krainz, E. u. H. Gross, H. (Hrsg.) (1998): Eitelkeit im Management. Wiesbaden (Gabler).

Kruse, P. (2005): Next Practice. Erfolgreiches Management von Instabilität. Offenbach (Gabal).

Kühl, S. (1998): Von der Suche nach Rationalität zur Arbeit an Dilemmata und Paradoxien. In: J. Howaldt und R. Kopp (Hrsg.) (1998): Sozialwissenschaftliche Organisationsberatung. Auf der Suche nach einem spezifischen Beratungsverständnis. Berlin (Sigma), S. 303–322.

Kühl, S. (2000): Das Regenmacher-Phänomen. Widersprüche und Aberglaube im Konzept der lernenden Organisation. Frankfurt a. M. (Campus).

Kühl, S. (2002): Rationalitätslücken als Ansatzpunkt einer soziologischen Beratung. Überlegungen zu einem »Quellcode« für einen sozialwissenschaftlichen Beratungsansatz [Internet]. Verfügbar unter http: //www. arbeitskulturen. de/down/o6kuehl. htm[Mai 2002], S. 9 f.

Kühl, S. u. W. Schnelle (2001): Macht gehört zur Organisation wie die Luft zum Leben. *Hernsteiner* 14 (2).

Küpper, W. u. G. Ortmann (Hrsg.) (2002): Mikropolitik. Wiesbaden (Verlag für Sozialwissenschaften).

Laske, St. u. A. Zauner (2000): Architektur und Design universitärer Verhandlungssysteme. In: St. Laske, T. Scheytt, C. Meister-Scheytt und C. O. Scharmer (Hrsg.): Universität im

21. Jahrhundert. Zur Interdependenz von Begriff und Organisation der Wissenschaft. München (Rainer Hampp), S. 447–490.

Laske, St., T. Scheytt, C. Meister-Scheytt und C. O. Scharmer (Hrsg.) (2000): Universität im 21. Jahrhundert. Zur Interdependenz von Begriff und Organisation der Wissenschaft. München (Rainer Hampp).

Leifer, E. M. (1991): Actors as Observers: A Theory of Skill in Social Relationships. New York (Garland).

Littmann, P. u. S. Jansen (2000): Virtualisierung – Die permanente Neuerfindung der Organisation. Stuttgart (Klett-Cotta). Im Internet verfügbar unter http://www.iuk.hdmstuttgart.de/nohr/Km/KmLehre/« \l »OSZILLODOX.

Lohmer, M. (Hrsg.) (2000): Psychodynamische Organisationsberatung. Konflikte und Potentiale in Veränderungsprozessen. Stuttgart (Klett-Cotta).

Luhmann, N. (1984): Soziale Systeme. Grundriss einer allgemeinen Theorie. Frankfurt a. M. (Suhrkamp).

Luhmann, N. (1989): Kommunikationssperren in der Unternehmensberatung. In: N. Luhmann u. P. Fuchs (1989): Reden und Schweigen. Frankfurt a. M. (Suhrkamp), S. 209–227.

Luhmann, N. (1995): Kausalität im Süden. *Soziale Systeme* 1/1995: 7–28.

Luhmann, N. (2000): Organisation und Entscheidung. Opladen (Westdeutscher Verlag).

Luhmann, N. und P. Fuchs (1989): Reden und Schweigen. Frankfurt a. M. (Suhrkamp). »Macht und Ohnmacht in Organisationen.« *Hernsteiner* 14 (2).

March, J. G. u. H. Simon (1958): Organizations. New York (Wiley).

Marsalis, W. a. Stewart, F. (1995): Sweet Swing Blues. Hamburg (Hoffmann & Campe).

McKee, R. (2001): Story. Die Prinzipien des Drehbuchschreibens. Berlin (Alexander).

McWinney, W. (1997): Paths of Change. Strategic Choices for Organizations and Society. Thousend Oaks (Sage).

McWinney, W., J. B. Webster, D. M. Smith a. B. J. Novokowsky (1999): Creating Paths of Change. Managing Issues and Resolving Problems in Organizations. Thousend Oaks (Sage).

Mingers, S. (1996): Systemische Organisationsberatung. Eine Konfrontation von Theorie und Praxis. Frankfurt a. M./New York (Campus).

Mintzberg, H. (1983): Power in and around Organizations. Englewood Cliffs, NJ (Prentice-Hall).

Mintzberg, H., B. Ahlstrand u. J. Lampel (1999): Strategy Safari. Eine Reise durch die Wildnis des strategischen Managements. München (Ueberreuter).

Mohe, M., H. J. Heinecke u. R. Pfriem (Hrsg.) (2002): Consulting – Problemlösung als Geschäftsmodell. Theorie, Praxis, Markt. Stuttgart (Klett-Cotta).

Morgan, G. (1993): Imaginization. The Art of Creative Management. Newbury Park (Sage).

Morgan, G. (1986, 1997²): Images of Organization. Newbury Park (Sage).

Morgan, G. (1998): Löwe, Qualle, Pinguin. Imaginieren als Kunst der Veränderung. Stuttgart (Klett-Cotta).

Neuberger, O. (1986): Mikropolitik. Der alltägliche Aufbau und Einsatz von Macht in Organisationen. Stuttgart (Lucius & Lucius).

Neuberger, O. (2001): Führen und geführt werden. Stuttgart (Lucius & Lucius).

Neville. M (1984): Humans and Their Relation to Ill-Defined Systems. In: O. G. Selfridge et al. (eds.): Adaptive Control of Ill-Defined Systems. New York (Plenum), pp. 11–20.

Noer, D. (1997): Die vier Lerntypen. Reaktionen auf Veränderung im Unternehmen. Stuttgart (Klett-Cotta).

Nonaka, I. u. H. Takeuchi (1997): Die Organisation des Wissens. Wie japanische Unternehmen eine brachliegende Ressource nutzbar machen. Frankfurt a. M./New York (Campus).

Nullmeier, F., T. Pritzlaff u. A. Wiesner (2003): Mikro-Policy-Analysis. München/Wien (Campus).

Owen, H. (1997): Expanding our Now. San Francisco (Berett-Koehler).

Owen, H. (2001): The Spirit of Leadership. Führen heißt Freiräume schaffen. Heidelberg (Carl-Auer).

Pelikan, J. u. K. Krajic (1994): Stand der Gesundheitsförderung im Krankenhaus. Erfahrungen aus dem WHO-Projekt. In: H. Demmer u. D. Johannes (Hrsg.): Auf dem Weg zum Gesundheitsfördernden Krankenhaus. Essen (Bundesverband der Betriebskrankenkassen BKK).

Pelikan, J. (1994b): Organisationsentwicklung und individuelle Gesundheitsförderung. In: H. Demmer u. D. Johannes (Hrsg.): Auf dem Weg zum Gesundheitsfördernden Krankenhaus. Essen (Bundesverband der Betriebskrankenkassen BKK).

Peters, T. (1992): Jenseits der Hierarchien – Liberation, Management. Düsseldorf (Econ).

Petri, K. (1996): Let's Meet in Open Space! – Die Story von Kaffeepausen, chaotischen Attraktoren und Organisations-Transformation. Zeitschrift für Organisationsentwicklung 2/1996: 56–65.

Picot, A. (2000): Die Entstehung von Neuem und die Entwicklung der Universität. In: St. Laske, T. Scheytt, C. Meister-Scheytt und C. O. Scharmer (Hrsg.): Universität im 21. Jahrhundert. Zur Interdependenz von Begriff und Organisation der Wissenschaft. München (Rainer Hampp), S. 301–314.

Ridderstrale, J. u. K. Nordström (2000): Funky Business: Wie kluge Köpfe das Kapital zum Tanzen bringen. Prentice Hall (Financial Times).

Roehl, H. (2001): We are the Tools of our Tools. Zeitschrift für Organisationsentwicklung 4/2001: 7 f.

Roehl, H. und H. Willke (2002): Kopf oder Zahl!? Zur Evaluation komplexer Transformationsprozesse. Zeitschrift für Organisationsentwicklung 2/2002.

Scala, K. u. R. Großmann (1997): Supervision in Organisationen. Weinheim/München (Juventa).

Scharmer, C. O. (2000/2001): Presencing [Internet]. Verfügbar unter: www.generonconsulting.com/Publications/PubTpresenc.html.

Scharmer, C. O. (2002): Dialoginterviews [Internet]. Verfügbar unter: http://www.dialogonleadership.org.

Scharmer, C. O. (2003): The Blind Spot of Leadership: Presencing as a Social Technology of Freedom. Habilitation Thesis. Unpublished Draft.

Scharmer, C. O., P. Senge, J. Jaworski a. B. Flowers (2005): Presence. An Exploration of Profound Change in People, Organizations and Society. Boston (Currency).

Schein, E. (1985): Organizational Culture and Leadership. London (Jossey-Bass).

Schein, E. (1987): Process Consultation 2. Reading, MA (Addison-Wesley).

Schein, E. (1988): Process Consultation 1. Reading, MA (Addison-Wesley).

Schein, E. (1995): Wie können Organisationen schneller lernen? Die Herausforderung den grünen Raum zu betreten. Zeitschrift für Organisationsentwicklung 3/1995: 4–13.

Schmidt, G. (2001): Hypnosystemische Teamentwicklung. Auf dem Weg zum Dream Team. Lernende Organisation 2: 6–17 [Wiederveröff. (2004): Das Team als Kompetenztreibhaus – Hypnosystemische Teamentwicklung. In: G. Schmidt: Liebesaffären zwischen Problem und Lösung. Heidelberg (Carl-Auer)].

Schober, H. (1991): Irritation und Bestätigung – eine Provokation der systemischen Beratung oder: Wer macht eigentlich Veränderung? In: M. Hofmann (Hrsg.): Theorie und Praxis der Unternehmensberatung. Heidelberg (Physica), S. 345–370.

Schober, H. (2000): Unternehmenskultur gegen den Strich gebürstet. Hernsteiner 13 (3): 12 f.

Schramböck, M. (1997): Strukturanalyse der Unternehmensberatung in Österreich. RWZ 7/1997: 215–219.

Schreyögg, G. u. C. Noss (1995): Organisatorischer Wandel: Von der Organisationsentwicklung zur lernenden Organisation. DBW 55 (2): 169–185.

Schüßler, R. (1997): Kooperation unter Egoisten. München (Oldenbourg).

Schwarz, G. (1985): Die »heilige Ordnung« der Männer. Patriarchalische Hierarchie und Gruppendynamik. Opladen (Westdeutscher Verlag).

Schwarz, G. et al. (Hrsg.) (1996): Gruppendynamik. Geschichte und Zukunft. Wien (WUV).

Schwarz, G. (1999): Konfliktmanagement. Wiesbaden (Gabler).

Schumpeter, J. A. (1911): Theorie der wirtschaftlichen Entwicklung. Berlin (Duncker u. Humbolt).

Scott-Morgan, P. (1995): Die heimlichen Spielregeln der Organisation. Die Macht der unge-schriebenen Gesetze in Unternehmen. Frankfurt a. M. (Heyne).

Segal, L. (1986): Das 18. Kamel oder: Die Welt als Erfindung. München (Piper).

Senge, P. M. (1992): The Fifth Discipline. The Art and Practice of the Learning Organization. Kent (Currency).

Senge, P. (1996): Das Fieldbook zur Fünften Disziplin. Stuttgart (Klett Cotta).

Senge, P. et. al (2000): The Dance of Change. Kent (Currency).

Senge, P. (2000): Die Hochschule als lernende Gemeinschaft. In: St. Laske, T. Scheytt, C. Meister-Scheytt u. C. O. Scharmer (Hrsg.): Universität im 21. Jahrhundert. Zur Interdependenz von Begriff und Organisation der Wissenschaft. München (Rainer Hampp), S. 17–47.

Sennett, R. (1999): Der flexible Mensch. Die Kultur des neuen Kapitalismus. Frankfurt a. M./New York (Campus).

Sieber, H. u. F. Zehetner (2005): Denken – Fühlen – Handeln. SIZE Trainings- und Coa-chingbuch. Linz (Top im Job).

Simon, F. B. u. C/O/N/E/C/T/A (2005): »Radikale« Marktwirtschaft. Grundlagen des syste-mischen Managements. Heidelberg (Carl-Auer), 5., aktual. Aufl.

Thoma, G. (1997): Expertenberater contra Prozeßberater. *Jahrbuch Beratung* 1997/98.

Tichy, Noel M. (1995): Regieanweisung für Revolutionäre Unternehmenswandel in drei Akten. Frankfurt a. M./New York (Campus).

Titscher, S. (1991): Intervention. Zu Theorie und Technik der Einmischung. In: M. Hofmann (Hrsg.): Theorie und Praxis der Unternehmensberatung. Heidelberg (Physica).

Titscher, S. (1997): Professionelle Beratung. Wien (Ueberreuter Wirtschaft).

Türk, K. (1989): Neue Entwicklungen in der Organisationsforschung. Ein Trend-Report. Stuttgart (Enke).

Untermarzoner, D. u. A. Schüller (2002): Ein Plädoyer für Verzicht. *Unternehmensentwicklung* August/September 2002: 12–15.

Vogel, H., B. Bürger, G. Nebel u. H. J. Kersting (1997): Werkbuch für Organisationsberater. Texte und Übungen. Aachen (Kersting).

von Mutius, B. (1995): Die Kunst der Erneuerung. Was die Erfolgreichen anders machen: 12 Gebote des Gelingens. Frankfurt a. M. (Campus).

von Mutius, B. (2000): Die Verwandlung der Welt. Ein Dialog mit der Zukunft. Stuttgart (Klett-Cotta).

Walger, G. (1985): Die Formen der Unternehmensberatung. Bern (Schmidt).

Walger, G. (1985b): Idealtypen der Unternehmensberatung. In: G. Walger (Hrsg.): Syste-mische Unternehmensberatung, Organisationsentwicklung, Expertenberatung und gutachterliche Beratungstätigkeit in Theorie und Praxis. Köln (Schmidt), S. 1–18.

Watson, G. (1975): Widerstand gegen Veränderungen. In: W. G. Bennis, K. D. Benne u. R. Chin (Hrsg.): Änderung des Sozialverhaltens. Stuttgart (Klett), S. 415–429.

Watzlawick, P. (1989): Die erfundene Wirklichkeit: Wie wissen wir, was wir zu wissen glau-ben? Beitrag zum Konstruktivismus. München (Piper).

Weick, K. E. (1982): Management of Organizational Change Among Looseley Coupled Ele-ments. In: P. S. Goodman et al. (Hrsg.): Change in Organizations: New Perspectives on Theory, Research and Practice. San Francisco (Jossey-Bass), S. 375–408.

Weick, K. E. (1985): Der Prozess des Organisierens. Frankfurt a. M. (Suhrkamp).

Weick, K. E. (1995): Sensemaking in Organizations. Thousand Oaks (Sage).

Weick, K. E. (1996): Drop your Tools: An Allegory for Organizational Studies. *Administrative Science Quarterly* 6: 303 f.

Weick, K. E. (2001): Drop your Tools! In: Th. M. Bardmann u. T. Groth (Hrsg.): Zirkuläre Positionen. Bd. 3: Organisation, Management und Beratung. Opladen (Westdeutscher Verlag), S. 123–138.

Weisbord, M. R. a. S. Janoff (1995): Future Search. An Action Guide to Finding Common Ground in Organizations and Communities. San Francisco (Berrett-Koehler).

Weisbord, M. R. (1987): Zukunftskonferenzen 1: Methode und Dynamik. *Zeitschrift für Or-ganisationsentwicklung* 1/1996: 4–13.

Willke, H. (1987): Strategien der Intervention in autonome Systeme. In: D. Baecker, J. Markowitz, R. Stichweh, H. Tyrell und H. Willke (Hrsg.): Theorie als Passion. Frankfurt a. M. (Suhrkamp), S. 333–361.

Wimmer, R. (Hrsg.) (1992): Organisationsberatung: Neue Wege und Konzepte. Wiesbaden (Gabler).

Wimmer, R. (1998): Organisationsentwicklung revisited: Ein Plädoyer für die Wiederbelebung angewandter Sozialwissenschaften. *ÖZP* 27: 325–340.

Wimmer, R. (1991): Organisationsberatung: Eine Wachstumsbranche ohne professionelles Selbstverständnis: Überlegungen zur Weiterführung des Organisationsentwicklung-Ansatzes in Richtung systemischer Organisationsberatung. In: M. Hofmann (Hrsg.): Theorie und Praxis der Unternehmensberatung: Bestandsaufnahme und Entwicklungsperspektiven. Heidelberg (Physica), S. 45–136.

Wimmer, R. (1992a): Zur Eigendynamik komplexer Organisationen. Sind Unternehmen mit hoher Eigenkomplexität noch steuerbar? In: G. Fatzer (Hrsg.): Organisationsentwicklung für die Zukunft – Ein Handbuch. Köln (EHP).

Wimmer, Rudolf (1992b): Was kann Beratung leisten? Zum Interventionsrepertoire und Interventionsverständnis der systemischen Organisationsberatung. In: R. Wimmer (Hrsg.) (1992): Organisationsberatung. Neue Wege und Konzepte. Wiesbaden (Gabler), S. 59–111.

Wimmer, R. (1999): Wider den Veränderungsoptimismus – Zu den Möglichkeiten und Grenzen einer radikalen Transformation von Organisationen [Internet]. Verfügbar unter http://www.uni-wh.de/de/wiwi (Wittner Diskussionspapiere Heft 37) [Dezember 1999].

Wimmer, R. (1999b): Wider den Veränderungsoptimismus. Zu den Möglichkeiten und Grenzen einer radikalen Transformation von Organisationen. *Soziale Systeme* 5: 159–180.

Wimmer, R. (2000): 3 Spielarten der Organisationsentwicklung. *Unternehmensentwicklung* 1/2000: 4 f.

Wimmer, R. (2002): Organisationsberatung – Eine »unmögliche« Dienstleistung. *OSB reader 2002:* 221–244

Wimmer, R., R. Domayer, M. Oswald u. G. Vater (1996): Familienunternehmen – Auslaufmodell oder Erfolgstyp. Wiesbaden (Gabler).

Wohlgemuth, A. C. (1991): Das Beratungskonzept der Organisationsentwicklung. Neue Form der Unternehmensberatung auf Grundlage des sozio-technischen Systemansatzes. Bern/Stuttgart (Paul Haupt).

Zur Bonsen, M. (1997): Methoden partizipativer Planung im Vergleich. *Agogik* 4: 3–18.

Zur Bonsen, M. (1995): Simultaneous Change – Schneller Wandel mit großen Gruppen. *Zeitschrift für Organisationsentwicklung* 4: 30–43.

Über den Autor

 Gerhard Hochreiter, Dr., Gesellschafter der Delta Consulting Linz, berät international agierende Wirtschaftsunternehmen und Expertenorganisationen bei der Gestaltung von Veränderungsprozessen, der Einführung von Wissensmanagement sowie der Optimierung von Geschäftsprozessen und in Führungsfragen.